JN289494

SCENES FROM DEEP TIME
Early Pictorial Representations of the Prehistoric World

太古の光景
先史世界の初期絵画表現

Martin J.S. Rudwick
マーティン・J・S・ラドウィック

菅谷暁 ❖ 訳

新評論

SCENES FROM DEEP TIME
By Martin J.S. Rudwick
©1992 by The University of Chicago
Japanese translation licensed by The University of Chicago Press,
Illinois, U.S.A. through The English Agency (Japan) Ltd.
All rights reserved.

太古の光景　先史世界の初期絵画表現
目次

序文 …………………………………… iii

1　天地創造と大洪水 ………………… 1
2　過去への鍵穴 ……………………… 27
3　太古の世界の怪物たち …………… 59
4　最初の連続的光景 ………………… 97
5　怪物たちを飼い慣らす …………… 135
6　確立したジャンル ………………… 173
7　すべてのことを解き明かす ……… 219

注 ……………………………………… 253
図とテキストの出典 ………………… 263
文献目録 ……………………………… 269
訳者あとがき ………………………… 277
索引

凡例

1. 本書は Martin J. S. Rudwick, *Scenes From Deep Time : Early Pictorial Representations of the Prehistoric World*. The University of Chicago Press, 1992 の全訳である。
2. 原注は 1) 2) 3) …の番号で示しその内容は巻末にまとめた。
3. 「テキスト」などにおける［　］内の語句は引用者（ラドウィック）による補足である。
4. 「テキスト」中の［……］は引用者による省略を示す。
5. 「テキスト」中の＊で示された注はテキストの作者のもの，「テキスト」末尾の注は引用者のものである。
6. 本文・「テキスト」などにおける〈　〉内の語句は訳者による補足である。

序文

こんにちではどのような自然史博物館においても，恐竜は間違いなく万人の人気者である。そこではしばしばわれわれの頭上にそびえ立つ，復元された恐竜の骨格を見ることができるし，皮膚やその他すべてを備えた，もっと実物に似た全身の復元像を目にすることもできる。さらにいまや現代ロボット工学の魔術のおかげで，顎をがたがた言わせ，鼻を鳴らしながら左右に動く恐竜にさえ出会うことができる。だがもっと重要なのは，それらが固有の生息環境の中で表現されていること，その時代の他の動物——たいていは食べていたり食べられていたりする——や植物と関連をもち，すべてがある風景の中に置かれていることである。そして普通このような写実的ジオラマは，最も初期の肉眼で見える生物の時代から最初の人類の時代まで，地球における生命の歴史の大きな広がりを表現する，一連の光景の一つにすぎないのである。

このような「太古」の光景を当然至極のものと考えることはたやすいだろう[1]。しかしそれらには非常に特殊な概念的・物質的構築物が含まれている。それらの写実的なスタイルは，われわれがはるかな過去をあたかもタイム・マシンの中から望むかのように，なんの問題もなくわれわれ自身の目によって眺めていると想像することを求めている。だがわれわれは同時に，実際にはそれらはきわめて断片的な証拠

にもとづいており，理論的推論の複雑なネットワークによって肉づけされていることを知っている。しかもよく考えてみれば，とりわけ現実の生活ではそれほど気を利かせて一緒にポーズをとりそうにないさまざまな生物が，一つの光景の中に押し込められているのであるから，それらが単なる写実主義とはかけ離れたものであることはすぐに判明するのである。

　このような太古の光景は，明らかに，他のいかなるジャンルにも劣らないほど視覚的慣例に強く支配された絵画的ジャンルである。しかし芸術的慣例は既成品として天から降ってきたのではないし，一定の瞬間に調製されたり布告されたりしたのでもない。それらは歴史的発展の産物であり，特定の歴史的状況における芸術的実践の過程で形成されたのである。太古の光景の場合には，その実践は芸術的なだけでなく科学的でもある。そこでは一個人の中に体現されているにせよ，一人の画家と一人の科学者の協力の中に分担されているにせよ，あるいは科学者と画家と技術者からなるもっと大きなチームの中に配分されているにせよ，必ずや二つの伝統が交差している。

　本書は初期に制作された太古の光景を扱うものである。ここではこの絵画的ジャンルの発展が，そもそもの起源からその視覚的慣例が確立した時代までたどられる。したがって本書は基本的に 19 世紀の物語である。太古の光景を制作したほとんどの作家と画家は，前代の作例をはっきりと自覚し，しばしばそれを自分の作品のモデルとしてあからさまに利用した。そこで時代を直線的に追う叙述が，このジャンルの発展をたどる最も効果的な方法であり，本書にとって最も適当な枠組みとなるだろう。

　本書はある前代の伝統，すなわち新種の光景に重要な視覚的先例を提供したと思われる，聖書挿絵の伝統をざっと回顧することから始まる（第 1 章）。次に人類登場以前の世界の光景を，自然誌における視覚的先例を利用しながら，自然界の証拠のみにもとづいて構築しよう

と努めた最初の試みを詳細に跡づける（第 2 章）。そのあとに，より身近で満足できるものになると同時に，徐々に広範囲になったそのような光景の目録が続く（第 3 章）。最初の本格的な連続的光景は意味深い先例を構成したので，それには丸々 1 章が割り当てられる（第 4 章）。次にわれわれの叙述は，とくに最初の本格的な三次元的モデルの結果として，人類登場以前の世界に対し大衆の自覚が大きく拡大したありさまを語る（第 5 章）。本書の物語は 1860 年代で終わりを告げる。その頃太古の光景は，現代の博物館におけるジオラマの光景や，現代の大衆科学書やテレビ番組におけるその二次元の等価物と明らかにつながりをもつ，ある種の形式とスタイルによって日常的に展開されるようになった（第 6 章）。最後に，叙述が終了したあとで，この物語のいくつかの含意が全体として再検討される（第 7 章）。

わたしは光景そのものに最大のスペースと重要性を付与するため，叙述と解釈や説明は可能な限り短くした。実際のところ，本書の主要な目的は，単にこのような初期の太古の光景を，もっと広く利用できるものにすることにある。そのうちのわずかな数だけが現代において複製されている。残りの多くは大図書館においてさえ入手できない印刷資料から収集された。そしていくつかは，それが作られた時代においてさえ完全な形では出版されなかった。

周知の通り，絵の視覚的効果はサイズに大きく依存している。ワイドスクリーン用に作られた映画は，テレビで放映されるものと同じであるとは言えないし，ボッティチェリの『ヴィーナス』はどれほど素晴らしい大型豪華本においてさえ，ウフィツィにあるものと同じではない。そこでこれらの初期の太古の光景は，ここでは原作の細部の質を失わないように——可能な限り——もとのサイズで複製されている（「図」として）。キャプションの引用符の中に記された部分も原作のままである。

「図」には作家がその光景を説明しようとした文字による記述が添

えられている（「テキスト」として）。ほとんどの場合，作家の意図はきわめて明白である。いくつかのケースでは，わたしはより長いテキストから，その光景に対する作家の解釈を多少ともうかがい知ることのできる一節を抜きだした。これらのテキストは明快さのために最小限の変更が施されている。引用者による補足は角括弧の中に入れられ，省略は通常の省略符によって示されている。英語への翻訳はとくに注記のあるものを除いてわたし自身が行なった。いくつかのテキストの直後に置かれた注は，現代の読者にはわかりにくいと思われる間接的表現を説明している。

　巻末の注，および図とテキストの出典のリストは，主としてこの研究をさらに進めたいと望む読者のためのものである。そこでは正確な参考文献が提示され，他の歴史家の著作に言及することによってわたしの解釈や説明の典拠が示される。一次資料と二次資料は，巻末の注と出典のリストでは省略した形で，文献目録では省略なしの形で挙げられている。

　科学用語，特に化石動植物の名は，それと同義の現代の名に移し換えようとはしなかった。古生物学に詳しい読者は，なじみの動植物の大半を同定するのに苦労しないであろうし，残りのものについては謎を解くことを楽しむだろう。本書の目的の一つは，最新の成果を，広範な大衆に提供する際に使用する視覚的方法の暗黙の特性について，地質学者，古生物学者，博物館の科学者の熟考を促すことにある。自然界についての暗黙のメッセージを具現していないような，太古の光景を創造することなど不可能である。したがってそのような光景に助言を与えたりそれを企画したりする者は，その含意に自覚的であることが望まれるし，この含意はその歴史的起源を考察することによってより明確になるだろう。だがわたしはそのような専門家の集団以外に，本書がいわゆる一般大衆と，ごく普通の博物館来訪者によって，太古の光景の描写がいかにしてもっともらしく見えるものになったかを語

る物語として享受されることを希望する。

　最後に，むろん本書はわが同学の科学史家たちに宛てたものでもある。何年も前，地図や地質断面図などの図表からなる，地質学的「視覚言語」の歴史的起源に関する試論の中で，わたしは科学史のあらゆる分野において，その学術研究に過度のテキスト依存傾向が見られることを批判し，絵画的資料にもっと分析的注意を向けるよう主張したことがある[2]。この呼びかけは数年間「馬の耳に念仏」の感があったが，最近科学知識の形成と普及における視覚的資料の役割について——科学史家よりむしろ科学社会学者の間においてではあるが——関心がもたれ始めたという喜ばしい徴候がある[3]。ある指導的な科学哲学者が「われわれはこれまで言葉にとりつかれていたが，これからは絵と彫刻について熟慮することが望ましい」と述べるとき，事態を楽観してよい確かな理由が存在する[4]。わたしは本書における視覚的画像と言語的テキストの並置が刺激となり，科学史家たちがこれまでテキスト資料に対してきたときと同様に真剣に，また彼らの研究対象である科学者が過去に行ない現在も行なっているのと同様に日常的に，視覚的資料を取り扱い始めることを期待している。

謝辞

　このような太古の光景にわたしが初めて関心を抱いたのは，何年も前に故ジャック・ロジェ——多くの科学史家が同学者および友人として心からその死を悼んでいる——が講演のためにアムステルダムを訪れ，ルイ・フィギエの書『大洪水以前の地球』をパリからの土産としてもってきてくれたときだった。わたしはこの19世紀の科学書のベストセラーをそれまでに見たことがなかった。わたしはその復元された一連の壮麗な光景に魅せられ（第6章を参照），そこに表現されている画家と科学者の緊密な協力に好奇心をそそられた。だがこの絵画

的伝統の起源をさらに探究することができたのは，数年後のことであった。ジム・ムーアがジョン・C・グリーンのためのダーウィニズム記念論集に寄稿するよう誘ってくれたことが，幸いにもその探究を行なうきっかけになった。実際にその論集の中の試論が，本書に具体化されている解釈の最初の素描になっている[5]。

しかしながら本書に再録されている光景のほとんどは，図の豊富さを誇らしげに宣伝しているフィギエの本のようなものからではなく，この種の挿絵をほかにまったく含まない本の口絵のような，もっとばらばらの資料から採られている。多くの科学史家のテキスト偏重傾向ははなはだしいので——視覚・絵画的資料に対しても「非識字」に相当する言葉が必要なほどだが——そのような絵が二次文献の中で論評されることはめったにない。それらを見つけるのはまさに「干し草の山の中に針を探す」ような作業であり，わたしの調査が徹底したものだったと主張するつもりはさらさらない。だがここに再録された実例の範囲は，世界中の友人や同僚の協力がなかったなら，もっと貧弱でちぐはぐなものになっていただろう。彼らは初期の太古の光景のさらなる実例について情報を得たいという，わたしの願いに快く応えてくれた。この種の示唆については以下の方々に多くを負っている。ヒュー・トレンズ（キール），ジョン・サックリー（ロンドン），ジェイムズ・A・シーコード（ロンドン），ウィリアム・A・S・サージェント（サスカトゥーン），ローダ・ラパポート（ポーキプシー），グルヴァン・ロラン（アンジェ），ヴォルフハルト・ランガー（ボン），デイヴィッド・ナイト（ダーラム），ドナルド・K・グレイスン（シアトル），ガブリエル・ゴオー（パリ），フランソワ・エランベルジェ（パリ），エイドリアン・デズモンド（ロンドン），ピーター・ボウラー（ベルファスト），マイク・バセット（カーディフ），ウィリアム・B・アッシュワース・ジュニア（カンザス・シティー）の皆さんである。有益な批評と別の種類の情報については，サイモン・シェイファー（ケン

ブリッジ），ジェーン・R・カメリーニ（マディソン）と，カリフォルニア大学（サン・ディエゴ）科学研究プログラムのマーク・ハインライン，フィリップ・キッチャー，および他のメンバーに謝意を表したい。

　執拗な電話から遠く離れ，大学図書館の富には近く，そして「グレート・コート」〈トリニティ・カレッジの中庭〉の眺めから比類のない霊感を得られる，平穏と静謐の中で本書の草稿を書くことができたのは，トリニティ・カレッジ（ケンブリッジ）の学寮長およびフェローの方々の夏の歓待のおかげである。ラ・ホヤでは，本書を完成させるために図書館での便宜（そしてこれもまた美しい太平洋の眺め）を与えて下さったことに対し，スクリップス海洋研究所の所長と図書館員の方々に感謝する。

　調査は国立科学財団（補助金番号 SES-88-96206）と，カリフォルニア大学（サン・ディエゴ）学術評議員会から補助金を得て行なわれた。

　写真はR・A・ゴードン夫人（図42）と次の機関の親切な許可を得て撮られている。ケンブリッジの大学図書館（図1-7, 21, 22, 26-28, 30-34, 36, 37, 39-41, 43-56, 58-66, 105），カーディフのウェールズ国立博物館地質学部門（図20），ラ・ホヤのスクリップス海洋研究所（図35），ロンドンの大英図書館（図9, 38, 57, 76-78, 82, 101, 104），ロンドンの大英博物館理事会（図10, 11），ロンドンの自然史博物館（図67, 68, 70-75），オックスフォードの大学博物館（図19），パリの国立自然史博物館中央図書館（図12, 15）である。他の挿絵はわたしが所有している原本の写真と，わたし自身が描いた一つの図表（図106）によっている。

1 天地創造と大洪水

どのような太古の光景も，実際には見えないものを見えるようにしなければならないという基本的問題を抱えている。それは実際には見ることができない光景の目撃者になっているという錯覚を，われわれに与えなければならない。もっと正確にいえばわれわれを，それを見る人類が登場するはるか以前に消滅してしまった光景の，「仮想の目撃者」にしなければならないのである[1]。

とはいえこの問題は，同じような「写実的」スタイルで歴史的光景を描く画家が直面する問題より，少しだけ深刻であるにすぎない。古代の歴史に由来するにせよ，聖書が語る歴史に由来するにせよ——たとえばローマの滅亡であれバビロンの滅亡であれ——絵はそれを見る者に，彼らも画家も実際には目撃していない事件のもっともらしい再現を，いままさに見ていると信じ込ませなければならない。彼らを，それを見た者たちの証言から復元された光景の，仮想の目撃者にしなければならないのである。西欧美術の伝統では，そのような証言は圧倒的にテキスト的であるという性格をもっていた。物質的遺物——たとえば古代ローマの遺跡——についての知識は，テキストを補足するために利用することができた。だが古代の著述家や聖書の作者が書き残した，テキストによる証拠は最重要であり続けた[2]。彼らが言葉で

記録したものは，画家が身を置いていた時代と場所の絵画的慣例に応じ，画家によって視覚言語に移し換えられた。もっともらしい，すなわち「写実的」表現と判断されたものは，むろんそのような共有された慣例に呼応していた。

　最初期に制作された，現在からすると「太古の」と見なすことのできる光景が，人間の過去の光景を視覚的に表現するという芸術的伝統の中にしっかりとはめ込まれていたことは，それほど驚くべき事態ではない。近代初期のヨーロッパにおいて学者たちは，人間の過去の歴史は文字をもつすべての社会の年代記の中に，多かれ少なかれ断片的に記録されていると考えていた。それらの記録を批判的に比較考量し，それらの日付のもとになっている種々の暦を対比し，それらすべてを集めて単一の世界史を作りだすのが「年代学」の役割であった[3]。しかし17世紀の年代学者は，古代ギリシアの記録や他国の同時代の記録を超えてさらに過去に踏み込むと，その仕事がますます困難になることを発見した。多くの古代文化の記録の中に，少なくともある種の曖昧な証言を認めることができると信じられていた大洪水にたどりつくまでは，一つの記録が見かけの明快さと詳しさによって他のすべての記録を圧倒していた。むろんこの聖書に記された記録は，キリスト教国の文化におけるその支配的な宗教的役割のせいで，いずれにせよ特権的地位を与えられていただろう。だが17世紀のほとんどの学者が，歴史としての価値ゆえに，聖書の記録には特別の注意が払われるべきであると考えていたことは知っておかなければならない。

　大洪水以前の時代については，記録はなおさら曖昧になったが，ここでも『創世記』のはじめの数章が，「大洪水以前の」特質と事件のおおよその輪郭だけは提供すると考えられていた。遡行の最後に，というより万物の始まりについては，年代学者は天地創造に関する聖書の叙述に頼らなければならなかった。天地創造の第六の日までは，それを目撃するアダムさえ登場していなかったのだから，当然ながらこ

れは人間による事件の記録と見なすことはできなかった。だが記録の真実性は，神に起源をもつとされることによって強められるばかりであった。

　天地創造も数千年以上前のことではないという，時間が限定されているこの世界像は，近代初期のヨーロッパではありふれた現実の一部にすぎなかった。その空間的・天文学的な対応物，すなわちプトレマイオス的宇宙の「閉じた世界」と同様に，それは宗教的偏見のせいで採用されたのではなかったし，いわんや教会の検閲を逃れるために表明されたのでもなかった。それはあまねく同意された，見たところ常識的な世界観を具現していたのである。

　世界の歴史をこのように思い描く状況の中で，比較的太古といえる時代の最初の光景は構想された。西欧の宗教美術の中には，エデンの園のアダムとイヴや，大洪水を乗り切ったノアの箱船のようなエピソードを，長大な連続的光景の最初のものとして描く長年の伝統が存在した[4]。ステンドグラスの窓やテンペラの壁画において，このような一連の絵は，宇宙の歴史——『創世記』に記された天地創造から，『福音書』で語られたキリストの生と死と復活という決定的な出来事を経て，『黙示録』で予示された最後の審判までのすべて——のキリスト教的解釈を視覚的に表現し，それによってもっと近づきやすい説得力のあるものにすることを求めていた。中世美術からルネサンスやさらに後世の美術まで跡をたどると，絵画的慣例は劇的に変化したが，題目にはほとんど変更が見られない。もっと重要なのは印刷術の発明，とくに最初は木版画，のちには銅版画の形式による，版画制作の同時的発展であった[5]。おかげでこのような連作画が以前より容易に入手できるようになり，それらはいまやその土地の教会でだけ，あるいはより遠くの聖地へ一生に一度の巡礼を行なったときにだけ見られるのではなく，少なくとも裕福な家庭においては身近な本の表紙の中で学べるようになったのである。

本書の目的からすれば，このような連作の比較的後期の例から始めるのがよいだろう。ここに選ばれた例は，著名なナチュラリストであり，18世紀初期のヨーロッパで最も見事な化石コレクションの一つを所有していた人物によって主導されたものであるだけに，とりわけ妥当であるといえよう。ヨハン・ヤーコプ・ショイヒツァー（1672-1733）は，医師としての訓練を受け，生まれ育った都市チューリヒで生涯のほとんどを，現在では一般に科学者の仕事と見なされるさまざまな職業について過ごした。辺鄙な土地を探検するのは依然として危険な試みであった時代に，彼はスイス・アルプスを広く旅行し，スイスの自然誌についていくつかの大作を発表した。当時の多くのナチュラリストと同様に，彼も人間の歴史に強い関心を抱き，故国の歴史を扱った書を出版し，関連する歴史資料の集成を編纂している。

　このような二つの関心領域——自然誌と人間の歴史——は，化石についての著作の中で一体となっている。というのも多くの同時代人と同様に，ショイヒツァーは化石が大洪水の遺物であると信じていたからである。それらは大洪水以前のこの国の自然誌を記録しているが，遠い過去に起こったその出来事が事実であったことの，きわめて説得力のある証拠にもなっている。ショイヒツァーの『大洪水植物標本集』（1709）は，自分のコレクションの中の化石植物を幅広く記述し，彼の「大洪水」解釈が否定されたずっとあとまでも貴重な参考書であり続けた[6]。人類化石がまったく存在しないことに困惑した彼は，その後新たに発見された標本に飛びつき，それを「大洪水を目撃した人間」の化石であると主張した（『大洪水を目撃した人間』1726）。ずっとのちにそれが大型両生類のものであると同定されるのを，彼は目撃できなかったのであるが[7]。

　ショイヒツァーによる——彼と彼の同時代人の多くがそう考えていた——時のはじまり近くの光景は，最後で最大の著作『神聖自然学』（1731-33）において発表された。それらは豪華な二つ折り判本の冒頭

に置かれているが，この著作は科学と人文学の新旧の国際語であるラテン語およびフランス語と，ショイヒツァーの母語であるドイツ語で出版された。したがってこの作品は教養人の間では人口に膾炙するものとなった[8]。「自然学」という言葉は依然として古いアリストテレス的な意味を帯びており，近代の「科学」の意味とさほど離れていない。この作品が「神聖な」自然学であるのは，それが当時の最高の科学から引きだされた付随的証拠にもとづいて，聖書の叙述を例証しようとしているからである。これは非常に大規模な試みであった。そこには少なくとも 745 点のページいっぱいの銅版画が収められており，実際にドイツ語版にはその挿絵を強調するために，『銅版画聖書』という表題がつけられてさえいた。それらは帝室彫版師ヨハン・アンドレアス・プフェッフェル（1674-1748）が監督する 18 人の彫版師チームによって制作され，本の扉では当然のことながらプフェッフェルの名はショイヒツァーの名と同等の重みが与えられていた。他の画家たちは，光景を囲む凝ったバロック的な額縁のデザインや，キャプションのレタリングに特別の責任を負っていた。

ショイヒツァーの光景の圧倒的多数は，はじまりから終わりへと，すなわち『創世記』から『黙示録』へと続く聖書の歴史のエピソードを描写している。天地創造説話が世界の主要な——人間の——物語の短い序曲と見なされていたように，そのうちの何枚かを本書に再録した天地創造（とのちの大洪水）の版画は，原則的には人間の歴史全体を包含する長大な連続的光景の出発点を構成している。

聖書学の成果を故意に拒絶する現代のファンダメンタリストの直解主義に，表面的には類似しているショイヒツァーの聖書の最初の数章についての解釈は，実際には前者とは異なり，当時はまだ素朴な良識を体現していた主流の伝統を反映している。聖書批判の初期の著作に表現されているような，ヘブライの言語や心像，神学や宇宙論についてのより歴史的な理解は，学者仲間においてさえまだそれほど普及し

ていなかった。ショイヒツァーとその同時代人の大半は，天地創造と大洪水が，聖書を字義通り読んだ際に示唆される時期に，示唆されている方法によって起きたと仮定することになんの困難も感じなかった。このような仮定は，ショイヒツァーとプフェッフェルが想像しうるかぎり最古の時代の光景を示そうとした版画の中に，視覚的に反映している。

　天地創造説話に付された光景の最も重要な特徴は，その光景が，原初のカオスから完成された人間の世界へと至る連続画の一部になっていることである。最終的には人間をも含むことになる自然界のさまざまな要素は，人間の贖罪のドラマが演じられる舞台の上に次々と登場させられる。しかしショイヒツァー自身が「世界劇場」（テキスト４を参照）という伝統的隠喩を使用しているにもかかわらず，これらの光景を囲む手の込んだ装飾的額縁は，実際には書物の中にあるその光景が，まるで美術館の壁に沿って並べられた，一連の絵として眺められるべきものであることを強く示唆している。

　原初のカオスと光の創造からなる最初の数枚の絵は，地上の視点ではなく宇宙の視点から描かれている――神が眺めた光景なのだろうが，いずれにせよ明らかに人間が眺めたものではない。ここに再録する抜粋は，こうして天地創造の第三の日を描いた二つの光景からスタートする（図1, 2；テキスト1）。それらは植物が創造される直前と直後の世界を描写している。直前には，世界はむきだしで醜いとはいえ，よく耕された苗床のように，豊かな植物の世界を維持する用意が整ってもいる。直後には，世界は植物が繁茂し，美しく，色彩に富んでいる。だが――ショイヒツァーが唯物主義を決して連想させないよう注意深く補足しているように――これらさまざまな植物を作りだすことができるのは土壌ではなく，神のみなのである。

　天地創造の第五の日の光景を説明するテキストでは，同様の点が強調されている（図3, 4；テキスト2）。当時のナチュラリストの間では通

テキスト1
［天地創造の］第三の日の御業

　この第三の日には，地表がもち上げられ，水は山の斜面を流れ落ち，海と湖と川の底を満たした。だが大地はまだ完全に不毛かつ一様であり，色彩の飾りもまったくなく，ある種の恐怖を呼び起こしさえする汚れた色を帯びていた。しかしながらこの沈泥は豊かな苗床であり，この泥水は豊饒で滋養に富んでいた。大地は肥沃だったので，あらゆる種類の植物がそこで成長することができた。そしてたちまち大地は魅力的な新緑に染まり，さまざまな色に彩られた。にもかかわらず大地自身にはすべてを作りだす力はなかった。

ヨハン・ショイヒツァー『神聖自然学』(1731)

●注　これとそのあとのショイヒツァーからの引用は，ラテン語版やドイツ語版より多くの読者を獲得したと思われるフランス語版を英訳している。

図1 『第三の日の御業』，山と川と海の創造。「神は言われた。『天の下の水は一つ所に集まれ。乾いた所が現れよ』。そのようになった。神は乾いた所を地と呼び，水の集まった所を海と呼ばれた。神はこれを見て，良しとされた」。ヨハン・アンドレアス・プフェッフェルの版画。ヨハン・ショイヒツァー『神聖自然学』(1731) より。これと以下のキャプションにある『創世記』の一節は，原キャプションに引用されていたものである。英訳はショイヒツァーの時代の標準的な英語訳聖書である『欽定訳聖書』(1611) によっている。〈訳者注――聖書からの引用はすべて『聖書 新共同訳』の訳文を用いた〉

1　天地創造と大洪水

常のことだが，ショイヒツァーは海生動物の多様性と見事な適応の中に，この動物が生存するのは物質的元素に固有の力ではなく，神の創造行為のおかげであることの主要な証拠を見ている。魚とクジラが描かれている光景（図3）では，縁はまるで展示会におけるように魚の標本で飾られ，貝と甲殻類のいる光景（図4）では，貝も生きた状態ではなく，装飾的な岩のアーチに張りつき，陸の上に並べられている。これらの光景が，遠い過去に行なわれた天地創造のエピソードを示すと称されているにもかかわらず，その構図からは，それらが博物館に展示されているような——あるいはそれ以上の——現在の自然界の多様性を概観したものであることは明らかである。

　天地創造の第六の日とともに（図5；テキスト3），四足獣が世界の多様性に付け加えられる。あるいはまたショイヒツァーの博物館的概観は，伝統的な「存在の階梯」を人間に向かってさらに上昇していく。これらあらゆる動物を示す光景（他の動物は本書が再録していない別の版画に描かれている）は，その頃すでに美術において長い歴史をもち，こんにちでも太古の光景のジャンルに影響を与え続けているスタイルで描写されている。すなわち動物は一種の活人画の中でポーズをとり，どの種類も互いに，あるいは背景の植物とほとんどかかわりをもっていない。これは人間の存在だけが欠如した，アルカディアもしくはエデンの園の光景である。

　人間の存在は直後の光景で明らかになる（図6；テキスト4）。ショイヒツァーが説明するように，いまや主役が舞台に登場し，主人が食卓に着く準備はすべて整っている。これまでに示された天地創造のすべての局面は，人間がアダムとして登場するための前置きでしかなかった。アダムはエデンの園にすわり，彼に支配されるのをまつ被造物たちに囲まれ，彼の比類なき本性と権威の神的起源に対する，畏怖の念をもって上方を見つめている。しかしこの光景の額縁を飾る（「飾る」と呼べるならばだが）挿絵は，人間の胎児の複雑な成長を見守る者が

→ p.14

テキスト2
［天地創造の］第五の日の御業
　神は魚を創造した。すなわち魚は水そのものの力によって作られたのでは決してなかった。水がなした唯一の貢献は場所を提供したことであり，魚の構造は神のなせる業である。この所説の正しさを納得したいなら，一方には水の単純さがあり，他方には多様に分化した魚の見事な構造があることを想起していただきたい。
ヨハン・ショイヒツァー『神聖自然学』（1731）

テキスト3
［天地創造の］第六の日の御業
　植物より，鳥，魚，昆虫の方が人間に似ている。四足獣と，ヘビのたぐいの爬虫類は，魚や鳥よりさらに人間に近づいている。こうしてわれわれは動植物の構造から人間の構造へと，徐々に上昇するのである。
ヨハン・ショイヒツァー『神聖自然学』（1731）

テキスト4
［天地創造の］第六の日の御業（続き）
　すべての被造物の中で最も高貴なもの，この偉大な世界全体の小宇宙あるいは縮図が，いまや世界劇場の舞台に登場する。食卓の用意が完全に整ったからには，主人は席に着くことができる。太陽と星々は初めて光り輝き，大気は汚れなく，動植物の呼吸に適するものとならねばならなかった。天の上の水と下の水，湿った場所と乾いた場所は分離され，大地は木と灌木に覆われ，花と果実に飾られねばならなかった。あらゆる種類の動物が創造されねばならなかった。そして最後に，神の手になるすべての作物の支配者として立つために，人間は登場することができた。
ヨハン・ショイヒツァー『神聖自然学』（1731）

図2 『第三の日の御業』続き,植物の創造。「神は言われた。『地は草を芽生えさせよ。種を持つ草と,それぞれの種を持つ実をつける果樹を,地に芽生えさせよ』。そのようになった。[……]神はこれ見て,良しとされた」。額縁の意匠はさまざまな植物標本を組み入れたもの。ヨハン・ショイヒツァー『神聖自然学』(1731)より。

図3 『第五の日の御業』，魚の創造。「神は水に群がるもの，すなわち大きな怪物，うごめく生き物をそれぞれに，また，翼ある鳥をそれぞれに創造された。神はこれを見て，良しとされた」。ヨハン・ショイヒツァー『神聖自然学』(1731) より。

図4 『第五の日の御業』続き，貝や甲殻類の創造。ヨハン・ショイヒツァー『神聖自然学』(1731) より。

1 天地創造と大洪水

図5 『第六の日の御業』，四足獣の創造。「神は言われた。『地は，それぞれの生き物を産み出せ。家畜，這うもの，地の獣をそれぞれに産み出せ』。そのようになった。［……］神はこれを見て，良しとされた」。ヨハン・ショイヒツァー『神聖自然学』(1731) より。

図6 『大地の塵からの人間の創造(ホモ・エクス・フモ)』。「神は言われた。『我々にかたどり,我々に似せて,人を造ろう。そして海の魚,空の鳥,家畜,地の獣,地を這うもののすべてを支配させよう』」。ヨハン・ショイヒツァー『神聖自然学』(1731)より。

1 天地創造と大洪水

いることを思い起こさせる。胎児の成長は動物の構造の複雑さと同様に，単なる被造物としての人間の身分と，おそらくその死すべき運命のしるしなのであろう。

　ショイヒツァーとプフェッフェルが天地創造説話を説明するために考案した構図については，とくに独創的なものは何もない。それどころか彼らは同様のイメージを展開した豊かな美術的伝統を利用している[9]。彼らの連続画をここに再録したのは，単にそれがその時代の代表だからであり，広く知られ賛美されていたからである。本書が明らかにする通り，のちにはショイヒツァーが描いたような光景は，太古についての「証言」となる新たな資料，すなわち化石にもとづく光景の重要な絵画的先例となった。だがショイヒツァーの光景がそのような資料にもとづくものでなかったのは，化石を比較的太古ではあるがもっとあとの，別の瞬間の貴重な証人と見なしていたためである。

　天地創造の日々の光景のあと，ショイヒツァーの連続画は伝統的流儀にのっとり，エデンの園におけるアダムとイヴのドラマを経て，ノアの箱船の建造と洪水の到来へと進行する。前者はイチジクの葉とヘビとイバラを提示し，後者は大洪水の痕跡と解される広範囲の化石を展示する口実を彼に与えた。化石が大洪水の痕跡であるという解釈は，ノアの洪水を描いた一つの絵の枠外にも現われている（図7；テキスト5）。ここでは箱船は扉が閉じられ，いまにも船出しようとしている。予約席のない乗船希望者たちは，まもなく水没する陸上に取り残されている[10]。この光景の額縁には，ショイヒツァーがこの出来事の正確な季節を明らかにすると考える，化石の標本が並べられている。ノアの洪水と化石とのつながりは，ショイヒツァーの以前の著作，『大洪水植物標本集』の扉を飾る小さな版画（図8）においてはより明確である。そこでは箱船は大洪水の引きつつある水の上に乗っており，前景の岸の上に残されたいくつかの貝殻が化石として保存されようとしている。

テキスト5
大洪水の始まり
　その時がついに訪れると，人間は絶滅させられる運命にあったにもかかわらず，ノアの家族は他の不敬な人間の集団から救いだされた。［……］わたしが収集し，現在注意深く保管しているノアの洪水の無数の遺物の中に，洪水は春，もっと正確にいえば五月に始まったことを明示する多くの証拠が発見される。わたしは別のところで，わたしの所蔵品の中の多くの遺物を発表したが，ここではさらにいくつかをお見せしよう。［……］「ここには新しい種類のコインがあり，その年代はギリシアやローマのすべてのコインの年代より，比較にならないほど古く，しかも重要かつ信頼に値する（1）」。
ヨハン・ショイヒツァー『神聖自然学』(1731)
●注　(1)「ここには新しい種類のコインが……」：この引用はパリ科学アカデミーが1710年に発行した年報の中の，ショイヒツァー『大洪水植物標本集』(1709)の書評からのもの。

図7 『大洪水の始まり』。「ノアの生涯の第六百年, 第二の月の十七日, この日, 大いなる深淵の源がことごとく裂け, 天の窓が開かれた」。ヨハン・ショイヒツァー『神聖自然学』(1731) より。額縁に描かれているのはノアの洪水の遺物と解された化石で, I〈下部〉は大麦の穂, II〈上部両脇〉はハシバミの実, III〈上部中央〉はカゲロウと考えられる。

1 天地創造と大洪水

図8 引きつつある大洪水の水の上に浮かぶノアの箱船。ヨハン・ショイヒツァー『大洪水植物標本集』（1709）より。

　しかし長い目で見れば，すべての化石の源がノアの洪水にあるというショイヒツァーの仮説より，過去の出来事の証人という化石の身分を彼が強調したことの方が重要であった。この点を明らかにするために，ショイヒツァーはパリ科学アカデミーの権威を借り，彼の著作の書評を引用しているが，そこでは化石とギリシア・ローマのコインやメダルとの，すでに陳腐になっていた類比が用いられている（テキスト5）。古代世界を復元する際にコインという証拠が文字による記録を補完しうるように，化石は人間の歴史の最初期のさらに乏しい人間の記録を補完しうるのである。化石がより古い時代の「証言」になりうるかもしれないという可能性は，ショイヒツァーやほとんどの同時代人には考え及ばないことであった。単に彼らには，時間そのものが，人間よりもかなり古くから存在したと信じることができなかったからである。

　しかし18世紀後半には，少なくとも海食崖や山腹に見える分厚い

岩層の重なりを調査したり，人間の遺骸の痕跡こそ発見されないものの，その岩層から特徴的な一連の化石を掘りだしたりするナチュラリストにとって，そのような可能性はもはや無視できるものではなかった。それらのナチュラリストは推測の根拠をほとんどもっていなかったので，必要とされる時間の量に数値を与えることは当然ながら躊躇していた。だが非常に長い年月を経た世界の歴史において，人間が遅参者なのではないかという疑いは，次第に確信に似たものになった。フランスの偉大なナチュラリスト，ビュフォン（1707-88）の著作『自然の諸時期』（1778）は，経験的見地からはすぐに時代遅れになったとはいえ，この点ではとくに影響力をもった。ビュフォンは七つの時期に分けられた――『創世記』説話の「日々」を模倣あるいは風刺している――地球の歴史の壮大なパノラマを素描したが，そこでは人間は最後の第七期になってようやく登場する[11]。人類以前の長い時代が初めて想像可能なものになったのである。

したがって化石植物に関するショイヒツァーのモノグラフのほぼ1世紀後，化石を扱った同様の挿絵入り本が，ノアの洪水とその際の化石を描いたショイヒツァーの小版画を追憶する光景を，口絵として載せていることにはじめは驚かされるであろう（図9：図8と比較されたし）。ジェイムズ・パーキンソン（1755-1824）はロンドンの医師で，こんにち彼の名を冠している疾患の実体を初めて明確に記載した，名著『振戦麻痺に関する小論』（1817）によって最もよく知られている。だがパーキンソンは余暇には熱心な化石収集家であった。新しい世紀のはじめに，彼は次第に数を増すイギリスの収集家の興味をそそるような，イギリス産化石に関する実際的な本を書くことにより，当時明らかに存在していた知識の欠落を埋めることに着手した。8年をかけ四つ折り判3巻で発表された『前世界の生物遺骸』（1804-11）は，さまざまな化石の手彩色銅版画によって豊かに彩られていた[12]。しかしこの本は一人の収集家に宛てた一連の冗漫な「手紙」という，すでに古臭く

感じられるスタイルで書かれており，この書のかなりの影響力は本文ではなく見事な挿絵に由来していた。

さらにパーキンソンは第3巻（1811）で以前の考えをある程度修正しているとはいえ，第1巻（1804）から見てとれるのは，彼の化石解釈をすぐに時代遅れのものにしてしまう大陸における研究に，彼が気づいていなかったという事実である。こうして彼の口絵とそれに言及する一節は，彼が記載し例示しようとしているすべての化石の起源が，ノアの洪水にあることを相変わらず暗示している（図9；テキスト6）。それでもロンドンの風景画家リチャード・コーボウルド（1757-1831）がパーキンソンのために下絵を描いた光景は，ショイヒツァーの構図を微妙にだが注目に値する方法で変更している。箱船はいまや非常に小さくはるか彼方にあるので，一見しただけでは容易に見逃されてしまう。それにひきかえ貝殻——そのうちの二つは間違いなく，もっと古い地層でしか知られていないアンモナイトだが——はより目立つ位置にある。だがパーキンソンはテキストの中で，おそらく「洪水」説を含む，地質学のすべての理論に深い懐疑の念を表明している。たしかに，理論づけは厳密な事実の収集によって置き換えられなければならないという信念を有することが，すぐのちにロンドン地質学会を設立することになる（1807），パーキンソンを含む熱狂者集団の特徴であった。この種の世界初の団体が示した「理論づけ」に対する疑念は，19世紀初頭の地質学という自意識の強い新科学に強い影響を与えた[13]）。

しかしこのような経験主義が声高に主張されたことと，そしておそらくは著作全体を要約するとされる口絵にパーキンソンがこの構図を選択したことにも，秘められた理由が存在したと思われる。フランスにおける革命が最も激しい局面を迎えていた1790年代に，パーキンソンはイギリスの当局者たちが秩序破壊的と見なす政治改革のための圧力団体，「ロンドン通信協会」に属していた。のちに彼はその革命

テキスト6

あらゆる人間の記録のはるか彼方に広がる時代において，自然の作用の跡を探ること，前世界の構造と居住者に関し見解を述べること，また大地を形成し破壊し再生する神の方法を発見しようと努めること，これは人間の限られた力にはあまり適していない職務のように思えるかもしれない。しかしわれわれが住んでいる世界は明らかに前世界の残骸で構成されているのであるから，前世界を構成していた材料は，むろんわれわれの調査が可能な場所にある。前居住者の遺骸もしばしば保存されており，そのような状況のもとでは，大地の表面で行なわれた変化の範囲についてだけでなく，破壊と再生の主要な道具として用いられた特殊な原理についてさえ，われわれは何かを学べるのである。さらにすべての人間の伝承という付随的証拠によって確証を得た聖書が，大地は完全に形成され，そこに生物が住みついたあと，大洪水の破壊的な活動の犠牲になったという重要な事実をわれわれに示している。大いなる深淵のすべての源が決裂し，天の下のすべての高山は水に覆われ，大地の表面にいたすべての生物は滅ぼされた。化学と鉱物学もわれわれに援助を与え，それによって大地を構成する物質がさまざまな条件のもとでこうむった，いくつかの変化を知ることができるのである。

これらの援助により，われわれはこの惑星が経験した巨大な革命の際のいくつかの大変化に関し，ときにはかなり正確な判断をくだすことができるであろう。しかしわれわれの精神が立ち返るべき時代は非常に遠く，われわれの推測が依って立つべき根拠はきわめて脆弱であり，また正しい判断に取って代わろうとする想像の誘惑はすこぶる大きいため，わたしが折りにふれて言及する若干の体系の中に，あなた方は敢えて信頼を寄せられるものをほとんど見つけられないのみならず，大部分のものは蓋然性を有するどころか，哲学者の推論より詩人の空想に似ていることを発見するであろう。

ジェイムズ・パーキンソン『前世界の生物遺骸』（1804）

図9　引きつつある大洪水の水。箱船は遠くの小島（虹の先端が届いている）に乗り上げ，(前景の)浜辺に取り残された貝殻——アンモナイトを含む——は化石になる。リチャード・コーボウルドが作画し，サミュエル・スプリングズガスが彫版した，ジェイムズ・パーキンソン『前世界の生物遺骸』(1804)の口絵。

1　天地創造と大洪水

への情熱を，人道主義的改革というもっと安全な水路の方へ導いたようである。とはいえ世界が非常に古いという観念は，イギリスでは依然としてフランス革命を引き起こした進歩的思想に近似したものと広く考えられていた。したがって伝統的な外見という点では申し分のないパーキンソンの口絵は，のちに地質学会の行なった理論づけに対する拒否が，新科学を政治的な嫌疑から遠ざけることに貢献したのと同様に，化石に関する彼の本に破壊的意図があるという疑いを，一掃するために企画されたのかもしれないのである[14]。

このような方法論的な深慮は，地質学研究と，聖書解釈におけるその使用との間の鋭い乖離を，故意に促進することにもなった。一方には，現象の記述とせいぜい低レベルの現象の解釈に自己を限定し，高レベルの，あるいは全体的な「地球の理論」を創造する野心を拒否したり妨害したりする，急成長する新科学があった。他方には，他の教養人の階層において，人間の歴史の広範な部分を伝統的なキリスト教的観点から想像することへの持続的関心が存在した。

ロマン主義運動と結びついた，人間の歴史のドラマに対する意識の高まりが，1820年代に，想像しうる限り最古の・人・間・の時代の光景を描くという，絵画的伝統が復活したことの背景にあった。当初これは地質学という新科学との明白なつながりはなかったものの，現在から見ると，より古い・人・類・以・前・の時代を描いたいくつかの最初期の光景に対し，貴重な先例を提供したと考えることができる。

この点で最も重要な人物はイギリスの画家ジョン・マーティン（1789-1854）であった[15]。ロンドンでの立身出世を望む若者であったマーティンは，歴史的出来事を描く絵が，美術界で認められ成功を収めるには依然として最もよいジャンルであることに気づいた。彼はたちまちきわめて独特のスタイルを発展させたので，フランス——イギリスでと同様に彼の作品が賞賛されていた——では・マ・ー・テ・ィ・ン・的〈martinien〉という形容詞さえ生まれることになった。マーティンは規

模の壮大さ，劇的な雰囲気の効果，悲劇と破壊の光景を強調するロマン主義的スタイルの中に新古典派的要素を溶け込ませ，「崇高」と呼ばれる事象の画家として名をあげた。だがまもなく，絵が売れても人並みの暮らしが保証されるわけではないことを悟り，エッチングと版画制作の技術をも独習した。新しい微妙な効果を生む版画を創造するためには，メゾチントの技法をどのように利用したらよいかを学び，主要な絵が展示され好評を博すると，すぐさまその版画版を出版することに専心した。こうして少なくとも白と黒の二色からなる彼の作品は，もとの絵よりもはるかに広範な大衆に知られるようになった。

ロンドンで展示され大評判になった彼の絵の最初のものは，聖書の物語にもとづくだけでなく，古代エジプトと東洋の建築に関する最新の挿絵入り報告をも利用した，壮大な作品『バビロンの陥落』(1819)であった。『ベルシャザルの饗宴』(1821)には，説明のパンフレットが初めて添えられ，それは絵のあらゆる細部を「読む」ことを可能にする略図も含んでいた。これはまたメゾチント版に転写されて大成功を収めた最初の作品であった。翌年，西暦79年のヴェズヴィオ山噴火によるポンペイの破壊を描いた広大なパノラマ〈『ポンペイとヘルクラネウムの破壊』〉が，同様のスタイルは聖書に記された歴史だけでなく，世俗の歴史を描写するためにも使用できることを証明した。しかし本書のテーマに直接関係するマーティンの絵は『大洪水』(1826)である。これも説明のパンフレットが付されたメゾチント版(1828)にすぐに転写された（図10；テキスト7）。

この作品は細かな内容においては伝統的だが，スタイルにおいては驚くほどマーティン的である。マーティンの初期のいくつかの絵と同様に，人間的ドラマは自然の要素によって矮小なものにされている。箱船はパーキンソンの光景（図9）におけるよりもさらに小さく，マーティンの番号入りスケッチがなければほとんど発見できないほどである。それは1万5000フィートあるアララト山の斜面の4000フィート

の岩棚の上に置かれ——マーティンは縮尺に関してはすこぶる几帳面であった——周囲で荒れ狂う巨大な嵐の静かな目の中にあって無傷のまま残っているように見える。山は巨岩の落下とともに崩壊しつつあり——意地悪な批評家は，マーティンは地下の石炭置場へ投げ込まれる多数の石炭を観察したのだろうと揶揄したが——他方で人間と野生の動物はこの場所を逃れようと無益な努力を続けている。だが一閃の稲妻が絶望した瀆神者とその有徳の妻という教訓的な光景を浮き彫りにしている以外には，生物的要素は無生物的要素によって完全にかき消されている。マーティンは初期の年代学者の伝統的手法を採用することにためらいを見せず，不運な犠牲者の中に969歳のメトセラを含めることを正当化するために，自分自身で計算を行なってさえいる。パンフレットではこの聖書から得たインスピレーションが，ノアの洪水にまつわる出来事をこの絵と同様にロマン主義的スタイルで扱った，バイロンの大衆的韻文劇『天と地』（1823）からの引用によって補完されている。

　この作品には，イギリスと大陸における地質学者の研究により，ノアの洪水の特性に関する科学的概念が最近変化したという事実に，マーティンが気づいていたことを示唆するものは何もない。とりわけ増大する大洪水にとらえられた野生動物の種が（図11），新設されたロンドン動物学会の動物園や，パリの自然史博物館付属動物舎で見られる種とは異なるものであったことを，示唆するしるしは何もない。人目を引く唯一の特徴は自然哲学者たちの思弁に由来するが，それらたっぷり1世紀間すでに出まわっていた着想であった。後景に都合よく開けられた穴では，「太陽と月と彗星が合の位置にある」ことをマーティンは示し，こうしてノアの洪水の原因が自然的に説明されるかもしれないという，以前から存在したアイデアをほのめかしている[16]）。

　のちにマーティンは1世紀前にショイヒツァーが行なったのと同様

テキスト7
大洪水

地球全体を覆った大洪水のこの描写は，谷が完全に水没し，中間の丘がほとんど水に呑み込まれたと思われる瞬間をとらえている。そして溺れることを免れた人々は，安全を求めてむなしく山へ突進し，他の人々は

「前景の岩——人間，獣，鳥が
　恐るべき運命を待つ場所（1）」

に群がっている。

説明［図10の略図を参照］

1　合の位置にある太陽と月と彗星。
2　全体的な暗がりの中で太陽の最後の光線に照らされ，上と下で荒れ狂う自然の力の猛威から全能の神によって守られた，ノアの箱船。大水のかき乱されていない唯一の部分が，箱船を支える岩の基部に見える（5で示されている）。
3　砕け散る山，あるいは決壊する大いなる深淵の源——
「殺到する海があらゆる障壁を引き裂く（2）」
4　カフカス山，あるいはアララト山——
「きらめく頂が遠い星のような
あの勝ち誇る山巓は
大海原の沸騰の下に横たわるのであろうか。
朝日が突然現われ
幾重にも漂う霧を
その恐るべき崖から追い払うことはもはやないのか。
広大な日輪が多色の冠をかぶせながら
晩にその頭の背後に沈むことはもはやないのか。
星に最も近い場所として
天使もその上に止まる
世界の標識ではもはやないのか。（3）」
5　乱されていない水の部分を示す水平の線。
6　水の上昇から逃れようというむなしい試みによって集合した，おびただしい数の人間と動物（7）を，瞬時に全滅させようとしている崩落する山。山の崩落には稲妻と泡立つ奔流がともなっている。
7　蝟集したおびただしい数の人間と動物。
8　崩落する山から必死に逃れようとして，多数の者

→ p.24

図 10 ジョン・マーティンのメゾチント『大洪水』(1828)。右下のマーティンの略図はそのまま再録しても数字が判別できないので，テキスト7の説明に対応した番号は描き直した。

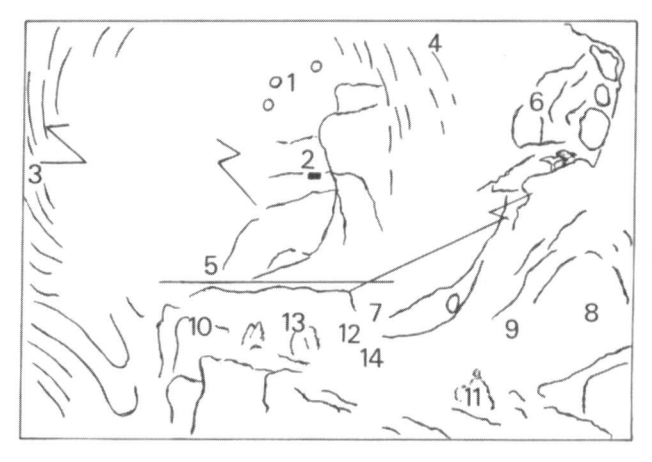

1 天地創造と大洪水

に，聖書全体に挿絵をつけることを計画した。これが完成に至らず，商業的にも失敗だったのは，聖書に対する大衆の関心が薄らいだためではない[17]。ここではマーティンの作品に影響を受けた多くの画家の中に，後期の聖書挿絵画家として最も著名なギュスターヴ・ドレ（1832-83）がいたことを指摘する以外，聖書挿絵の伝統をこれ以上追究する必要はない[18]。そのような挿絵は19世紀の残りの期間を通じ依然として盛んであった。地質学だけでなく，考古学や聖書批判の分野においても行なわれた新しい研究は，驚いたことにこのきわめて伝統的な視覚的ジャンルにほとんど影響を与えなかった。それに対しマーティンの作品は，第3章で明らかになるように，真の太古の絵画的表現に強い作用を及ぼすことになったのである。

　聖書挿絵の伝統は，人類以前の歴史の光景に対し重要なモデルを提供したと思われる。ショイヒツァーの『神聖自然学』のために制作されたプフェッフェルの版画は，最初期の真の太古の光景に時代も芸術的スタイルも比較的近く，またショイヒツァーが人類以前の地球の歴史の決定的証拠となる，化石のすぐれた収集家でもあったため，ここで取り上げるには格好の例である。それでもショイヒツァー自身は化石を聖書に記された大洪水の証拠と見なし，宇宙の歴史全体に対する伝統的な短時間尺度をなんの疑問もなく受け入れていた。しかしわれわれの目的にとって重要なのは，そのことより，彼が同じ世代の他のナチュラリストと同様に，人間の時代の歴史家がコインや記念碑を利用するごとく，化石を自然界の過去の「証人」として取り扱ったことである[19]。

　現在から見ると，ショイヒツァーのもののような聖書挿絵の最も意義深い特色は，それが構造の中に方向と意味の組み込まれた，時間的ドラマの中で連続的光景を描いていたことであろう。それゆえはるか

が駆け込む巨大な洞窟〔……〕
9　獰猛な動物の住む穴。
10　絶望して岩から泡立つ深淵へ飛び込む騎手たち。
11　吠えるオオカミたちに囲まれ，静かな絶望の中にある一家族。
12　人間と混じり合ったライオンやトラ。だが自然の大異変の中で，それらは人間を傷つけることなく混在し，餌食から離れて遠吠えをしている。
13　瀆神者。呪いの言葉をやめさせようとして，妻が彼の口に手を当てている〔……〕
14　メトセラ。

ジョン・マーティン『大洪水版画の記述的カタログ』(1828)

●注　(1)「前景の岩」：自身の散文による説明とともにマーティンが発表した，クエーカー教徒の詩人バーナード・バートン（1784-1849）作『マーティン氏の大洪水版画の回想』より。(2)「殺到する海」：バイロンの詩劇『天と地』(1822)にある句。マーティンはこの絵を説明するパンフレットに，その詩の長い抜粋を載せている。(3)「きらめく頂」：『天と地』からのもう一つの引用。この言葉はノアの息子の一人，ヤフェトの口から発せられたもの。

図11　ジョン・マーティン『大洪水』の細部。ポーズをとる人間の向こうに野生の動物が見える。

に古い時代と歴史のために同様の筋書きを作ろうとしたのちの世代の者たちにとって，そのモデルや先例は利用可能なものであった。

　世界の最初期の歴史を描くすべての伝統的光景のうち，大洪水の光景が19世紀初頭まで生き残った。それは啓蒙運動の合理主義の潮流にはほとんど影響されなかったが，マーティンの有名な『大洪水』がはっきりと証明しているように，ロマン主義運動における絵画的再解釈には左右されやすかった。ここでも，この運動がもっと古い，人類以前の時代を描く光景のスタイルと構図に影響を与えたと見えるのは，現在から回顧してのことにすぎない。しかしそれは人間の遠い過去にさえ，明らかにドラマと壮大さと神秘の豊かな感覚を吹き込んだ。光景の連続という観念と同様に，このロマン主義的な香りは，人類以前の歴史を復元するときの拠り所となる科学に対し，のちの人々が大衆の支持を集めようとする際には，魅力のないものではなかったのである。

2
過去への鍵穴

18世紀後半には，人間の歴史は人類以前の歴史に比べ短いものではないかという疑念は，少なくとも地表の形状や，それを構成する岩石や，多くの岩石に含まれている化石を研究するナチュラリストの間では，次第に確信に近いものになった。この新しい太古の観念が，視覚言語にまったく移し換えられなかったのは驚くべきことに思えるかもしれない。だがこのナチュラリストたちは，想像された太古の光景の中にいったい何を描けただろうか。別の言い方をすれば，誰かが聖書に記された証拠，したがってテキストによる証拠にもとづいた光景に対抗するために，自然の証拠だけにもとづいてそれを制作しようとしても，その光景は他の同種の光景やこんにちの世界の光景とどのように異なっていただろうか。この問いに対する答えは，そのような光景は他の類似の光景や現在の世界の光景と区別される内容を，ほとんどもてなかったというものであろう。

地球の歴史が広大な規模をもつという新しい感覚は，海食崖や山腹でしばしば明瞭に露呈され，より日常的には石切場や切り通しや河床で目にしうる，岩石の「累層」の厚さに気づき始めたことに主としてもとづいていた。その岩層の多く，とくによく保存された貝殻やサンゴなどの化石を含んでいる岩層は，きわめてゆっくりと堆積したよう

に思われた。多くの場所で，それらはその岩層の下から上昇し，隆起して山脈の核を形成した，花崗岩のような岩石と接触しているように見えた。山岳地帯のそのような「無成層の」岩石は，地表に露呈している最古の素材であると思えたので，「一次の」あるいは「始原の」と名づけられた。それらを覆っている（だが一般にはより低い丘を形成している）岩層は「二次の」と呼ばれた。一つには，それはもっとのちの時期に形成されたことが明らかだからであり，一つには，そのうちのあるものは一次岩石に由来することが明白な素材——たとえば花崗岩礫——で構成されていたからである。最も低い地表に目をやると，そこには川砂利や砂とシルトの層のような軟らかい堆積物があり，それらは二次（と一次）の岩石に由来すると思われたので「三次の」と命名された。この三分割はこうして岩石の類型を分類していたが，同時にそれは地球の歴史の大まかな時代区分にも相当していた（「漸移」岩層というもう一つのカテゴリーは，化石の痕跡をもつ最古の累層に応じるために，一次と二次の間にのちに付け加えられたものである）[1]。

　岩石類型のこの大ざっぱな連続を説明するために，多種多様な理論が提起された。ある理論は原初の熱い地球が，時間とともに徐々に冷却したというアイデアをともなっていた。別の理論は化学的に複雑な液体が太初世界中に広がり，そこから一連の物質が次第に沈殿し，最後に残ったものが現在の塩分を含んだ海を形成したと仮定していた。これらすべての理論に顕著なのは合意の欠如であり，ほとんど自尊心の問題としてどのナチュラリストもそれぞれの「地球の理論」を唱えていた。だが重要なのは，遠い過去の地球が，時間旅行をした人間の観察者にどのように見えるかについて，いずれの理論も絵画的描写を引き受けようとはしなかった点である。たとえば熱い海や，花崗岩を構成する結晶の沈殿する海などは，人目を引く絵を作るにはあまり向いていないだろう。したがって「地球の理論」はたとえ視覚的に例示

されることがあっても，理論を詳説するためには不可欠の証拠と見なされた，抽象的図表や現在の特筆すべき事象——岩石の露頭や見事な標本——の絵によっていたのも驚くべきことではない。ジェイムズ・ハットンの有名な『地球の理論』(1795) がその好例である[2]。

　ナチュラリストたちは，二次岩層がアンモナイトやベレムナイトや三葉虫のような，現在の海には見られない生物の化石を含んでいることはよく承知していた。理論的には，これらの化石は太古の光景の基盤となり，そこではこの種の生物が現在の動植物の通常の挿絵のように，生きた姿で描かれえたであろう。しかし遠く離れた地域への探検や旅行により，見たことのない奇妙な貝殻などの標本が数多くヨーロッパにもたらされていたので，これらの化石は地球のどこかでまだ生きている生物をあらわしていると仮定するのが妥当であるように思われた[3]。そこでたとえばアンモナイトやベレムナイトがヨーロッパの海に生きていた時代を思い描いた光景は，オウムガイなどの風変わりな生物を擁した現在の「南の海」，すなわち太平洋の描写とそれほど異なることはできなかっただろう。また同様に川砂利のような最も新しい「表層の」堆積物は，北ヨーロッパにおいてさえ，ゾウなどの熱帯の動物の骨に一般に似ている巨大な骨を含んでいた。だがこれは地球の歴史において大規模な気候の変化があったという推測——ビュフォンが『自然の諸時期』(1778) の中で述べたような——を引き起こしたにすぎなかった。これはたしかに驚くべき結論だったが，そうなるとその遠い時代を思い描いた光景は，たとえばこんにち知られているインドのジャングルの光景と，さほど異なるところがなくなってしまう。

　この状況は18世紀のちょうど末になってようやく変化した。決定的要因は新たな証拠の発見ではなく，すでに手に入れていた資料の再検討であった。とくに先に言及した，ゾウの骨に似た有名な化石骨は，それらの比較解剖学的構造に対して新たに生じた，厳密な関心をもっ

て研究され始めた。その結果何人かのナチュラリストは，その骨はいかなる現生の種の骨とも似ておらず，実際に絶滅した種のものに違いないと考え，次いでそう主張するようになった。絶滅の現実が一般に受け入れられるようになると，その化石は理論的には，現在の世界の光景とはかなり異なった形で復元される光景の素材を提供した。人類創造直前の世界を描いたショイヒツァーの絵（図5）とは異なり，人類以前の光景には，これまで知られていなかったいくつかの動物を登場させねばならないことはいまや明らかだった。化石骨は，伝統的なテキスト資料による証拠がない世界の，無言だが雄弁な「証人」であった。

　何人かのナチュラリストが，これらの化石骨は絶滅種のものであることを，ほぼ同時に確信するようになった。だが教養人全体の想像力をとらえたのは，ジョルジュ・キュヴィエ（1769-1832）の研究であった。フランス革命直後のパリで立身出世をもくろんでいたキュヴィエは，この種の科学にとっては世界の中心である，改組された自然史博物館においておのれにふさわしい場所を築きあげた。比較解剖学という彼の主要な研究領域が，化石骨の正体を決定的に明らかにする鍵を彼に与えた[4]。

　キュヴィエが博物館で仕事を始めてまもなく，注目すべき事例が彼の机の上に届いた。化石哺乳類の一組の版画がパリにもたらされ，キュヴィエがそれについて報告する運びになったのである。その骨は1789年に南アメリカからスペインに送られ，素描はマドリードの王立博物館で制作されたものであった。王立博物館でフアン・バウティスタ・ブル（1740-99）は，ばらばらの骨をいくぶんこわばったぎこちないポーズで立つ，ほとんど完全な骨格に組み立てた（図12）[5]。ひと揃いのほぼ完全な化石骨を運よく発見したことにもとづくこれは，この種の復元としては最初のものだろう。だが化石脊椎動物の骨格のこのような復元は，はじめはキュヴィエの出版物において，次にはもっ

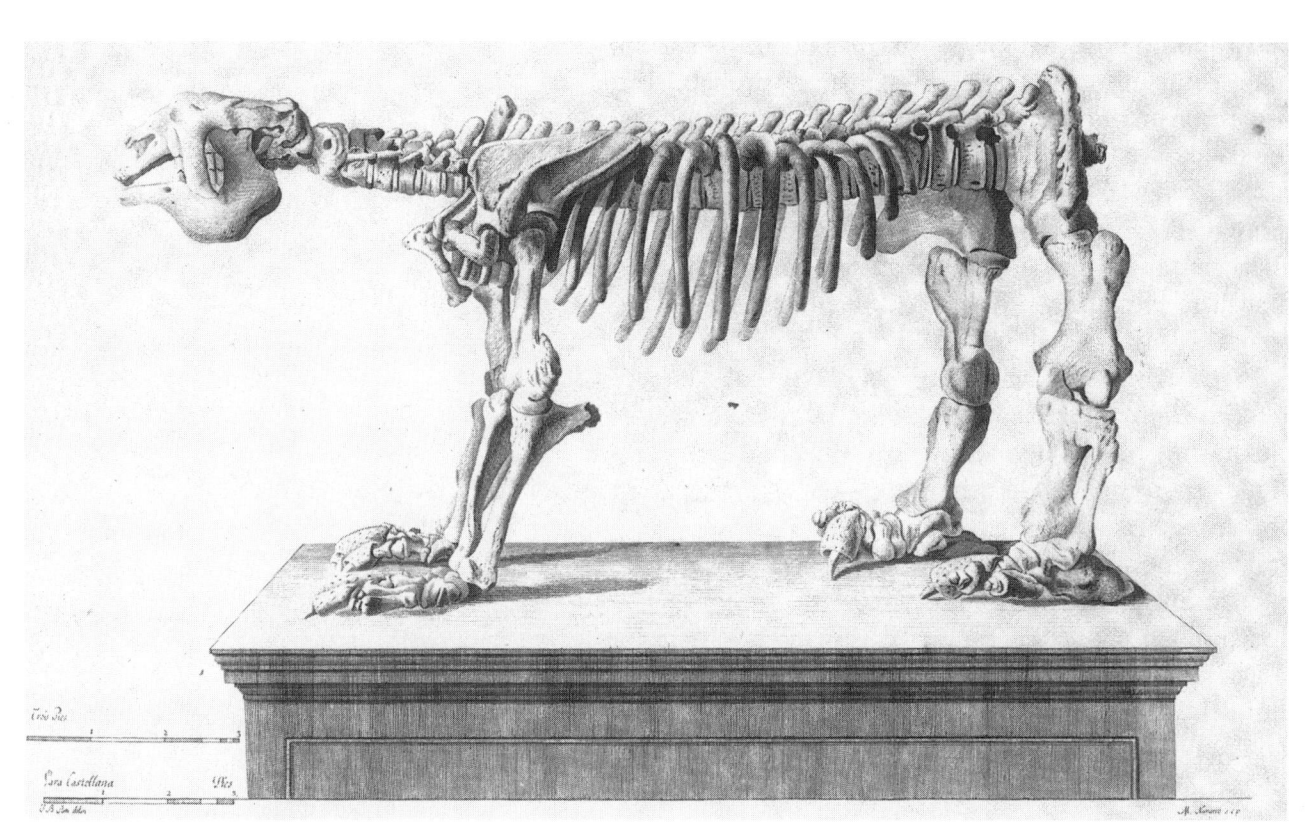

図12 マドリードの王立博物館で標本にされた，南アメリカの絶滅哺乳類のファン・バウティスタ・ブルによる骨格復元図。パリの自然史博物館にある，ジョルジュ・キュヴィエが所有していた原版画より。これはブルが作画し，マヌエル・ナバロが彫版した六枚組版画の最初のもの（他の版画は個々の骨を描いている）。

と広い範囲ですぐにありふれたものになった。結局のところ，それは当然のことながら――時代を進みすぎてしまうことになるが――完全な先史時代の光景を復元するための第一段階となったのである。

　様式の点で，ブルの版画は比較解剖学そのものと同じくらい古い絵画的伝統に属している。完全に側面から見られた図は，ほとんどどんな動物の場合でも最も効果のある視覚的要約をもたらしてくれる。こうして比較解剖学の，一般には自然誌の絵画的伝統は，太古の光景という新しいジャンルに先例を提供するという点で，聖書挿絵の伝統と同じくらい重要なものとなったのである。

　キュヴィエ自身は骨格以上のものを描こうとはしなかった。先の事例では，彼は「パラグアイの動物」は大型のナマケモノであると結論し，メガテリウム（「巨大な獣」）と命名した。このような生物が現存するという報告は存在しないので，それは絶滅していると推論された[6]。この例に勇気づけられた彼は，次いで北ヨーロッパのよく知られた化石ゾウの骨を研究し，それはマンモスという絶滅した亜北極圏の種に属すると結論した。他にも目を奪う哺乳類が次々に復元され，しまいにキュヴィエは自宅に近接する博物館付属動物舎の現生動物に匹敵する，絶滅動物の仮想動物園を作りあげたように見えた。彼が描いた北アメリカの絶滅ゾウ，マストドンの骨格（図13）は，彼の真に迫った復元の典型であり――ブルのぎこちないメガテリウムよりはるかに説得力に富み――他方でその足もとの植物が，ほんのわずかではあるが環境を示唆している。

　同じ頃，キュヴィエは建築用石材と，「パリのプラスター」〈焼き石膏〉の材料を採るために掘削された，モンマルトル（当時はパリのはずれにあった）のきわめて古い第三紀の地層からでた化石骨を研究していた。その骨は非常な難問を提起した。分解され散乱していただけでなく，いかなる現生の動物の骨ともまったく似ていなかったからである。しかしキュヴィエは詳細な解剖学的研究により，どちらも現生の哺乳

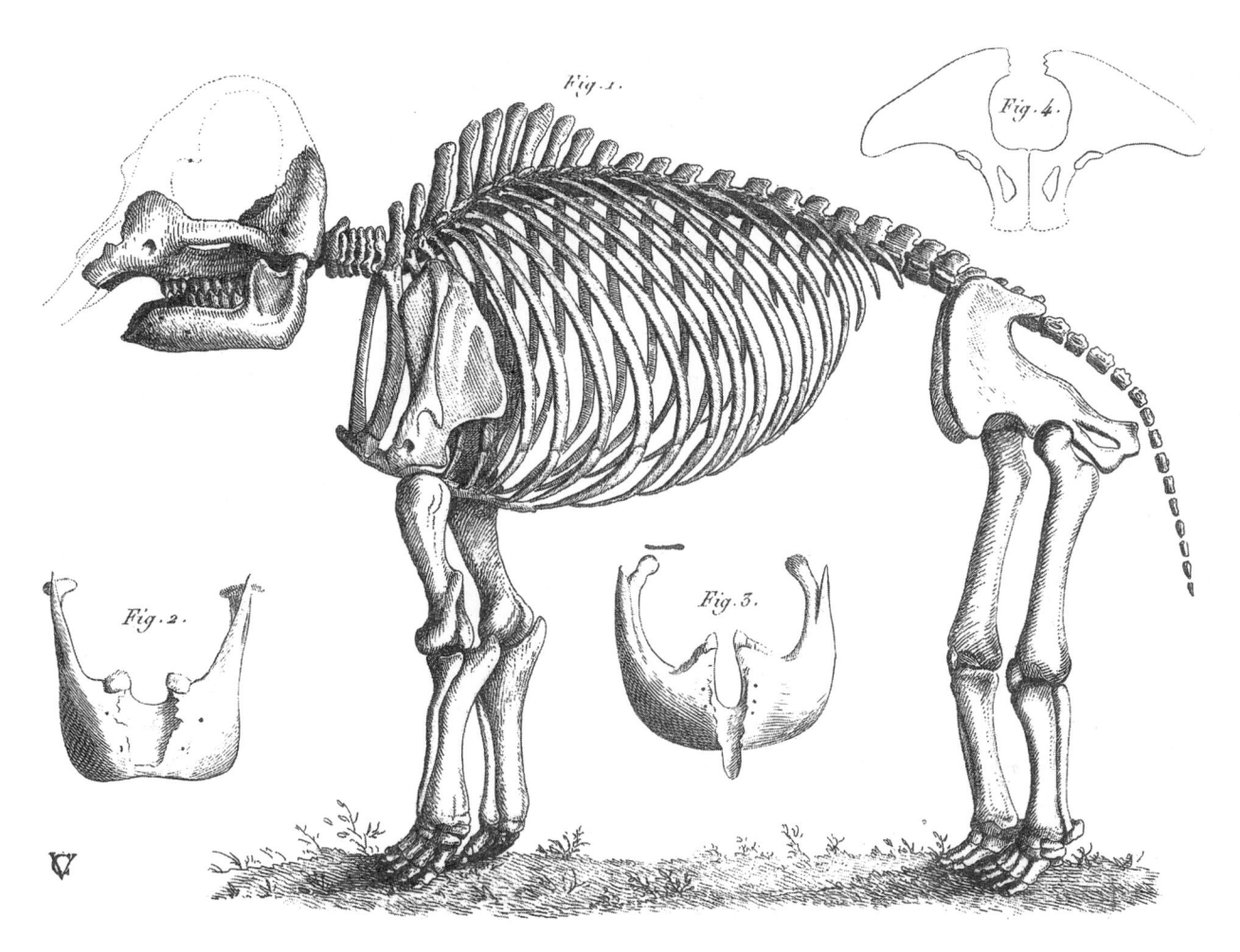

図13 オハイオで発見された化石骨にもとづく，ゾウに似た絶滅動物マストドンのジョルジュ・キュヴィエによる骨格復元図（1806）。

2　過去への鍵穴

類とは類似点のない，二つの属のかなり完全な骨格を復元することができた。彼はそれらをパレオテリウム（「古い獣」）およびアノプロテリウム（「無防備の獣」）と命名し，それぞれについて二つの種を識別した[7]。ここでも，彼の復元骨格は非常に真に迫ったものである（図14）。

次いでキュヴィエは真の太古の光景を構築することに向かって重要な一歩を踏みだした。美術の才能を見事に証明する一連の素描において，彼は骨格に付着する主要な筋肉の予想される形態を復元し，筋肉に皮膚をまとわせて体の輪郭を作り，さらにはもっと大胆に目と耳のような保存されていない器官までも推測した（図15）。彼は長年博物館の標本を第一の調査資料とし，解剖を第一の方法としてきたが，これらの生き生きとした素描からは，彼が現生動物の体について深く理解していたことは明らかであり，それらが博物館付属動物舎における現生哺乳類の集中的研究にもとづいていることは確実だと思われる。

これらの素描に日付はないものの，おそらくこれはキュヴィエがすべての研究論文をひとまとめにし，『化石骨の研究』(1812)という堂々たる四つ折り判4巻の書を上梓したあとに制作されたのであろう。10年後，彼はその書の大幅に改訂された増補版（1821-24）を刊行したが，その中でモンマルトルの哺乳類はより詳しく分析され，キュヴィエの骨の素描にもとづいた，より多くの精巧な版画によって明らかにされていた[8]。テキストにおいて，彼はそれぞれの動物についてきびきびとした記述を行ない，その外見だけでなく生活習慣までも推測している（テキスト8）。全体としてそれらは全風景と動物群の生態環境を，あざやかに喚起する結果となっている。

しかしキュヴィエは手書きの素晴らしい復元図を，テキストに添えて発表しようとはしなかった。その巻に登場している絵は，キュヴィエの生き生きした散文には比べようもないものである。彼はどうやら四つの種の体の輪郭だけ描くという仕事を，助手のシャルル・レオポ

テキスト8

パレオテリウム・ミヌス 〈Palaeotherium minus〉
その骨を組み立てたのと同じくらい容易にこの動物を蘇らせることができれば，その走る姿は，軽く細長い四肢をもった，ノロジカより小さなバクのように見えるであろう。それが確かにこの動物の外観であった。鬐甲〈肩甲骨の間の隆起〉における体高は16から17プス〈1プスは約2.7cm〉だったと思われる。

パレオテリウム・マグヌム 〈magnum〉
この動物の鬐甲における体高は4.5ピエ〈1ピエは約32.4cm〉かそれ以上あった。これはジャワのサイの大きさである。大きなウマに高さは劣り，もっとずんぐりし，もっとどっしりした頭と太く短い四肢などをもっていた。その生きた姿を思い描くことほど容易なものはない。

アノプロテリウム・コムネ 〈Anoplotherium commune〉
鬐甲における体高はかなりのものであり，3ピエ数プス以上に届いていたであろう。だが大きな特徴は長い尾にあった。そのためこの動物はいくらかカワウソのように見え，この肉食動物と同様，とりわけ沼地の水面や水中にしばしば生息していたであろうが，その目的は魚をとらえるためではまったくなかった。水生ネズミ，カバ，あらゆる種類のイノシシやサイのように，われらがアノプロテリウムは草食動物であり，したがって水生植物の多肉質の根や茎を探しにそこへ行ったのである。それは泳ぎと潜水を行なう習性とともに，カワウソのような滑らかな皮膚をもっていたか，あるいはわれわれがこれから論じようとしている，厚皮動物のような半ばむきだしの皮膚さえ備えていたかもしれない。この動物が水生の生活様式を妨げる長い耳をもっていたということはありそうになく，この点でそれがカバや，ほとんどが水中で生活する他の四足動物に似ていたことはたやすく想像できるのである。

アノプロテリウム・グラキレ 〈gracile〉
鬐甲における体高は2ピエを少し上まわっていたと思われる。頭部と骨はそれほどがっしりしていないとはいえ，この動物はシャモアに似ていたが，それは四肢がす
→ p.36

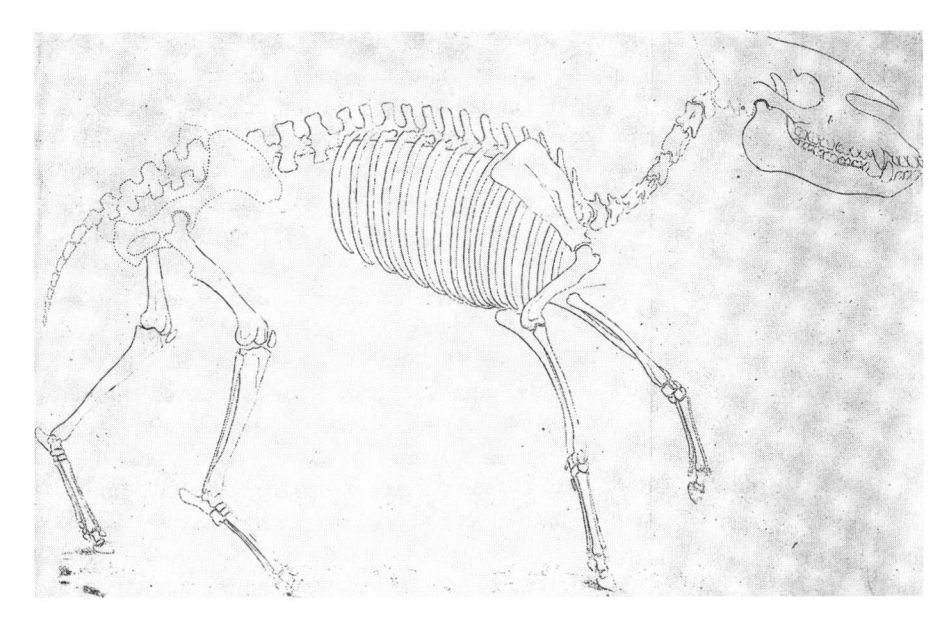

図14 パリの第三紀地層で発見された化石骨にもとづく,絶滅哺乳類パレオテリウムのジョルジュ・キュヴィエによる骨格復元図(1808)。

図15 これもパリの第三紀地層で発見された化石骨にもとづいて復元された骨格に,推測された体の輪郭と筋肉組織を加えた,絶滅哺乳類アノプロテリウム・コムネのジョルジュ・キュヴィエによる未発表復元図。

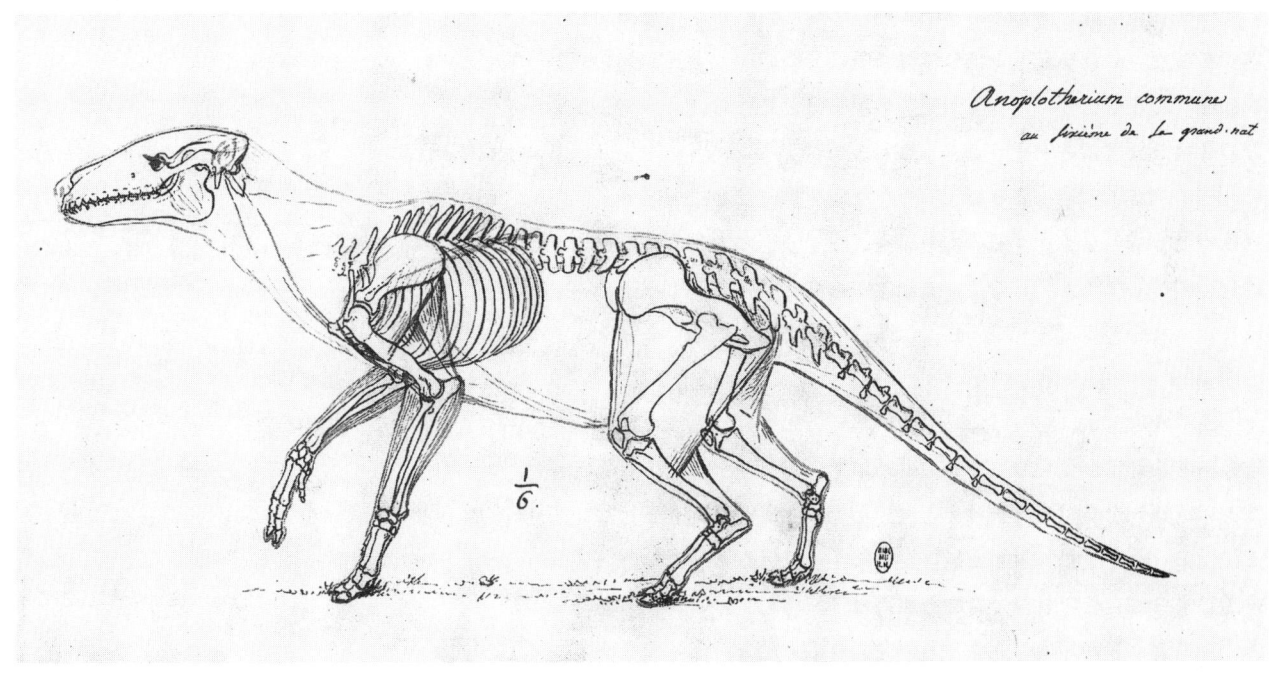

2 過去への鍵穴　35

ル・ローリヤール（1783-1853）に委ねたらしい（図16）。ローリヤールの美術の才能はキュヴィエにはるかに劣っており，彼の復元図は非常に堅苦しく様式化されているので，ちょうどその頃パリで公開されていた，古代エジプトのフリーズの絵ほどにも何かを想起させることがない。全7巻の残りの部分には，単純な骨格図以外に復元図はまったく存在しなかった。

　太古の絵画的光景を発表することにこれほどのためらいを見せたのは，化石動物に関するこの著作の科学的身分を，キュヴィエが心配していたためであろう。科学者としての名声と権威，したがって自分の経歴を守るために，彼は誰にもこの著作を「単なる思弁」と批判できないようにしなければならなかった[9]。化石の比較解剖学についてのすべての細部が，博物館で公に入手できる骨の厳密な分析にしっかりもとづいていることを，彼は証明する必要があった。骨格の復元図——それすら多くはなかった——が，彼が一般におもむく用意のある限界であった。それを越えた部分では，彼は一組の復元された体の輪郭（図16），しかも自分ではなく助手の名前を付したものによってしか，自分の評判を危険にさらそうとはしなかった[10]。

　キュヴィエがこの最小限の復元図を含む巻を世にだしたのと同じ年に，彼の最も著名なイギリスの信奉者が，もう一つの太古の光景のより詳しく扇情的な復元を含む，ある重要な論文をロンドン王立協会に提出した。だがここでも，この復元は基本的に視覚的というよりテキスト的であった。1821年，オックスフォードの地質学教授ウィリアム・バックランド（1784-1856）は，ヨークシャーのカークデイル村近くで最近小さな洞窟が発見され，そこから大量の化石骨がすでに収集されたという報告を受けた。彼はその洞窟と骨の徹底的な調査を行ない，そこにはまったく予想に反した結論が示唆されていると判断した。彼の推論によれば，その骨は，特性と原因は謎に満ちているが，彼と他の多くの地質学者が現実に起きたと信じている大洪水によって，洞窟

らりと伸びていたためである。頭部はアンテロープのそれにはほとんど似ていない。アノプロテリウム・コムネが地上を歩くときは鈍重で足を引きずっているように見えたのに対し，［アノプロテリウム・］グラキレは敏捷で優雅だったであろう。ガゼルやノロジカと同じくらい軽快に，前述の種が泳いでいる沼地や池のまわりをすばやく走っていたであろう。この動物は陸上の芳香植物や灌木の新芽を食べていたと思われる。その動きはむろん長い尾に邪魔されることはなかった。すべての敏捷な草食動物と同様に，これは臆病な動物だったであろう。そして雄ジカの耳のような大きなよく動く耳が，わずかの危険をも知らせたであろう。最後に，この動物の体が短毛に覆われていたということに疑いはない。したがってこれほど多くの世紀（1）のあと，わずかな遺骸が掘りだされてきたこの地方［パリ周辺］を，かつて活気づけていた通りの姿でこの動物を描くために，われわれに欠けているのは体色だけなのである。

　この太古の動物群について抱きうる観念を完全なものにするために，われわれはいくつかの種を，それらの比例した大きさによって，またそれらのものと考えられる外形とともに示しておいた［図16］。

ジョルジュ・キュヴィエ『化石骨の研究』第2版（1822）

● 注　（1）「これほど多くの世紀」：ここでのキュヴィエは賢明にも，いかなる数値もきわめて思弁的なものにならざるをえないので，地質学的期間を量化することには慎重である。同僚のアレクサンドル・ブロンニャールとともに行なった層序学的研究（これも『化石骨の研究』において発表された）によって，パリの地層でさえ，彼が人類以前の大昔のものと考えていた，マンモスなどの化石を含む地表の砂礫層よりはるかに古いことを彼はよく知っていた。別の所でキュヴィエはまったく何気なく，パリの地層は「何千世紀」も経たものであろうと述べている。

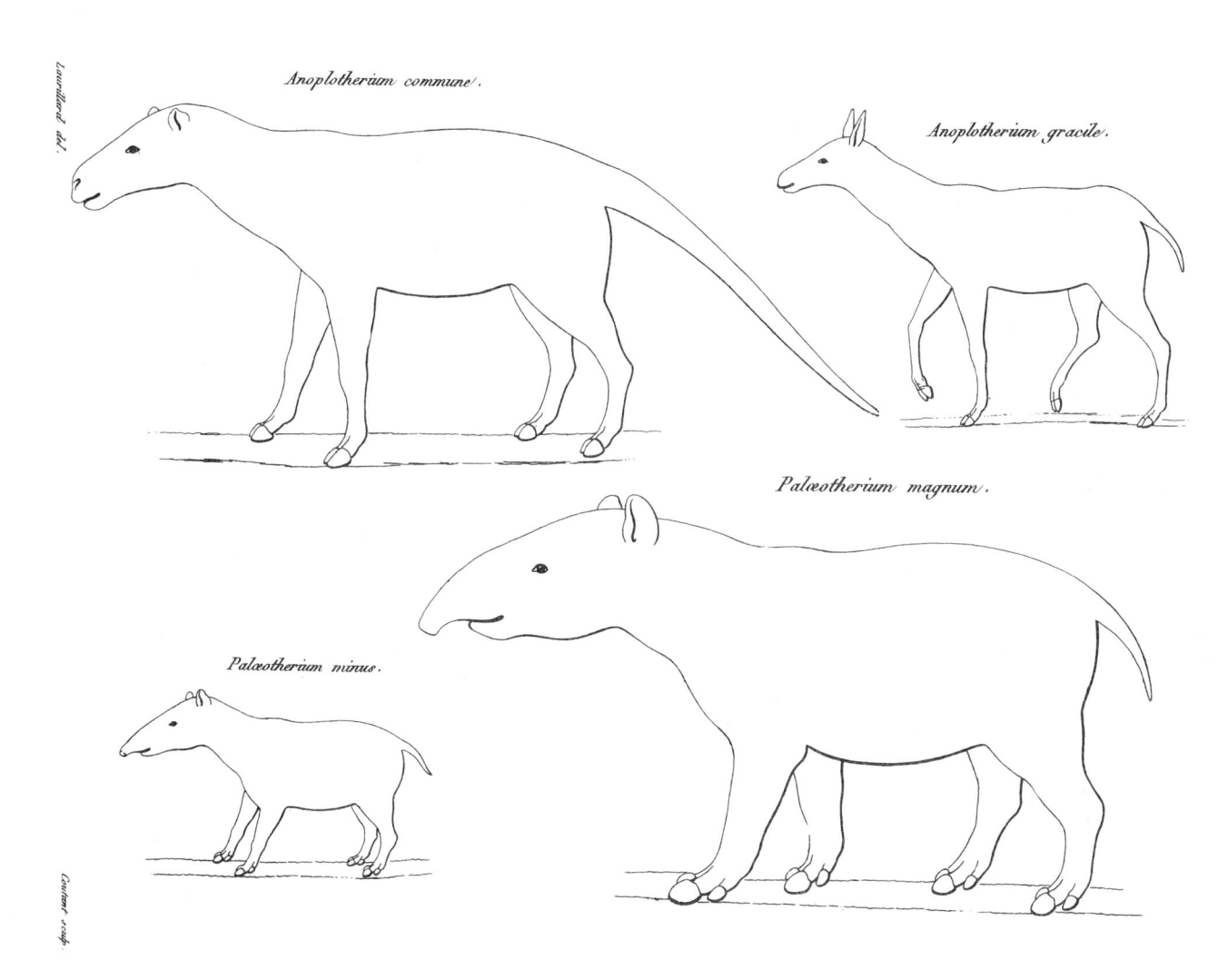

Anoplotherium commune.

Anoplotherium gracile.

Palæotherium magnum.

Palæotherium minus.

図16 キュヴィエの助手シャルル・ローリヤールが作画し，ジャン・ルイ・ドゥニ・クータンが彫版し，ジョルジュ・キュヴィエ『化石骨の研究』第2版（1822）において発表された，パリの第三紀地層で発見された絶滅哺乳類，パレオテリウムとアノプロテリウムの復元された体の輪郭。

2　過去への鍵穴　　37

の中に押し流されてきたのではなかった。骨は洞窟を巣にしていたハイエナの群によって，食糧として運び入れられたのだった。この復元は大洪水以前の光景についてのものであり，大洪水そのものは単に動物相を一掃し，洞窟の占有を終わらせたにすぎない。その後泥質の堆積物の中にあった骨は，石筍のゆっくりした成長によって封じ込められたのである（テキスト9)[11]。

　バックランドの言葉による巧みな復元は，太古について率直な歴史的推論をすることは可能でも正当でもあるという感覚が，地質学者の間に増大していたことを如実に物語っている。しかしバックランドの同僚の一人による，ユーモラスではあるが重要でないわけではない反応を引き起こさなかったなら，この事例を本書に収める価値はほとんどなかっただろう。ウィリアム・ダニエル・コニベア（1787-1857）は，地質学会が設立された頃，バックランドとともにオックスフォードの若き「ドン」〈学監・個人指導教師・特別研究員などの通称〉であった。その後彼は聖職を授けられ，はじめはブリストルの近く，のちにはカーディフの近くの地方小教区に移った。だが他の多くの教区司祭兼ナチュラリストと同様に，彼の科学研究は衰えを見せずに続けられた。カークデイル洞窟についてのバックランドの論文がでた年に，コニベアは『イングランドとウェールズの地質概要』（1822）を発表し，それはすぐに層序的連続に関する権威のある参考書の位置を占め，彼の名前は地質学者の世界ではよく知られるようになった[12]。

　バックランドの洞窟調査に対するコニベアの論評は，石版印刷された戯画とそれに添えられた詩からなる，匿名の片面刷り大判印刷物の形をとっていた（図17；テキスト10）。これはイギリスでは地質学会のメンバーの間に広く配布されたと思われる。大陸ではキュヴィエのもとには確実に，他の者たちのもとにもおそらく届いていた[13]。この詩——忌憚なく言えば「へぼ詩」——は，バックランドの研究をやや重苦しいユーモアによってほめたたえ，結論の細部をほのめかす詩句

テキスト9

　先に述べた事実，とくに骨が細かく砕かれ，かじられたように見えるという事実から，カークデイルの洞窟は長年ハイエナの巣として使われており，ハイエナはその奥に他の動物の死体を引きずり込み，その遺骸がハイエナ自身の遺骸と乱雑に混じり合って発見されるのだということは，すでに確からしいと思われる。この推測は，骨を餌とする動物特有の固い石灰質の糞である小球を，多数わたしが発見したことによってほとんど確実なものになる。[……] その球はエクセター・チェンジ動物園の飼育係によって，彼が世話をしている他のすべての獣より骨に対し貪欲な，ブチハイエナすなわちケープ・ハイエナの糞に形も外見も似ていることがただちに認められた。[……]

　ハイエナがこの洞窟に住み，他の動物の歯や骨がそこに集められた原因はハイエナであったことを示すために，どのようなより決定的な証拠が，すでに列挙された事実に付け加えられることになるのかをわたしは知らない。したがってわれわれの調査のこの部分においては，現代のハイエナの習性はいかなるものであるかと，それがわれわれの目の前にある事例をどれほど説明するかを考えることが有益であろう。[……]

　ハイエナは土中の穴や岩の割れ目に住んでいる。獰猛で，手に負えないほど勇敢で，自分より強い四足動物を襲ったり，ライオンを撃退したりさえする。[……] ハイエナの顎の力は非常に強いので，イヌを襲うときには，まず足をひと噛みで噛み切ることから始める。[……] ハイエナはネズミの目のように，暗闇の中で見ることに適応した突き出た大きな目をもっており，昼は巣で生活し夜に獲物を探し求める。この種の動物にとって，カークデイルの洞窟は非常に便利な住みかとなったであろう。またその中で繰り広げられたと想像される事柄は，これまで列挙した習性と完全に合致している。

　巣について語られたとき，ハイエナの骨はその獲物になった動物の骨と同様，粉々になっていたということが指摘された。したがってわれわれは，ハイエナ自身の死体も生き残ったハイエナによって食われたと推論しなければならない。

　きわめて保存状態のよい歯と骨の標本の多くに，カー

クデイルを訪れる前にわたしに巣の存在を確信させた奇妙な特徴，すなわち部分的な光沢と，片側だけだがかなりの深さまで達した摩滅が見られる。［……］これは固い骨の部分的な破壊が，巣の底で最も上になっていた面をハイエナが絶えず踏み，皮膚でこすったために起きたと考えることによってしか説明できない。［……］

われわれは，水生ネズミの歯が大量に残されていたことにも言及してきた。ハイエナがネズミを食うという考えが馬鹿げたものに見えるにせよ，それは現代のハイエナの雑食的嗜好と矛盾しない。［……］

クマとトラに関しては，その遺骸はきわめて稀である。［……］おそらくハイエナがそれらの死骸を見つけ，巣に引きずり込んだのであって，両者がその洞窟の共同居住者であったわけではないだろう。それでもそれらがすべて同時期に，大洪水以前のヨークシャーに住んでいたことは明らかである。

反芻動物が猛獣の通常の食糧なのであるから，その遺骸が洞窟の中にこれほど大量に残されていたのは驚くべきことではない。しかしゾウやサイやカバの骨と歯が，どのようにしてそこへ運ばれてきたのかはそれほど明白ではない。洞窟の入口は一般に非常に狭い（直径は3フィートを超えないことが多い）ので，その種の生きた動物が入り込んだり，その死骸が丸ごと流れ込んだりすることは不可能［だから］である。［……］［しかし］ハイエナには生きたゾウやサイを殺したり，その死骸を丸ごと巣に引きずり込んだりする力はないにせよ，自然に死んだきわめて大きな動物の断片を，少しずつ，あるいは仲間と力を合わせて運び，巣の一番奥まった場所へ導き入れることはできたのである。［……］

こうしてこの洞窟で見られる現象は，現生の動物と全体としてよく似た陸生動物によって世界が住まわれていた時代，地球を襲った最後の大洪水以前に関係すると思われる。［……］ヨークシャーの大洪水以前の森に眠るこの納骨堂であらわになった事実は，これらの動物がハイエナの餌食であった長い年月があり，ハイエナもその頃それらとともに，地球のこの地域に間違いなく住んでいたことをさし示している。［……］

大洪水後の鍾乳石がわずかな量であるということと，骨が腐食していないということから，大洪水の泥が入り込を満載している。戯画はバックランドの言葉による復元を生き生きと描写したものである。ハイエナは洞窟の外からあさってきたさまざまな骨を満喫しているが，そこには自分たちと同じ種の動物の頭蓋骨も一つ含まれている[14]。

だがこの絵は単なる復元ではない。洞窟の中には，ろうそくを手にしたバックランド自身が這い込み，この太古の光景を科学の光によって照らしだし，人間の世界と人類以前の世界との間に横たわる認識上の障壁の中に侵入し，そしてハイエナが彼を見て驚くのと同様にハイエナを見て驚いているように思われる。バックランドの講義は絶滅動物のユーモラスな擬人化によって有名——きまじめな同僚にとっては悪名高いもの——であった。そこでこの「大洪水以前の」太古というほとんど想像もつかない深奥の光景も，愛すべき変人バックランドが一頭のハイエナのように洞窟の中に這い込む光景であることによって，想像可能なものになっている。科学者が，彼の復元した光景の内部で役者になる。コニベアの詩の最後の連が要点を明らかにしている。カークデイル洞窟は，太古の中に侵入するというこの偉業がお伽噺の魔法に似ているという意味で「神秘的」である。バックランドの復元は，大洪水以前の世界のありのままの文書記録からは，ほとんど示唆されないことを補ってくれる。とりわけそれは閉ざされた扉の鍵穴になり，永遠に近づけなかったかもしれない失われた世界のひとこまを，少なくとも「覗く」ことは可能にしてくれるのである。

むろんコニベアは，著書の中で記述したばかりの分厚い地層の連続が，太古への「もう一つのこうした（鍵）穴」にはるかにまさるものを構築する，素材となることを知悉していた。だがバックランドの研究は，任意の数の鍵穴が作られることの決定的な例を提供していたのだから，このような詩的逸脱も許されたのである。

しかしながら数年間，コニベアの言外の提案に応答する者はなかった。彼の戯画も，もっとまじめで科学的な太古の光景に移し換えられ

ることや，正規の科学出版物においてより永続的な形を与えられることはなかった。結局新しい太古の光景が考案されたとき，それはコニベアの戯画と同様に，もう一つの私的に配布される片面刷り大判印刷物として，科学の世界にいわばこっそりと挿入されたのだった。題材はキュヴィエのモンマルトルの哺乳類やバックランドのハイエナの巣とはまったく異なる，偶然にもそれらよりずっと古い時代のものであった。それを可能にしたのは，キュヴィエにとってのメガテリウムと同様の実際的な状況，すなわち絶滅動物の一組の化石が幸いにも，ほぼ完全な骨格の状態で保存されていたことである。

　この世紀のはじめに，ワニに似た化石の比較的完全な骨格が，南イングランドのさまざまな場所で，ある種の二次岩層，とくに採石工が用いる名称「ライアス」によって知られる岩層から発見され始めた。新たな標本が，その動物は普通の足ではなくひれ状の足をもっていたことを示したとき，その動物学的類縁が活発な議論の的になった。それに与えられたイクチオサウルス（「魚・トカゲ」）という名前が，類縁の不確実さをよくあらわしている。

　このとき，ほとんどの標本が発見された地域に居住し，そこで仕事をしていたコニベアは，申し分のないキュヴィエ的スタイルでこの化石の比較解剖学的構造を研究し始めた。1821年——カークデイル洞窟が発見された年——彼は地質学会で一編の論文を発表したが，それはもともとイクチオサウルスではなく，同じ化石群の中から見つけられたもっと奇妙な別の爬虫類を扱っていた。その動物は解剖学的にはイクチオサウルスとワニの中間に位置すると考えられたので，彼はそれにプレシオサウルス（「ほとんどトカゲ」）という名称を与えた[15)]。しかしコニベアが二つの爬虫類の骨格の復元を発表したのは，ほぼ完全な標本が発見されたあとの1824年であった（図18）。そのとき初めて彼はそれらの予想される生活様式について——はじめは個人的に，次いで印刷物においてもっときまじめな調子で——注釈するだけの自

んだのちに経過した時間は，極端に長いものではないことを証明する，さらなる論拠が得られるであろう。
ウィリアム・バックランド「化石化した歯と骨の集積」（1822）

❧テキスト10
トロポニオス（1）は巣をもっていたという
その中に敢えて入り込んだ者は
精神をその正しい中心から外されて
日の光のもとへ戻ってきた

だがすべての不思議な洞窟と
そのすべての不思議な物語の中で
カービーの穴はすべての仲間をしのいでいる
バックランドがその栄光を伝えたことで

ばっくらんどハカク語ル

この惑星が形づくられるよりはるか前
（失礼ながら）それが水に溺れる以前に
獰猛残忍だったのはこうした深い穴の中で
群がり吼え彷徨していた怪物たち

その歯は鋼鉄の硬さをもち
頭蓋骨と乾いた骨をうまそうに飲み込み
マンモスの牙を一度の食事で平らげ
彼らの腹はまるでパッピンの蒸し器（2）のよう

彼らがそれらをむさぼるさまは
バイロンのイヌがタタール人の頭蓋骨に舌鼓を打つがごとし
また角と蹄は彼らにとって何よりのご馳走
論ヨリ証拠——すべてがごちゃ混ぜのさまを見よ

わたしは半分かじられた骨片を示すことができる
反吐と糞は注意深く調べた
そしてここにはハイエナどもが足で引っかき
毛皮でこすって磨いた骨がある

ズボンをはいてないスコットランド人（3）が
　　　　　　　　　　　　　　　　　　→ p.42

図17　1821年，ヨークシャーのカークデイルにある，大洪水以前の絶滅したハイエナの巣に入り込む，ウィリアム・バックランドを描いたウィリアム・コニベアの戯画。

信をもてるようになった（テキスト11, 12）。彼はすぐに研究報告をパリのキュヴィエに送った。それはちょうどよいときに届き，このフランスのナチュラリストの著作，『化石骨の研究』新版の関連する巻の中に取り入れられ，彼のお墨付きを得る結果となった[16]。

　1829年，バックランドは彼の得意なハイエナの話を，彼がこの太古の爬虫類の化石化した糞（「糞石」）と解したものの詳細な研究とともに再説し，後者の食習慣を推測して復元の範囲を拡張した。また彼は糞の中にあった「鳥」の骨は実際にはプテロダクティルス（「指のある翼」），すなわち大陸の同年代の地層からでた骨がすでに記載されていた，翼のある風変わりな爬虫類のものであることを示してこの時期の奇妙な動物相を拡大した[17]。かくしてライアス期の生命の光景を，確かな根拠にもとづいて絵画的に復元するために必要なものは，いまやすべて入手できる状況にあった。

　このような光景が描かれるに至った出来事の背景には，1820年代後半のイギリスにおいて不況が深刻化したという事実があった。ライアス化石の多くは，ドーセット州の小さいが当世風の海辺の保養地，ライム・リージスからでたものであり，最も素晴らしい標本のいくつかは，有名な化石収集家メアリー・アニング（1799-1847）によってその地で発見された。父の死によって一家は生活の資をほとんど失ってしまったが，彼女はライムを訪れる貴族やジェントリーに化石を販売するという，パートタイムの商売を首尾よく拡大することができた。よい標本を見分ける素晴らしい目を身につけた彼女は，イギリスのすべての指導的地質学者と収集家によく知られる存在となった。

　だが1830年までに，このような贅沢に出費する人間は次第に少なくなったため，化石の売れ行きは悪くなり，彼女はひどい困窮に逆戻りしそうになった。やはりライムに住み，数年前から彼女を知っていた顧客の一人が，コニベアの年少の共著者でもあった地質学者——フランス的な名前をもっているがイギリス人の——ヘンリー・トマス・

通り過ぎるたびに里程標の石をすり減らし
敬虔な巡礼者の唇が
聖ペテロの偉大な足指（4）をキスによって落としてしまったように

壺に入ったシカ肉やウサギ肉を好む者も
ポットに入った茶によって血を沸騰させる者もいるだろう
だがわたしにとってはどんな珍味も
「泥の中に詰められたハイエナ」ほどではない

彼らの日々の食事風景をわたしは知っている
土曜のディナーと日曜のディナーを見分けることができる
森の獲物が乏しくなったとき
どんなネズミをむさぼったかを言い当てることができる（＊）

　（＊）ネズミやハツカネズミのような小動物は
　　　何年間もトムの食物だったのです

湿地のヘラジカは普通の狩猟で
手に入れることのできる肉だった
だがゾウの腰と脚は
ときどきありつけるだけのもてなしだった

食糧不足の冬には互いに肉を切りとった
やせこけた水夫たちが破滅と闘い
飢えた仲間のためにくじを引いたように
詳細は『ドン・ジュアン』（5）を参照されたし

神秘の洞窟よ，汝の岩の暗がりは
闇に包まれていた瞬間に光を投げかけ
シュルーズベリーの時計（6）によって告げる
老いたるノアがいつ箱船に乗ったかを

汝の鍾乳石の床の覆いによって
アダム以後の歳月をわたしは計算した
年，日，時，分などを合計した
すると秒まで正しくなることを発見した

神秘の洞窟よ，汝の崇高な裂け目が
歴史のすべての裂け目を補ってくれる
時間の誕生以前に何が起こったかを
もう一つのこうした穴を通して覗くことができるだろう

ウィリアム・コニベア「西暦1821年に発見された，ヨークシャー，カービー・ムーアサイド近くの，カークデイルのハイエナの巣について」(1822)

● 注　(1)「トロポニオス」：ギリシア神話によれば，彼は大地に呑み込まれてしまったが，その後ボイオティアの洞窟で，神託を伝える者としての彼に助言を求めた人々は，非常に憂鬱な気分になってそこから出てきたという。(2)「パッピンの蒸し器」：1679年頃，ロンドンでロバート・ボイルの助手をしていた，フランス人技術者ドゥニ・パパンによって発明された初期の圧力釜。(3)「ズボンをはいてないスコットランド人」：南のイングランドへ移住してきた，キルトを着たスコットランド人に対するイングランド人の皮肉。(4)「聖ペテロの偉大な足指」：ローマのカトリック的信心に対するプロテスタントの皮肉。(5)「『ドン・ジュアン』」：バイロンの風刺詩（1819）。この中でジュアンのイヌと次いで彼の家庭教師は，難破船の生存者たちに食われてしまう。〈第5連の「バイロンのイヌがタタール人の…」はバイロンの詩『コリントの包囲』の中にあるエピソード〉(6)「シュルーズベリーの時計」：正確さを示すことわざ風の句。

図18　南イングランドのライアス層で発見された完全骨格にもとづく，絶滅爬虫類イクチオサウルスとプレシオサウルスの骨格のウィリアム・コニベアによる復元図（1824）。コニベアの素描がジョージ・シャーフによって石版画にされ，ハルマンデルによって印刷された。

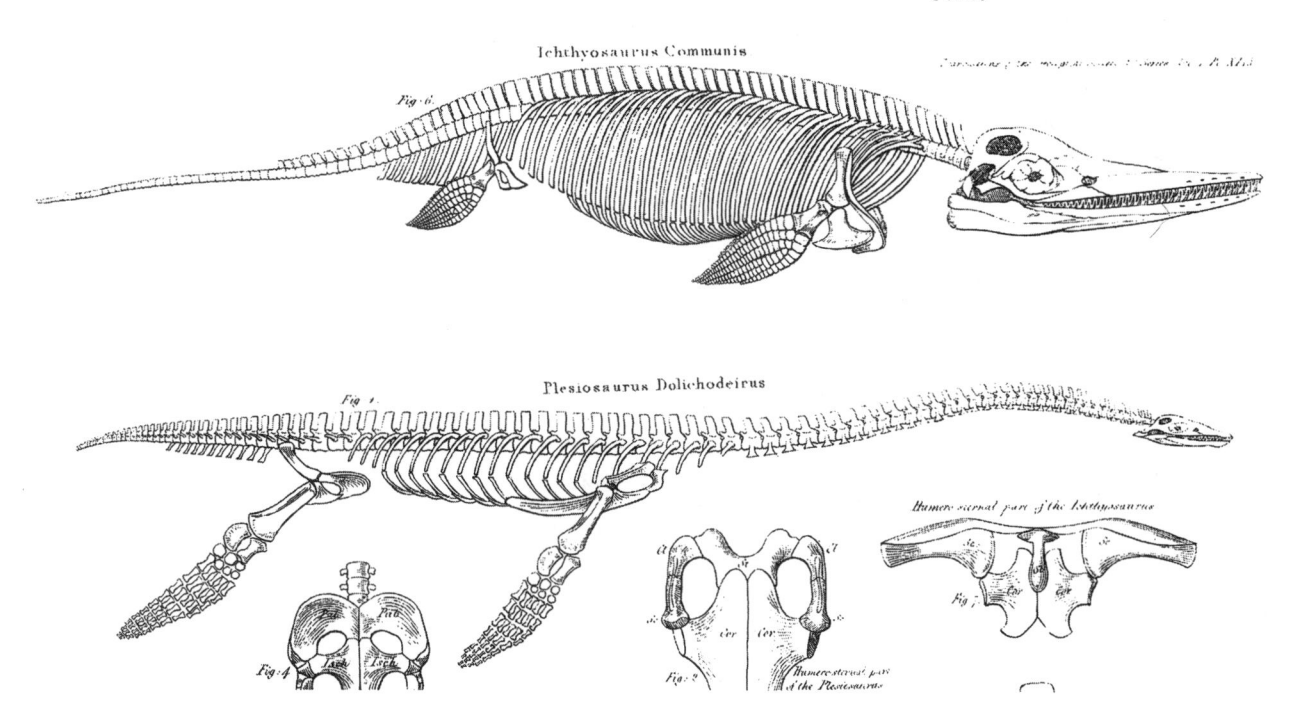

デ・ラ・ビーチ（1796-1855）であった。デ・ラ・ビーチの働きかけにより，彼女の紳士階級の友人たちが，彼女を財政的に援助することを決意した。熟練したアマチュア画家でもあったデ・ラ・ビーチは，彼女の売った化石がその中で生きた姿を示している，『太古のドーセット（ドゥリア・アンティクイオル）』という想像上の光景を彼女のために描いた（図19）。この素描は，地質学会の出版物のために多くの美術的仕事をしていた，ロンドンの最もすぐれた科学イラストレーターの一人で舞台背景画家である，ジョージ・シャーフ（1788-1860）によって石版画に転写された。この版画はおそらく2ポンド10シリングというかなりの値段（マーティンの『大洪水』のような大型の美術版画とおよそ同じ価格）でアニングの裕福な顧客たちに売られ，収益は直接彼女のもとへ行くようになっていた。後援者たちは，絶滅動物のこの真に迫った描写がきっかけになり，彼女の標本の新たな買い手が生まれることを期待していたのだろう。オリジナルの石版画はすぐに作り直さなければならなくなったが，新たにより多くの部数が印刷され，さらに広く配布されたと思われる。バックランドがオックスフォードの講義でその拡大版を使用したことにより，その評判はよりいっそう高まったに違いない[18]。

デ・ラ・ビーチの光景は見事な成功を収めている。イクチオサウルスとプレシオサウルスに関するコニベアの言葉による推論（テキスト11，12）は，絵画的用語にあざやかに移し換えられた。最も目をひくイクチオサウルスは，プレシオサウルスの長いほっそりとした首を咬んでいる。他のプレシオサウルスは，水中から首を伸ばして通りがかったプテロダクティルスをつかまえたり，カメの首をくわえたりしている。別のイクチオサウルスは，バックランドによって糞の中にその特徴的な鱗や骨が発見された，さまざまな魚をとらえている最中である。ヴィクトリア朝以前に特有の無作法をもって，いくつかの個体から落下中の糞も描かれている。無脊椎動物の間には，ライアス層でよく見

テキスト11
［新しく発見された骨格は］わたしの獣をバックランドのハイエナとほぼ同じくらいの大声で吼えさせました。［……］［その動物はたぶん］水面を泳ぎ，長い首で魚を捕るか，あるいは浅瀬に潜み，水草の間に隠れ，息をするために鼻を水面に突きだし，首の届く範囲にやってきたすべての小魚をつかまえていたのでしょう。しかしできるだけイクチオサウルス〈Ichthyosaurus〉から離れていなければなりませんでした。幼いイクチオサウルスでさえ，長い強力な顎によって，この動物の首を無造作に嚙み切ってしまったでしょうから。
ウィリアム・コニベア「ヘンリー・デ・ラ・ビーチへの手紙」（1824）

テキスト12
それ［プレシオサウルス〈Plesiosaurus〉］が水生であったことは，足がひれ状であることから明らかである。それが海生であったことも，その遺骸と思われるものからほぼ明らかである。ときどき岸を訪れていたらしいことは，四肢がカメのそれに似ていることから推測される。だが陸上では，その動きは非常にぎこちなかったに違いない。長い首は水中を進むことの妨げになったであろう。これは波を切って進むのに見事に適合した，イクチオサウルスの体の構造と驚くべき対照をなしている。したがってそれは長い首をハクチョウのように弓なりに曲げて水面やその近くを泳ぎ，届く範囲に浮かんでいる魚をめがけ，ときどき首を投げかけていたと［……］結論できるのではないだろうか。

それはおそらく海辺に沿った浅瀬に潜み，海草の間に隠れ，かなりの深さから水面まで鼻孔を上げることによって，危険な敵の襲撃を逃れる安全な避難所を発見していたのであろう。その一方でよく曲がる長い首が，顎の力が弱いことや，水中ですばやい動きができないことの埋め合わせになっていたと思われる。広い守備範囲の内側にやってきた，獲物とするにふさわしいすべての動物に対し，その首のおかげで敏捷な不意の攻撃ができるようになっていたのである。
ウィリアム・コニベア「プレシオサウルスの骨格」（1824）

図19 『ドゥリア・アンティクイオル』。「太古のドーセット」の生命のヘンリー・デ・ラ・ビーチによる戯画（1830）。この石版画ののちの版では，いくつかの動物は番号によって身元が明らかにされている。①イクチオサウルス・ウルガリス（中央右の最大の動物），②イクチオサウルス・テヌイロストリス（①の下にいる長い顎の動物），③プレシオサウルス・ドリコデイルス（①に食われている），④プテロダクティルス・マクロニクス（頭上を飛んでいる），⑤ダペディウム・ポリトゥム（②に食われている），⑥ペンタクリニテス・ブリアレウス（右下にいる，植物に似たウミユリ類の棘皮動物）。他の動物の中では，生きているアンモナイト（①の背後，アンモナイトの殻（左下の海底），イカに似たベレムナイト（最も下にいるイクチオサウルスに食われている），二枚貝の軟体動物グリファエア（右下の海底）に注目されたし。

られる化石のベレムナイトから復元された数匹のイカがおり，一匹はイクチオサウルスに呑み込まれようとしている。右の前景では，見事に保存された標本がライム・リージスでも見つかるウミユリ（ヒトデと遠縁の茎のある棘皮動物）が群生している。陸上では，植生を熱帯に固有のものとして描こうという，ややおざなりの試みが見られる。植物——ヤシ，木生シダ，そしてパイナップルの形をしたソテツ——は，ほぼ同時代の地層からでた化石にもとづいている。

やがて化石になる少数の死者，とりわけ渦を巻いた二つのアンモナイトの殻が海底に横たわっている。最大のイクチオサウルスのまうしろに漂っているチョウに似た奇妙な生き物は，生きているアンモナイトを，現生のアオイガイのような浮遊生物として復元する試みを示している。生きている姿と死んだ姿のこのような結合は，太古の現実と現在に残されたその遺物とをつなぐ化石化の過程を，巧妙にほのめかしている。

デ・ラ・ビーチの光景は伝統的な絵画の様式をなにがしか保持している。この版画ののちの版では，ショイヒツァーの天地創造の光景（図 **3-5**）や，まさしくマーティンの大洪水の光景（図 **10**）のように，主役たちには説明のための番号さえつけられている。だがショイヒツァーの光景とは異なり，ここでの動物の多くは食べていたり食べられていたり，互いに深いかかわりをもつ姿で描かれている。とはいえこれはマーティン流の暗い黙示録風の絵画ではないし，いわんやダーウィン的な「歯と爪を血で染めた自然界」の光景でもなく，どちらに比べてもなぜか陽気でありすぎる。絵の雰囲気はロマン的であるよりも新古典的なのである。

デ・ラ・ビーチの構図の中の最も興味をそそられる新機軸は，現代人の目にはごくありふれたものなので，容易に見逃されてしまうかもしれない。そこでの観察者は陸上ではなく，半分だけ水中にあり，水面近くから水中と水上両方の光景を見ている（だがリアリズムは水中

の屈折による短縮効果にまでは及んでいない)。視点は通常の人間の観察者のものであるのと同様，海生動物自身のものでもある。この驚くべき構図の起源は明らかではない。デ・ラ・ビーチは海水水槽が発明される20年も前にその構図を思いついていた。水槽の発明がなされると，水生生物のサンプルを客間へ招き入れ，板ガラス一枚を通して魚の目で見た眺めを体験することに対する，ヴィクトリア時代の熱狂が始まったのだった。しかしデ・ラ・ビーチ自身は，彼の絵の顧客であったライム訪問者の少なくとも何人かと同様，ドーセット海岸でボートに乗ったり潜水することに親しんでいた。また彼は難破船を海中から引き揚げるための新しい潜水装置を描いた，同時代の絵も見ていただろう。そこでは同じような半水中の視点の採用されることがあったのである[19]。

　『太古のドーセット』は，限られた形ではあったが公の目に触れた，最初の真の太古の光景である。キュヴィエは個々の動物の体の輪郭を復元するだけで歩みを止めた。コニベアは，バックランドが「大洪水以前の」ハイエナの巣を詳細に想像したことをからかう，戯画を配布しただけであった。それに対しデ・ラ・ビーチの絵は，化石の科学的分析にもとづくある程度のリアリズムをもって——冗談めかしてだが——一定の風景の中の多種多様な絶滅生物を描いていた。この点では，その革新的な性格と歴史的な意味は，どれほど高く評価しても足りないだろう。しかし様式に関しては，非凡な半水中の視点を別にすれば，これは自然誌の挿絵というすでに確立していた絵画的伝統に素直に従っている。全体の構図が，現生生物の世界を描く，同時代の多くの挿絵の構図を思い起こさせるのも驚くべきことではない。キュヴィエの側面から見た体の輪郭と並んで，この絵は太古の光景というジャンルの起源が，聖書を（もっと一般的には歴史を）描く美術の伝統の中にあると同様，自然誌の伝統の中に確固としてあることを示しているのである。

デ・ラ・ビーチの石版画は地質学者の仲間内で有名になったので，彼はその後まもなく同じ動物の姿を，まったく別の目的のために利用することができた。それはもう一つ別の光景だが，正反対の時間の広がり，すなわち想像できないほど遠い人類以後の未来を描いたものであった。スコットランド生まれのロンドン人チャールズ・ライエル（1797-1875）の著作，野心的なタイトルをもつ『地質学原理』（1830-33）の第1巻は，地質学者の間に大騒ぎを引き起こしていた。現在の地質学的過程によって，地球の過去の歴史のすべてが適切に説明されると力説したためというよりは，その歴史は現在に向かって進行するのではなく，長い期間をとれば循環的であると主張したためであった。ほとんどの地質学者は，このアイデアをまったく受け入れがたいものと考え，デ・ラ・ビーチは石版印刷されて流布されれば，そのアイデアを笑いものにすることに役立つような戯画を制作しようと決心した。何度か試みたのち，彼はその役割を果たすと思われる――そして実際に果たした――光景を考案した[20]。

　『とてつもない変化』と題された彼の戯画（図20）では，イクチオサウルスとプレシオサウルスからなる聴衆が，人間の化石頭蓋骨について話す「イクチオサウルス教授」の講義にうっとりと耳を傾けている（ライエルはロンドンに新設されたキングズ・カレッジの初代地質学教授に任命されたばかりだった）。この戯画は『地質学原理』の中の一節（テキスト13）にもとづいている。そこにおいてライエルは，軽々しく美文調の文章にふけり，地球の歴史の大循環により地球がライアス期だった頃に戻ると，遠い未来に絶滅爬虫類――少なくともそれによく似た生物――が復活するかもしれないと述べていた[21]。

　『とてつもない変化』は，ロンドン地質学会の仲間だけに通じる冗談として描かれ，その外部では広く知られなかったと思われる。だが『太古のドーセット』は確実に大陸に広がった。そのうちの一点が，ボンの動物学と鉱物学の教授であり，全ヨーロッパできわめて著名な

🎵テキスト13
　したがってわれわれがいま考察している「大年」の夏には，大海のいくつかの島で，木生シダやヤシに似た植物や樹木状の草が，非常に優勢になると期待してもよいだろう。［……］そのときには，われわれの大陸の古い岩石の中に記録が残されているような，動物の属が戻ってくるだろう。巨大なイグアノドン〈Iguanodon〉が森の中に，イクチオサウルスが海の中に再び現われ，プテロダクティルス〈Pterodactylus〉はほの暗い木生シダの木立の間を再びひらひらと飛ぶであろう。
チャールズ・ライエル『地質学原理』（1830）

Awful Changes.
Man found only in a fossil state. —— Reappearance of Ichthyosauri.
"A change came o'er the spirit of my dream". Byron.

A Lecture. —— "You will at once perceive," continued Professor Ichthyosaurus," that the skull before us belonged to some of the lower order of animals the teeth are very insignificant the power of the jaws trifling, and altogether it seems wonderful how the creature could have procured food."

図20 チャールズ・ライエルを「イクチオサウルス教授」として描く，ヘンリー・デ・ラ・ビーチによる戯画『とてつもない変化』(1830)。バイロンの詩『夢』(1816) から引用した句——この戯画の題もそれをほのめかしている——は，「夢見る者」がある空想的光景から別の光景へ移る際のリフレーンである。「講義」のテキスト〈図の下に記された〉は，当時すでに陳腐であった機能的解剖学の口調を風刺している。

2 過去への鍵穴　49

化石の専門家の一人であった——まだ古生物学者とは呼ばれていなかった——ゲオルク・アウグスト・ゴルトフス（1782-1848）の目にするところとなった[22]。しかしゴルトフスが，それと同じアイデアをすでに抱いていたことはほぼ確かである。

前年ハイデルベルクで開かれた「ドイツ科学者医学者協会」（すぐに新設される「イギリス科学振興協会」のモデルになった）の年会で，ゴルトフスはプテロダクティルスの見事な新標本を展示した。これは建築用石材としてだけでなく，石版画という大人気の新しい技法にも使用される細粒石灰岩が切りだされていた，バイエルンのゾルンホーフェンで発見されたものであった。ゾルンホーフェンの石は，化石が例外的によく保存されていることでつとに有名であった（30年後，その石からはダーウィンの進化論にとって強力な証拠となった，爬虫類にそっくりの有名な鳥，アルカエオプテリクス〈始祖鳥〉がもたらされた）。したがってゴルトフスがボンの科学アカデミーに出版してもらうため，ゾルンホーフェンからでたプテロダクティルスや他の保存のよい爬虫類について論文を書いたとき，そのテキストを化石の素晴らしい石版画によって補完したのは時宜を得たことであった。その版画は彼のために，同僚であるボンの美術教授ニコラス・クリスティアン・ホーエ（1798-1868）によって描かれていた[23]。

一つの図版が，いまや規範となったキュヴィエ的様式にのっとり，プテロダクティルスの全身骨格のゴルトフスによる復元を示している。その下の文字通り余白の位置に，ゴルトフスの推論に呼応するよう描かれた，空飛ぶ爬虫類のホーエによる絵画的復元が置かれている（図21，テキスト14）。数匹は穏やかな海の上を滑空しているのに対し，一匹は翼にある鉤爪のような指を使い，断崖の表面の岩にへばりついている。この慎ましい描写の中には，この光景の根拠になった標本の一部分が含まれている。岩塊の中に埋め込まれた頭蓋骨は大きく拡大され，復元されたこの光景の中で断崖の天辺に据えられた巨礫のように

テキスト14

しかし［プテロダクティルスの動物学的類縁について］どの権威に従いたいと考えるにせよ，ともかくこの動物の姿は，実際に存在する自然の産物というより，中国の画家の際限のない空想によって作りだされた絵であるように見える。［……］

この動物はリスのような座った姿勢をとるために，骨盤と臀部をおそらく使用できたし，長く下に伸びた翼が邪魔するのでなかったら，それが普通の習性だったとさえ考えられる。前方へ這ったとしても，それはコウモリと同じように困難だったであろうし，頭と首が長くて重いことと，うしろ足の比較的弱いことが，ぴょんぴょん跳んでいたという説への反証になるだろう。したがってこの動物が，断崖の岩の表面や利用できる木にしがみついたり，険しい岩の面を登ったりするためだけに，鉤爪を使ったということは明らかである。だがこの動物は昆虫やおそらく水生動物をつかまえるために，翼を用いて飛び，水面の上の空中に停止することができたであろう。喉が広く顎の支えが弱いことから，歯は獲物を嚙み切ることよりつかむことに役立っていたと考えられる。それでも頭部のバランスを保つために，通常はうしろに反り返っていたと思われる長い首のおかげで，この動物は獲物の方に身を伸ばし，体の重心を変え，それによって飛行中の頻繁な旋回が容易に行なえたのである。

アウグスト・ゴルトフス「太古の爬虫類」（1831）

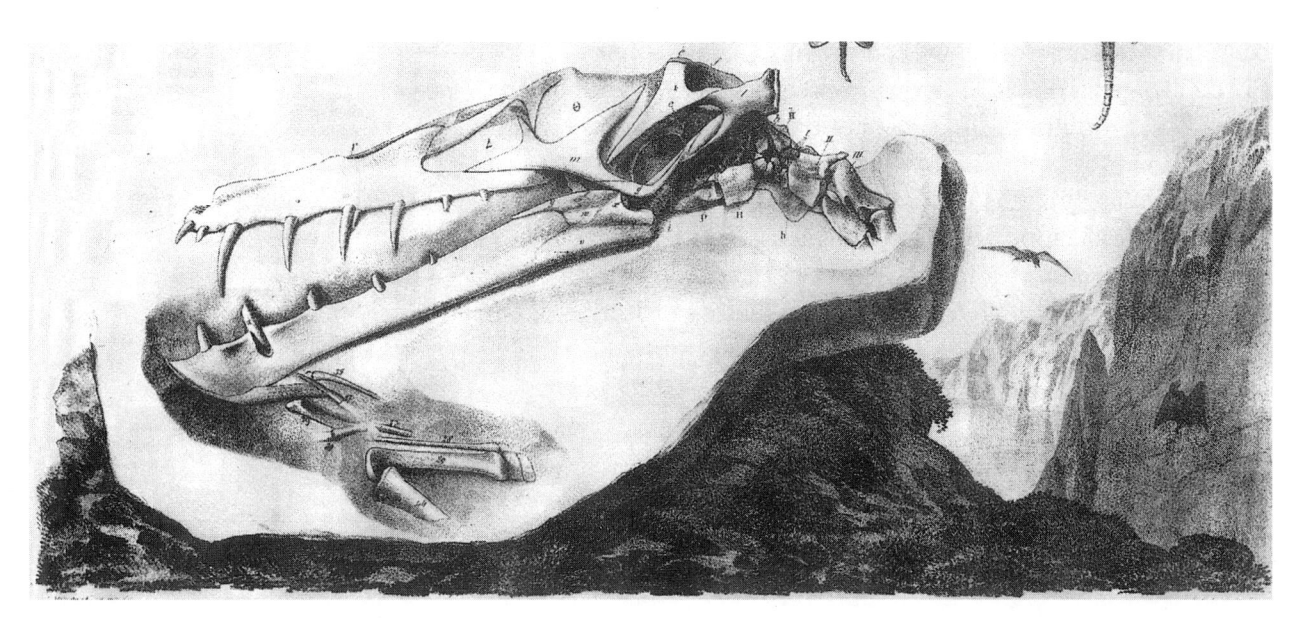

図21 ゾルンホーフェンの石版石から発見されたプテロダクティルスのアウグスト・ゴルトフスによる復元図(1831)。クリスティアン・ホーエが作画し，ボンのヘンリ&コーエン商会によって石版印刷され，全身骨格の復元を示す大きな折り畳み式図版の隅で発表された。

見える。あるいは逆に解釈すれば，この標本は骨格の他の挿絵と同じ縮尺で示されているのだが，背景は遠い過去であるため小さく描かれているのである。いずれにせよ，化石証拠は想像力によって喚起されたそれ自身の過去の中に実際に組み入れられた。それはコニベアがバックランドを，バックランド自身が思い描いた過去の光景の中に組み入れたのといくぶん似ているのである。

バックランドはライム・リージスのプテロダクティルスに関する論文の抜き刷りをすでにゴルトフスに送っていたので，一点の『太古のドーセット』がボンにたどりついたのも別段驚くべきことではない。デ・ラ・ビーチの野心的な復元は，明らかにゴルトフスを刺激し，太古のさまざまな生命が登場する彼自身の光景，その中に彼のプテロダクティルスの復元をはめ込むことができる光景を企画させた。彼の論文を掲載していた堅実な科学雑誌は，推測による光景に捧げられた大型の図版を完全には受け入れなかったであろう。だが幸いなことに，ゴルトフスは彼自身の販路を手にしていた。それまで数年にわたり，

2 過去への鍵穴

彼は挿絵入りの野心的なモノグラフ『ドイツの化石』（1826-44）を，予約を募って出版していた[24]。自然誌の重要な著作にはよくあることだが，この作品も連続する部分が間隔をおいて発表された。各部分はいくつかの属と種の分類学的記述からなっており，ゴルトフスのコレクションと，彼の友人である裕福なアマチュア地質学者ゲオルク・ツー・ミュンスター伯爵（1776-1844）のコレクションにおける，最良の化石標本を描いた大型の石版刷り図版が添えられていた。

　デ・ラ・ビーチの石版画が届いたとき，ゴルトフスは彼の大作の第3分冊（1831）を準備していた。前の2分冊と同様に，それはサンゴと棘皮動物と蠕虫の化石だけを扱っていた。しかしその関連のなさに気が咎めることもなく，ゾルンホーフェンの石を含む地層であり，大陸においてイギリスのライアス層に相当する，「ジュラ層」の時代の生命の光景をゴルトフスはすぐに制作した——あるいはホーエに制作してもらった。その光景は間違いなく『太古のドーセット』をモデルにしており，それと同様爬虫類に支配されている（図**22**）[25]。著作の予約購入を促進するために，彼はこのより魅力的な図版を，化石標本の散文的な図版に付け加えた。のちに第1巻全体が完成したとき，この光景は口絵として置かれることになった。だがその光景とこの巻との間に明らかな関連はなく——ゴルトフスの扱ったいくつかの無脊椎動物がそこに付随的に登場している以外には——テキストもその光景にまったく言及していない[26]。

　このゴルトフスの光景は，先に述べたように，やや不正確に描かれたイクチオサウルスとプレシオサウルス，およびその頭上を舞うプテロダクティルスでほとんどが構成されている。前景に登場する選ばれた無脊椎動物は，デ・ラ・ビーチの絵におけるよりもかなり大きいが，ほとんどは単に海底の貝殻として示されており，ゴルトフスの通常の挿絵の中の化石と変わるところがない。ほんの少しだけが生きているもののように復元されていて，その大部分はデ・ラ・ビーチからの借

図22　アウグスト・ゴルトフスによる『ジュラ層』(1831)。のちに「ジュラ紀」と呼ばれることになる時代の生命の復元図。彼の『ドイツの化石』(1826-44)とともに発表された。

用である。なによりもゴルトフスの描写は，デ・ラ・ビーチの想像力豊かな水中の視点を利用しそこなっている。このドイツ版の構図では，さざ波の立つ水面を通して，ありそうもない明瞭さで海中の生活が見えている。

　だが新しい特色もいくつかある。一匹のプテロダクティルスはゴルトフス自身のもっと小さな光景の中でと同様に，コウモリのように断崖にしがみついている。また植物相はトクサの植わった小区画が付け加えられることによって拡大している。動物相もいくつかの陸生（あるいは半陸生）の種が追加されて増大している。そのうちで最も目を引くのは，オックスフォード近くのストーンズフィールド「粘板岩」の中で発見されたわずかな数の骨にもとづいて，バックランドが数年前に記載した（復元はしなかった）巨大な爬虫類，メガロサウルスである[27]。

　ゴルトフスの意匠のほとんどは独創的ではなかったかもしれないが，彼の絵はこのような光景の・ア・イ・デ・アを，デ・ラ・ビーチの私的に配布された石版画を見たであろう集団を超えた，より広範囲の地質学者の間に普及させたと思われる。すでにゴルトフスのモノグラフは，二次岩層からでる無脊椎動物化石に関心をもつすべての者にとって，欠くことのできない参考文献であったし，ヨーロッパ中の地質学者に予約購入され，少なくとも参照されていた。ゴルトフス自身によるプテロダクティルスの慎ましい復元を別にすれば，ここで初めて真の太古の風景的光景が，まぎれもない科学的著作の中で公表されたのであった。

　『太古のドーセット』がゴルトフスによって翻案されたというニュースはすぐにイギリスに届いた。そのためバックランドはデ・ラ・ビーチに，ドイツ人がすべての最良のアイデアを盗んでしまう前に，いくつかの光景をただちに付け加えるよう強く勧めた（テキスト15）。この提案が非常に重要なのは，太古のいくつかの瞬間の・連・続・的光景，すなわち過去への・複・数の鍵穴が初めて着想されているからである。バック

テキスト15

　わたしはヘーニンクハウス（1）から，ロンズデイル（2）経由で（彼もたぶん同じものをあなたに渡すでしょう），ドイツ人が制作した『太古のドーセット』の模倣作を受け取ったところです。全体の考えは完全にあなたの原作から借りているにもかかわらず，それには多くの美点があります。ドイツ人はこの種の事柄に慣れているので，わたしはあなたが彼らに出し抜かれるのではないかと心配し，太古の世界の光景の復元をさらに二つか三つ，あなたの最良の方法で在庫品の中に加えられることを願い，この手紙をしたためました。

　I　洪積層（3）が形成される直前の時代──一区画の土地──川と平野と山だけがある──「パレストリーナの舗道」（4）におけるように──ゾウ，サイ，マストドンがふざけて争っている──川に飛び込むカバ──前足を木の幹にかけて尻餅をついていたり，大きな枝をつかんだりしているメガテリウム〈Megatherium〉──オオカミの群からあわてて逃げたり，溝の中に頭から落ちたりしているウマ，ウシ，ヘラジカ──巣の中にいる，あるいは獲物を巣に引きずり込んでいるハイエナ──シカに飛びかかろうとしてうずくまるトラ。

　II　淡水期の湖の光景。パレオテリウム，アノプロテリウム，カエロポタムス〈Chaeropotamus〉，およびその時代のすべての「パリのブタ」で満員の池。モンマルトルのイヌとサリグ（5）。オーヴェルニュ（6）の鳥，爬虫類，ヘビ，水生のネズミ。カメ，ビーヴァー，ワニ──遠くに火山。

　III　海の光景──石炭紀と漸移期の熱帯の島が浮かぶ海。動物は非常に少ないが，きわめて熱帯的な植物が繁茂した陸──巨大なサボテンの幹である，シュテルンベルク（7）のレピドデンドロン〈Lepidodendron，鱗木〉。熱帯の島々でいっぱいの海──島は石炭植物に覆われている──水中にはウミユリ（8），サンゴ，クサリサンゴ──水面にはオルトケラス〈Orthoceras, 頭足類に属す〉とオウムガイ──スピリファー〈Spirifer, 腕足類に属す〉，プロダクタス〈Productus, 腕足類に属す〉──三葉虫──そして若干の魚。三葉虫はうまく戯画化できるだろう。

　ここに提案した光景の一つか二つをすぐに公表してくれるよう望みます。

ウィリアム・バックランド「ヘンリー・デ・ラ・ビーチへの手紙」(1831)
●注　(1)「ヘーニンクハウス」：フリードリヒ・ヴィルヘルム・ヘーニンクハウス (1770-1854) はボンの化石収集家で，ゴルトフスの友人。(2)「ロンズデイル」：ウィリアム・ロンズデイル (1794-1871) はロンドン地質学会の有給の理事で，ゴルトフスの石版画を受け取ったところだった。(3)「洪積層」：バックランド（と他の多くの地質学者）が「地質学的大洪水」に由来すると考えた，謎の多い堆積物を示す彼の用語。(4)「パレストリーナの舗道」：イタリアの町パレストリーナ (16世紀の同名の作曲家の生地) にあるヘレニズム様式の「バルベリーニ・モザイク」。ナイル川流域に住む人間と動物を主題としている。(5)「サリグ」：キュヴィエがパリ郊外のモンマルトルからでた化石に関する著作の中で用いた，オポッサムをさすフランス語。(6)「オーヴェルニュ」：第三紀の化石を含む淡水堆積物が，同時代の火山岩に頻繁に付随している中央フランスの地域。(7)「シュテルンベルク」：カシュパール・シュテルンベルク伯爵 (1761-1838) のモノグラフ (1820-38) は，石炭紀の地層からでる植物化石についての標準的著作であった。中でも注目すべきなのは，レピドデンドロンと呼ばれる樹木サイズの幹の化石であった。(8)「ウミユリ」：以下はすぐのちに「シルル系」と名づけられた，漸移（石炭紀以前の）岩層からでる無脊椎動物化石のかなり標準的なリスト。

図23　パリ周辺の第三紀地層の時代における生命を描いたヘンリー・デ・ラ・ビーチによる挿絵。キュヴィエの公表された復元図（図16）にもとづき，デ・ラ・ビーチの『地質学便覧』第2版 (1832) で発表された。

ランドはその連続を，歴史書や聖書の挿絵の古典的連作（図1-7）に見られるような真の年代順ではなく，逆に最新から最古へというように列挙している。しかしこれは層序地質学を扱った多くの書物の慣用的な配列，すなわちよく知られた新しい地層から古い曖昧な地層へとさかのぼる形式を単に踏襲したものであった。コニベアの『概要』(1822)，デ・ラ・ビーチの『便覧』(1831)，ライエルの『原理』(1833) はすべてこのように配列されていた。

バックランドが提案した光景は，（ⅰ）ノアの洪水と考えられる出来事の直前の，例のカークデイルのハイエナの巣の時代，（ⅱ）キュヴィエの第三紀哺乳類の時代，そして最後に，デ・ラ・ビーチがすでに描いていた光景より以前の，（ⅲ）石炭林とそれに付随する海成漸移期石灰岩（英語圏の地質学者のいう「石炭紀石灰岩」）の時代のものである。

意外に感じられるかもしれないが，デ・ラ・ビーチはバックランドの提案を採用しようとはしなかった。回答と思われる形で彼がしたことは，『便覧』の新版（第2版）(1832) に三つの小さな慎ましい挿絵を加えたことだった。それらは，このとても有用ではあるが無味乾燥な参考書においては，ひどく場違いなもののように見える。他の挿絵は，化石と地質断面図の非常に実用的な素描に限られていたのである。

第一の挿絵（図23）は，たしかにモンマルトルからでたキュヴィエの哺乳類を示しているが，バックランドの威勢のよい提案に比べるとはるかに慎重な描き方になっている。それはキュヴィエの『研究』の中のその動物の輪郭を，相変わらずローリヤールのこわばった側面図（図16）の方式で複製しただけであり，まるでデ・ラ・ビーチはその動物をもっと生き生きとしたものにすると，キュヴィエの権威を侵害してしまうとでも考えているようなのである。彼にとって生き生きとしたものに描くのが容易だったことは，その動物たちが見つめているワニの姿態から明らかである。植物はここでもいくぶんおざなりだが，

それでも構図は慎ましいものであるとはいえ真の風景的光景になっている[28]。キュヴィエを出典とするという注のほかには，記述的・説明的テキストはついていない。

彼が「ウーライト〈魚卵状石灰岩〉層群」と呼ぶもの（ライアス層を含み，大陸の地質学者のいう「ジュラ層」に相当する）を記述しているこの『便覧』のずっと後半で，デ・ラ・ビーチはイクチオサウルスとプレシオサウルスからなる一対の小さな挿絵を描いている（図24, 25；テキスト16）。しかし彼はその形態をもっとよく見えるようにするためだけに，その爬虫類を水の外にだすことにより，『太古のドーセット』の水中のリアリズムを犠牲にしている。この譲歩は，水槽を覗くような眺めが，彼の想定した読者の間ではまだ馴染みのないものであったことを示唆している。ここでも，背景の地形と植生は明らかに最小限のものである。

キュヴィエが自身の最良の復元図を発表し損なったのと同様に，デ・ラ・ビーチが彼の通常の出版物の中に『太古のドーセット』やその翻案を再録しようとしなかったのは，そのような太古の光景の科学的妥当性について，潜在的なためらいがあったためなのであろう。デ・ラ・ビーチは以前の富を失い，もはや独立した紳士階級の地質学者ではなかったので，身を立てる道はキュヴィエの場合と同様に不安定であった[29]。したがって将来の成功を望んだとき，その出版物は非の打ち所なく信頼され，権威をもつものとして受け入れられねばならなかった。なかばふざけたスタイルで太古の光景を描き，それを友人の間に配布することと，推測にもとづかざるをえない表現を，まじめな科学的著作の中で発表することとはまったく別物だったのである。

主にキュヴィエによって絶滅は現実のものであることが確かめられたため，現在の世界の最も風変わりな土地の光景とさえ，明確にしか

✎テキスト16

湾，入江，河口，川，そして陸地は動物たちに占有され，彼らはそれぞれが食べ，産み，敵の攻撃から身を守ることができる場所に適応していたと推論しても，理に反することではないだろう。あの奇妙な爬虫類イクチオサウルスは［……］その形状からして，現在イルカがそうしているように，海の波浪に敢えて挑み，その中を突進していたであろう。しかしプレシオサウルスは［……］激しい波を避け，浅い入江や湾で魚を捕ることに適していたと思われる。ワニはおそらく，こんにちの彼らの同類と同様に，川や河口を好み，同類と同じく破壊的で大食いだった。この時期のさまざまな爬虫類のうち，イクチオサウルスは［……］ワニやプレシオサウルスの顎にまさる強く大きな顎をもっていたため，水中の支配者となるのに最もふさわしかったと思われる。バックランド教授のおかげで，われわれはいまやこれらの生物が常食としていた食物のいくつかに精通している。というのも糞石と呼ばれる化石化した糞が，彼らは魚ばかりか互いをむさぼり食っていたという証拠を提供してくれるからである。糞石の中に含まれた，椎骨などの骨の未消化の遺物が充分に証言しているように，より小さな動物はより大きな動物の餌食になった。そのような貪欲さに囲まれながらも，食べられずに済んだ多くの生物が，岩の中に埋め込まれ，いくたの時代が過ぎたのちに，われらが地球の太古の住人として，その生活のありさまを語ってくれるのは素晴らしいことではあるまいか。

ヘンリー・デ・ラ・ビーチ『地質学便覧』第2版（1832）

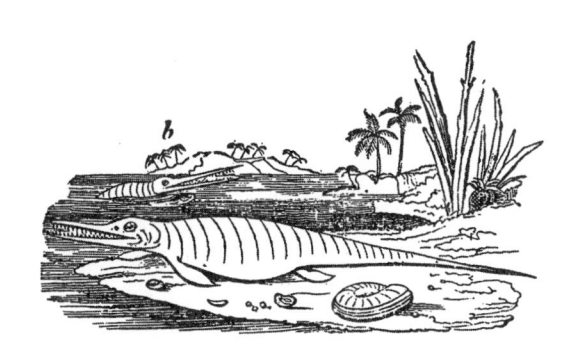

も興味深く異なる光景からなるような，挿絵を制作するのに必要な材料が初めて提供されるようになった。キュヴィエ自身は一つの純粋にテキストによる光景の先へは進まず，個々の動物の体の最良の復元図さえ決して公表しなかった。イギリスにおける彼の信奉者バックランドも同様に，「大洪水以前の」ハイエナの巣の言葉による生き生きとした肖像画を描いたが，それは視覚言語には戯画としてしか移し換えられず，しかもその作者は彼自身ではなかった。のちにデ・ラ・ビーチはこれも冷静な科学的推論にもとづき，太古の別の瞬間の光景を制作したが，それもまた戯画的であり，彼はそれをきちんとした科学の体裁によっては発表しなかった。ゴルトフスが幾分かはデ・ラ・ビーチの構図に触発されて制作し，科学的著作の中に挿入した光景でさえ，明らかにその著作の周縁に置かれていた。

さまざまな場所で遭遇するこの周縁的性格は，太古の光景を想像力によって復元する行為が，どれほど科学的推論に根拠を置くものであっても，当初は許容できないほどの憶測と見なされていたことを示唆している。あまりまじめにとる必要はないということが，おどけたスタイルによって明らかにされていない限り，それは著者の科学者としての評判を高めたり，その結論の正当性を強化したりする見込みは

図24　『地質学便覧』第2版（1832）で発表された，生きているイクチオサウルスのヘンリー・デ・ラ・ビーチによる挿絵。「付属の木版画において，イクチオサウルス・コムニスと，イクチオサウルス・テヌイロストリスの頭部の予想される形状について，概略を伝えることが試みられている。前者はその形状を明示するため，上がることはなかったと思われる陸上での姿が描かれている」。

図25　『地質学便覧』第2版（1832）で発表された，生きているプレシオサウルスのヘンリー・デ・ラ・ビーチによる挿絵。「この動物はプテロダクティルスをつかまえている最中の姿が示されている。全体の形状を明らかにするため，水からかなり体をだして泳いでいるように描かれているが，実際にはワニのごとく水中を泳いでいたと考えられ，たしかにその方がきわめて長い首を支えるには好都合だったであろう」。

2　過去への鍵穴　57

なかった。しかしそのスタイルの剽軽さは，この時代の科学の反思弁的な風潮が課す束縛を，単純に回避できる方法と考えることも可能であり，したがって太古についての正当な推論は，他の科学者に効果的に伝達されたのであった。

　美術的観点からすれば，このような最初期の太古の光景の様式が，自然誌の挿絵という確立した伝統に由来することは別段驚くべき事態ではない。それらが初期の聖書挿絵のやや静的な，いかにも絵画らしい外観を共有するという事実は，両者とも同じ美術的伝統に依拠していたことの結果にすぎない。聖書挿絵の最も重要な特徴，すなわちそれらが時間順に配列されているという特徴は，先史的光景という誕生しかけのジャンルにおいてはまだ姿を現わしていない。本章は地球の歴史の三つの異なる瞬間の光景，少なくともその光景の始まりを明示してきたものの，バックランドだけがそれらを時系列に沿って配列する可能性を提起していた。だがそのときでさえ，彼はそれを地史的発展の意味を曖昧なものにしてしまう，回顧的時系列として着想していた。いずれにせよ，彼はその提案を私的書簡においてのみ行なったのであった。

　そのような回顧的時系列は，バックランドとおそらく他の者たちが，太古の光景の制作には既知の現在から未知の過去への，想像力による認識論的侵入という行為が必然的にともなうことを，充分に自覚していた事実を暗示している。まさにそれこそコニベアが，大洪水以前の洞窟の中へ入り込む，バックランドの姿を描いた戯画において明らかにしていたことだった。その戯画のもつ魔法のような，お伽噺めいた感触が，侵入という行為の胡乱さと，それが達成されることによって引き起こされる驚異の感覚を強調している。コニベアの「へぼ詩」が示唆しているように，それは他の方法によっては人間に経験できない人類以前の過去を，いわば鍵穴を通して「覗く」行為だったのである。

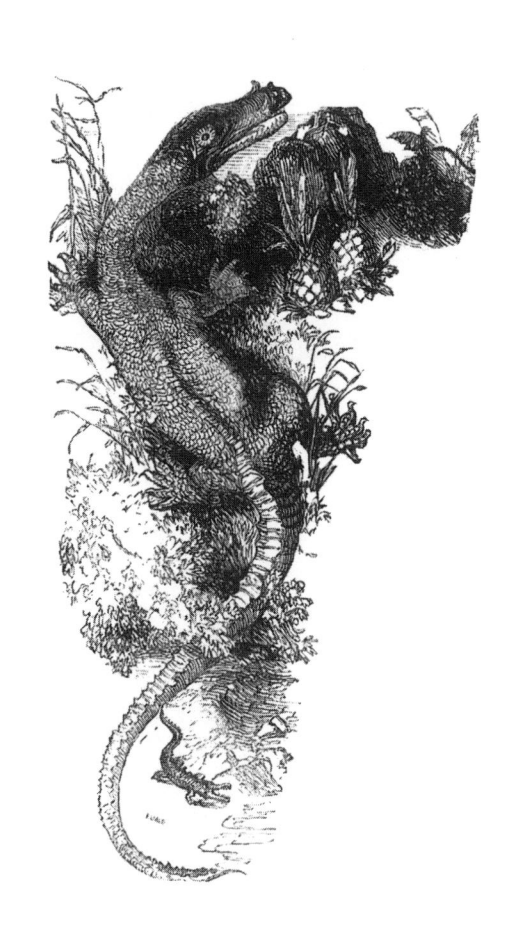

3
太古の世界の怪物たち

　　　　　　　　2章に再録され，そこで分析された最初期の太古の光景
　　　　　　　は，一般に是認された科学的実践の外縁に位置してい
　　　　　　　た。しかしそれらが周縁であったのは，科学者〈scientists〉
　　　　　　　（この言葉はちょうどこの頃英語の中に取り入れられ
たばかりだった）の実践に対してであった。キュヴィエとゴルトフス
の重厚なモノグラフは，専門的研究によって生計を立てるという狭い
意味ではほとんどが「プロ」ではなかったとはいえ，地質学と動物学
の現役の専門家にしか参照されなかっただろう。同様にコニベアとデ・
ラ・ビーチの戯画は，彼らが出入りしていた紳士階級の「科学人」〈men
of science〉（およびその妻）の集団の外にいる，多くの人間の目には触
れなかったと思われる。だがそのような科学の専門家のうちの何人か
には，太古の光景を公表する科学的妥当性について，デ・ラ・ビーチ
の抑制らしきものを共有する理由がなかった。逆に広範な大衆に語り
かけたいと考えていた著述家は，一般読者とくに若者の想像力をとら
える潜在的な力が，その光景にあることにすぐに気づいた。デ・ラ・
ビーチとゴルトフスによるジュラ紀の生命の光景がでて数年のうちに，
それを脚色したものがはるかに広範な大衆の手に届いた。
　最も初期の例の一つが『ペニー・マガジン』の扉を飾ったのは，デ・
ラ・ビーチの『太古のドーセット』の版画が初めて配布されてからたっ

た3年後であった。高邁な志を有する「実用知識普及協会」が，その名の示す通り，信頼できる情報を急速に拡大するイギリスの教養ある大衆に届けるため，この雑誌を発行していた。その点では，これは見事に成功していた。新しい蒸気動力による印刷機と安価な紙を使用したおかげで，週の発行部数は10万という予想外の数字にまたたくまに到達した。活字が詰まった紙面は，伝統的な銅版画や新しい石版画に比べると繊細さの点では劣るかもしれないが，はるかに安上がりな媒体である木版画を，気前よく使うことによって和らげられていた[1]。

『ペニー・マガジン』に進んで寄稿した多くの「科学人」の中に，若き地質学者のジョン・フィリップス（1800-1874）がいた。彼はその科学を，化石を層序地質学において使用した独学の先駆者である，叔父ウィリアム・スミス（1769-1832）のもとでの略式の実習によって学んでいた。ロンドンのキングズ・カレッジにおける非常勤の地質学教授として，ライエルのあとを継いだばかりであったフィリップスは，雑誌の読者に「復活させられた生物遺骸」（図26）の光景を提供しながら，化石に関する一連の小論を完成させた。この光景のもとになった作品を制作した，「著名な地質学者たち」の名は述べられていないが，この版画がデ・ラ・ビーチの『太古のドーセット』（図19）とゴルトフスの『ジュラ層』（図22）双方に由来することは明らかであった。イギリスの一般大衆にとって，太古のこの瞬間は初めて生き生きとした現実のものになったのである。

翌年大陸において，同種の光景が『絵入り自然誌事典』（1834-39）の中に登場した[2]。この野心的な編纂物を発行したパリの出版者たちは，本文をあざやかに彩色された多数の版画挿絵で飾ることにより，もうけになる市場の分け前にあずかろうとしていた。『ペニー・マガジン』と同様に，事典は何度にも分けて売られたため，予約購読者はある号から次号まで関心を持続させてもらわねばならなかった。したがって編集者と寄稿者チームは，魅力的な挿絵を間断なく供給する必

図26 『復活させられた生物遺骸』。大衆的な『ペニー・マガジン』に掲載された，地質学に関するジョン・フィリップスの匿名記事を飾る木版画（1833）。「二次岩層のライアス統とウーライト統を特徴づける，動植物について明確な観念を読者に与えるために［……］最も著名な地質学者たちによって復活させられた，現在知られている主な種を示しておく［……］。I．植物──1 シダ，2 ザミア（ソテツ族），3 ニオイヒバ，4 ドラセナ，5 ナンヨウスギ，6 スギナモ（トクサ属）。II．動物──7 トンボ，8 ホシヤブガメ，9 メガロサウルス，10 イクチオサウルス，11 プレシオサウルス，12 アンモナイト，13 ウニ，14 オウムガイ，15 イカ，16 ウミユリ，17 鳥のようなコウモリ（オルニトケファルス）」。

要があった。

　連続する号の項目は，AからZへとたゆみなく進んでいったが，結局事典はZにたどりつくまでに，6年の歳月と分厚い四つ折り判の書物9巻を費やした。「化石動物」と「絶滅動物」の項は1834年，最初期の号の一つにおいて発表された。これらの事項の執筆は，軍事技師の訓練を受けたが地質学者の性向をより多くもっていた，エミール・ピュイヨン・ド・ボブレ（1792-1843）に委ねられた。1834年には，彼はロンドン地質学会に対抗して4年前に創設されたフランス地質学会の幹事であった。自分の項目の挿絵として，ボブレはフィリップスと同じ戦術を独自に採用し，デ・ラ・ビーチとゴルトフスが以前に制作した光景のさまざまな要素を，自由に脚色して構図を決めるよう画家に要請した（図27，テキスト17）。

　その結果できた絵が洗練と独創性に欠けていたとしても，そのことは色彩の効果によって埋め合わされていた（残念ながら本書では色は再現されていない）。これは絶滅生物の形状が復元されただけでなく，それが彩色されてもいた最初の太古の光景である。もちろん色彩を推測する根拠はまったく存在しなかった。だがこれが無着色の版画だったら，他のすべての挿絵と不釣り合いになってしまっただろうし，ある種の予約購読者には支払った金額の元が取れていないと感じさせることにもなっただろう。いずれにせよボブレの光景は，この事典の毎号を飾る現生の動植物の彩色された絵と，まったく同じ体裁で提供されていた。結果として，それは意図していなかったであろう効果を生んでいた。

　フィリップスの光景が英語圏の人間にそうであったのと同様に，これは広範囲のフランス語圏の読者に太古の現実そのものを伝えたに違いない。だがこれは先史時代の生物を，自然誌の通常の彩色挿絵と同じ美術的スタイルで表現していたので，フィリップスのものより効果的だったと思われる。たとえば手元にある，一枚の通常の自然誌の図

テキスト17

　われわれは第二紀の最も注目すべき絶滅動物のいくつかを［図27に］表現しようと努めた。その外形は骨格から推論されている。1は，強力な顎の長さが8ピエにも達するイクチオサウルスの図である。長いヘビのような首を水の外にだした，ほぼ同じくらいの大きさのプレシオサウルスが2として描かれている。3と4は空を飛ぶ爬虫類のプテロダクティルスを示している。5のもとに，マーストリヒトで化石が発見された巨大なワニのうちの一つが描写されている。6, 7, 8は同じ地質時代のトンボとカメとアンモナイトの図である。最後に，前景にはソテツ類や樹木状のトクサなどの第二紀の植物がある。[……]

　多少ともトカゲと関連のある巨大爬虫類は，二次岩層の下位の階に出現する。それらは，現在の熱帯がわれわれに示すことのできる同種のいかなる動物よりも大きい，海生のイクチオサウルスとプレシオサウルスである。ジュラ紀と白亜紀には，同様に奇妙な爬虫類が多数それらに加わる。骨格にもとづいてそれらを描いても，実在した生物というより病んだ想像力の産物のように見えてしまうであろう。

エミール・ボブレ「化石動物」，『絵入り自然誌事典』（1834）所収

図27 『絶滅動物』。フェリクス・ゲラン『絵入り自然誌事典』(1834)の中の,エミール・ボブレの同じ題名の記事を飾る,ド・サンソンの素描にもとづくヨハン・バプティスト・プフィッツァーの鋼版画(原版は手彩色されている)。

3 太古の世界の怪物たち

版には，二羽の熱帯の鳥（および背景に先住民と帆船）のいる中央アメリカの風景と，一匹のヘビ型トカゲ（および背景に騎乗した当世風パリジャン）のいるヨーロッパ森林地帯の景色が描かれている[3]。彩色画『絶滅動物』の暗黙のメッセージは，こうしてイクチオサウルスとプレシオサウルスが現生の生物と同じくらい現実的であり，ある意味では自然誌学者の「眼前にある」というものであった。同時に事典の予約購読者たちは，最近世を去るまでキュヴィエが執拗に攻撃したラマルク〈1744-1829〉の進化思想が，とくに化石種の遷移に関する最新の研究により，次第に真実らしく思えるものになってきたという，ボブレの短いが説得力のある議論も吸収しただろう[4]。

　デ・ラ・ビーチの作品にもとづくもう一つの大型の光景は，同じ年に発表されたものだがかなり趣が異なっていた。ライアス期化石爬虫類のきわめて勤勉な収集家の中に，財産とそれに見合うカントリー・ハウスを相続した若きイギリス人トマス・ホーキンズ（1810-89）がいた。最良のライアス期化石産地のいくつかに近いサマセットに住んでいた彼は，その地方で最も素晴らしい私的コレクションの一つを所有していた（彼はメアリ・アニングの最上の顧客の一人だった）。しかしどうやら金銭的に無理を重ねたらしく，まだ20代はじめの頃に彼は化石——20トンの重さがあり，ライアス期岩石の平板4000平方フィートを含んでいると自慢していた——を大英博物館に売却してしまった。

　これに関連して，ホーキンズはコレクションを目に見える形で記録するため，堂々たる二つ折り判のモノグラフ『イクチオサウルスとプレシオサウルスの研究報告』（1834）を発表した。「太古の地球の絶滅した怪物たち」という副題をもつこれは，まっとうな科学と風変わりな資質との奇妙な混淆であった。この著作はバックランドと，プレシオサウルスの部分についてはコニベアに捧げられていた。コニベアは個人的には，この書物は「非常に滑稽で」，その著者はウォルター・

スコット〈1771-1832，スコットランドの小説家・詩人〉の作品のいかなる登場人物にも負けないほどの，「地質学的厄介者」だと思うとバックランドに語っている[5]。だが公的には，標本がシャーフによっていつも通りの高水準で描かれていたので，彼らはその科学的価値を認めていた。40人以上の著名な地質学者や上流階級の収集家と同様に，バックランドとコニベアはこの著作の予約購入のために前金を支払ったのだった。

挿絵の価値は，実際には本文のとりとめのない特異さとは完全に切り離すことができる。それでもホーキンズは聖書解釈について愚直な直解主義者ではなかった。明らかに彼は『創世記』における天地創造物語の意味に関する，同時代の学問的議論に広く通じており，原文のヘブライ語の知識もいくらかは持ち合わせていたように思われる。天地創造の「日々」は想像できないほど長い地質学的期間に相当するという，一般的見解を彼は採用していた。だが時間の深遠さとそこに住む生物を記述する彼の流儀は，まぎれもなく奇怪なものである（テキスト18）。

ホーキンズのモノグラフは口絵として，彼が下絵を作り，風景画家ジョン・サミュエルソン・テンプルトン（1857年没）が彼のために描いた石版画の光景をもっていた。それは彼が化石遺骸を収集していたイクチオサウルスとプレシオサウルスを，本来の環境に生息する姿で示している（図28）。この動物たちは間違いなくデ・ラ・ビーチの公にされた挿絵（図24，25）と，おそらくは『太古のドーセット』（図19）にも源をもっている。それでもデ・ラ・ビーチの構図における動物の密集した活気とは対照的に，この光景は人類以前の世界の荒涼とした空虚を暗示している。だがホーキンズの構図の特異さは，彼が絵に添えた記述を読まなければ完全には明らかにならない。裂けた雲の背後にある，太陽に照らされた空のように見えるものは，実際には天の「光」が創造される以前の「太陽も月もない」世界における，「天

上の火の怒れる光」を表現している。テンプルトンの絵によってはほとんど達成されていないホーキンズの意図は、このようにそこに住んでいた「怪物たち」と同じくらいきわめて異質な物質界を描くことにあった。デ・ラ・ビーチとゴルトフスによる光景や、フィリップスとボブレによるその大衆向け翻案に見られるような心地よい陽気さの代わりに、たとえその効果は注釈文の中にほぼ閉じ込められていたにせよ、ホーキンズは人類以前の世界の描写の中にもっと陰鬱な調子を導入した。

　予約していたホーキンズの作品を受け取ったとき、バックランドは教育のある大衆に向けた『地質学と鉱物学』(1836)を書くのに忙しかった。ブリッジウォーター伯爵の遺言によって依頼されたものだったので、バックランドはその著作に対し1000ポンドという気前のよい謝礼が得られることを期待できた。一連の『ブリッジウォーター論集』では、現在の科学知識を、世界が神のデザインによって創造されたことの証拠として用いることにより、伝統的な自然神学の議論を最新のものにすることが意図されていた。しかしバックランドの記述の大部分は、本来の地質学や、いわんや鉱物学ではなく、ちょうどこの頃古生物学と呼ばれ始めていたものに捧げられていた。彼はすべての地質時代の絶滅動物について解剖学的構造を分析し、それらもその時代には現生のあらゆる動物と同様に、指定された環境に摂理によってよく適応していたということを示した。この議論はとくに、現在の生物の世界は適応の劣っていた祖先から、純然たる自然の過程によって進化してきたという、社会を破壊する恐れのある——フランスから流出したと一般に信じられ、事実ボブレによってうまく表現されていた（テキスト17）——観念を弱めることをめざしていた。

　バックランドの分厚いテキストの巻には、見事な挿絵の詰まった別巻が添えられていた。その最初の挿絵は、地層の巨大な堆積から地球の歴史が推論できることを一般読者に印象づける、美しく手彩色され

テキスト18

　われわれの創造は原初にではなく、天空の光が「地を照らす」ようにさせられた第四の日 (1) ののち、すなわち時間が生成されてからなされた。モーセによって記され、最も健全な自然学によって証明されるそれより前の地球の歴史は、アダム以前の時代のやせこけた骨格だけをあらわにするが、それをよりはっきりと理解するためには、化石となった生物遺骸の堆積ほど役に立つものはない。［……］

　天空における原始の大変動が生みだした、激しい熱にうだっていた地球は、冷血の爬虫類にとって格好の住みかだったが、それがいつ発生したかは——はるか太古の時代の中に埋もれ——有限のわれわれ［人間］には決定できないであろう。イクチオサウルスは深海の奥底において楽しみ、シダとバナナに似た木は泥湿地で繁茂したり、驚くべきプレシオサウルスが餌を採る、日当たりのよい渇や河口の縁を飾ったりしていた。トカゲの頭の最も明確な特徴のいくつかと、鳥やコウモリのような胴体と四肢の構造をあわせもつ奇怪なプテロダクティルスは、その革質の翼の羽ばたきにこだまする、飾りのない荒涼とした世界のどんよりした薄明ほどにも曖昧な、突飛な思考を生じさせてきた。それらはすべて地球の表面から消え去ってしまった。冷酷な時間がずっと以前にその種族の最後の生き残りを滅ぼし、かつては無情で全能であったこの先住者たちが残したものは、貴重であると同時に醜くもある少数の砕けた骨だけなのである。［……］

　それらが住んでいたのは、全能の神だけに知られた期間存続した、アダム以前の——混沌から抜けでたばかりの——地球であり、無人の、太陽も月もない、天上の火の怒れる光に焦がされた無気味な世界であった。

トマス・ホーキンズ『イクチオサウルスとプレシオサウルスの研究報告——太古の地球の絶滅した怪物たち』(1834)

●注　(1)「第四の日」：『創世記』が語る天地創造の四日目。

図 28 『太古の地球の絶滅した怪物たち』。『イクチオサウルスとプレシオサウルスの研究報告』(1834) のためにトマス・ホーキンズが下絵を作り，ジョン・サミュエルソン・テンプルトンが作画した口絵。

た長い折り込みページの地質断面図であった。この地史的メッセージを強調するために，連続的な動植物相を描いた一連の挿絵が断面図の上の余白を飾っていた。だがそれらは化石の集団であり，太古の光景の形をとってはいなかった[6]。

　他の 68 個の図版の中に，バックランドはゴルトフスの最初の小さな復元図（図 21）から借用したことが明らかな，一つのちっぽけな光景（図 29）しか含めていない。それはプテロダクティルスが前脚を，飛ぶことと同様止まることにも使用していたという，彼の——そしてゴルトフスの——解釈を主に例示するためのものであった。ここでも非常に驚かされるのは，太古の光景を提示するには理想的な媒体であったと思われる大衆的な著作において，それが事実上欠如していたことである。バックランドは以前デ・ラ・ビーチに対して行なった自分自身の提案（テキスト 15）に従うことができず，彼が素材をもっていたことは確実であるのに，太古についての鮮明な視覚的印象を読書人たちに与えなかった。おそらく彼もそこに見られる推測的性格が，著作の科学的権威を損なってしまうと感じていたのであろう。だが大洪水以前のハイエナの巣に関するもっと前の記述が証明しているように（テキスト 9），言葉による復元を公表することにはそのような抑制を感じていなかった。事実ミルトンの『失楽園』からの引用を含む，プテロダクティルスの小さな光景に関する注釈（テキスト 19）は，ホーキンズの想像力が生みだした怪物のはびこる王国とさほど異ならない，「揺籃期の世界」を喚起している。

　その間に，ドイツにおけるある化石の発見が，限定されていた先史的光景のレパートリーを拡大するよい機会となった。ヘッセン大公によって維持されていたダルムシュタットの博物館の館長ヨハン・ヤーコプ・カウプ（1803-73）は，このライン盆地の一地方の第三紀堆積物からでる化石哺乳類を，数年前から研究してきた。その中で最も人目を奪うのは，カウプによって命名されたゾウに似たディノテリウム

❧テキスト 19

　外形の点では，この動物［プテロダクティルス］は現在のコウモリやチスイコウモリにいくぶん似ている。それらのほとんどはワニの鼻面のような細長い鼻をもち，円錐形の歯を備えていた。目は非常に大きく，夜間の飛翔ができるようになっていたと思われる。翼から指が突きでていて，その先端はコウモリの親指の曲がった鉤爪のように，長い突起になっていた。それはこの動物が這ったり登ったり，木にぶら下がったりすることを可能にする，力強い足を構成していたに違いない。またプテロダクティルスは，爬虫類においては普通のことであり，現在ではプテロプス・プセラフォン〈Pteropus pselaphon，オガサワラオオコウモリ〉，すなわちボニン島（1）のチスイコウモリが所有しているような，泳ぐ力をもっていたと思われる。こうしてミルトンの魔王（2）のように，あらゆる任務と場所に完全に適合していたこの生物は，海中に群がったり，荒れ狂う地球の岸辺を匍匐したりしていた同族の爬虫類にとって，格好の仲間だったのである。
「魔王は，沼沢や断崖を越え，狭き所
荒れし所，密なる所，疎なる所を突き抜け
頭，手，翼，足を用いておのが道を進み
泳ぎ，沈み，渉り，這い，そして飛んだ」
　われらが揺籃期の世界であるこの原初の時代には，空を飛ぶこのような生物の集団と，海中にひしめくまさに奇怪なイクチオサウルスやプレシオサウルスの群と，原始の湖や川の縁を這う巨大なワニやカメによって，空と海と陸は異様な住み分けがなされていたと考えられる。
ウィリアム・バックランド『ブリッジウォーター論文』『地質学と鉱物学』(1836)
●注　(1)「ボニン島」：当時イギリス領であった太平洋の小笠原諸島（硫黄島の北）。(2)「ミルトンの魔王」：次の詩句は『失楽園』からの引用。

図29 『同時代のトンボとソテツを含む，プテロダクティルスの想像上の復元』。バックランドの「ブリッジウォーター論文」『地質学と鉱物学』（1836）において唯一復元された光景。鉤爪を使って断崖にしがみついているプテロダクティルスのほかに描かれている生物は，前景のソテツ科植物と，その葉にとまっている巨大なトンボだけである。

（「恐るべき獣」），すなわち下顎から下向きに曲がって伸びた奇妙な牙をもつ，当時知られていたものの中では最大の陸生哺乳類だったであろう。1828年にベルリンで開かれた，「ドイツ科学者医学者協会」の会合でその顎を展示したとき，カウプは研究を発表するよう勧められた。彼はこの機会を逃さず，この動物とダルムシュタットの博物館にある他の化石哺乳類に関する，見事な挿絵を含んだモノグラフに着手し，それはできるだけ国際的注目を浴びるようフランス語で出版された[7]。

しかし1836年になされた，ディノテリウムの――それまで知られていなかった――「巨大な頭蓋骨」のめざましい発見は，別のモノグラフ（ドイツ語で書かれたが，翌年フランス語でも出版された）を執筆するに値する重要な出来事であった[8]。新標本の素晴らしい二つ折り判の図版数個には，カウプの説明文が添えられていた。そこには実際の発見者，ギーセン大学の鉱物学の新教授であった（したがって著名な化学者ユストゥス・フォン・リービヒの同僚であった）アウグスト・ヴィルヘルム・フォン・クリプシュタイン（1801-94）による地質学的背景に関する試論も付されていた。

この型通りの科学的報告の文字通り外側に，意識的にであるか否かは別にして，このような研究の性格を凝縮する，互いに呼応した一対の石版画が置かれている（図30, 31）。表表紙ではタイトルデザインの一部として，快い風景的光景の中で同時代の動物とともに生活する，ディノテリウムを描いた挿絵が使われている（図30）。テキストの中でカウプは，ディノテリウムの生活様式について，バックランドが「ブリッジウォーター論文」において推測したこと（テキスト20）に賛意を表明し，それが明らかに挿絵における復元の根拠になっている。光景の中の他のすべての動物――ワニ，ゾウ，サイ，ウマ，ライオン，シカなど――は，同じ堆積物の中から発見された他の化石を表現している。ほとんどの場合，遺骸はディノテリウムのものよりはるかに断

3 太古の世界の怪物たち

図30（左） 第三紀の復元された生息環境におけるディノテリウム・ギガンテウム。アウグスト・クリプシュタインとヨハン・カウプの報告の表表紙を飾る，ルドルフ・ホフマンとルートヴィヒ・ベッカーが作画し石版印刷した挿絵（1836）。

図31（右） ヘッセン州エプルスハイムの第三紀堆積物から発掘される「ディノテリウム・ギガンテウムの巨大な頭蓋骨」。クリプシュタインとカウプによる発見の報告の裏表紙を飾る，ルドルフ・ホフマンとルートヴィヒ・ベッカーが作画し石版印刷した挿絵（1836）。

3 太古の世界の怪物たち　71

片的だったので，それらは単に現生種であるかのように描写されている。後景でライオンがウマを狩っているにもかかわらず，物思いにふけるディノテリウムに焦点が合わせられているこの光景の調子は，全体として牧歌的である。クリプシュタインによって記述された，付随火山岩にさりげなく言及する後景の噴火する火山でさえ，差し迫った脅威を投げかけてはいない。表現のスタイルは同時代の地勢図を単に模倣している。人間が不在であることを除けば，第三紀のこの光景はカウプの読者に，現在の世界の田舎の風景を思い起こさせただろう。これより「怪物的」でないものはないだろうが，この光景はいかなる意味でもふざけた戯画なのではない。これは何よりも通常の世界なのであった。

モノグラフの裏表紙には，同じ画家たちによる第二の挿絵が置かれている。それは新しく発見された化石の引き揚げ作業の生き生きとした光景である。巨大な大腿骨はすでに穴から外に運びだされている（図31）。カウプ——あるいはおそらくクリプシュタイン——が作業を監督し，人夫たちによって重労働が行なわれているが，その中の一人はこの出来事をこの場にふさわしく祝うために休憩をとっている。いたずら心で，頭上を流れる雲の一つが復元された動物の形に描かれている。いわば長鼻目のチェシャー猫がおのれの復活を見届けているのである[9]。

この一対の挿絵は，太古の光景を構築するという行為を巧みに象徴している。太古の現実という「以前」は，その断片が現在まで存続するという「以後」と調和させられている。あるいは逆に，注意深い発掘という「以前」は，想像力による復元という「以後」と調和させられている。カウプが第三紀のさなかの光景を，他の点では型通りのモノグラフの中に含めたのは，彼が単なる記述的古生物学を超えようとしていたことのあかしである。だがこの光景が表紙の飾りにすぎなかったことは，復元という行為がまだ試験的・周縁的なものであった

テキスト20

わたしは当面の所見を［ディノテリウム〈Dinotherium〉の］牙の位置の特異性に限定し，それをもっていた絶滅動物の習性が，この器官によってどれほど明らかになるかを示すことにしよう。これほど重い牙を先端に備えた長さ約4フィートの下顎が，陸上に住む四足動物にとって，厄介至極なものでなかったなどということは力学的にありえない。水中で生活するよう定められた大型動物では，このような構造にそうした不都合は生じなかったであろう。またディノテリウムと非常に近縁のバクの科に，水生の習性があるということから，それはバクと同様に淡水の湖や川に住んでいた可能性が生じる。そのような習性の動物にとって，水中で支える牙の重さは不自由の原因にはならなかったであろう。そしてもしその牙が，大きな水生植物を水底から根こそぎかきだし，掘りだすための道具として用いられたと仮定するなら，そうした作業のもとでそれはつるはしの機械的な力と，現在耕作のときに使うまぐわの力を兼ね備えていたであろう。下向きの牙の上に乗った頭の重さは，まぐわの力が重りを課せられることによって増大するように，ここで仮定した作業の効率を高めたと思われるのである。

ウィリアム・バックランド「ブリッジウォーター論文」『地質学と鉱物学』（1836）

✍テキスト21

　現在ドーセット州のライム・リージスの街が立っている所に，かつてどのような生物が住んでいたかを絵によって示し，その生活の習性についていくつかのことを語りたいと思う。それらについてわれわれが知っていると公言する多くのことを，あなた方は空想の産物だと考えたがるかもしれないが，そうではないことをわたしは断言できるし，わたしが語る事柄には充分な根拠があるということを，これからあなた方に納得してもらうつもりである。［……］

　イクチオサウルスは偉大な暴君であり，力の及ぶ範囲にきたすべての生物を捕食していた。これはその体内で発見された化石遺骸から知ることができる。この動物はときには共食いさえ行ない，自分の同族を食していた。というのも小さなイクチオサウルスの一部が未消化のまま胃の中に残った，大きなイクチオサウルスがライム・リージスの崖で掘りだされているからである。この動物は概して非常にとっつきにくい性格だったと思われる。しかしわたしが述べた事柄からあなた方自身の結論を導いてもらうことにして，わたしはもうこれ以上この動物について語らない。この科はずっと以前に絶滅し，われわれは死者についてはよいことしか語るべきでないのだから。［……］

　プレシオサウルスは同程度の大きさながら，闘いにおいてその隣人イクチオサウルスには到底太刀打ちできなかったであろう。その体型も水をかき分けてすばやく進むには適していなかったように思われる。したがってしばしばあの貪欲な怪物の餌食になったことは間違いない。それでもこの怪物に追われたとき，その力の及ばない岸辺を走って敵をあざむくことも多かったと思われる。あるいは通常は，浅瀬のイグサやアシの間に身を潜め，ときどき近くにきた小魚の方へ，ハクチョウのように長い首をさっと伸ばしていたのかもしれない。あるいは突然空中に首をあげ，運の悪い昆虫やプテロダクティルスをつかまえたのかもしれない。［……］そして次の一口分の食料をまちながら，何ごともなかったかのようにイグサの下に静かに身を横たえていたのであろう。［……］

　この生物［プテロダクティルス］は，その遺骸が発見され，そのうちのいくつかは絵［図32］にも描かれている，

ことのしるしでもある。さらに額縁の取り払われた挿絵は，古典的な風景表現に見られる，窓から眺めたような構成との暗黙の断絶を告げている。それは想像力による太古の再現と，観察可能な骨という散文的現実との対照を，言外に暗示しているのである[10]。

　カウプの発見はバックランドにとってきわめて重要だったので，ディノテリウムの完全な頭蓋骨の絵は，彼の「ブリッジウォーター論文」が大当たりをとってほとんどすぐに第2版（1837）が必要となったとき，それに付け加えられた唯一の新しい図版の中に登場している。それでもカウプの光景全体の再現を頭蓋骨の素描に添える代わりに，バックランドは復元された動物の姿だけを抜きだし，推測された環境と切り離した形で発表した[11]。ここでも彼は完全な太古の光景を公にすることをためらっているように見える。

　だがバックランドのような指導的な「科学人」がまだ気が進まないでいたことを，もっと大衆的な調子で著述していたフィリップスやボブレのような名声の点では劣る科学者たちは，損害をこうむらずに行なうことができた。彼らにはすぐに他の者たち，とくに若者向けに著作をしていた者たちが加わった。「ピーター・パーリー」は，子供向けの英語の本で最も成功を収めた多作な著述家の一人，アメリカ人作家サミュエル・グリズウォールド・グッドリッチ（1793-1860）が用いたペンネームである。彼の『陸海空の不思議』（1837）は，若い読者の関心と想像力をとらえようとする非常に開明的な試みであった[12]。あらゆるものの包括的だが無味乾燥な編纂を試みるより，興味深いわずかな話題だけを深く掘り下げようという彼の方針は，当時はあからさまな弁明を必要とするほど異例のものであった。

　自然誌という学問を紹介した部分において，「陸」すなわち地質学は最高の地位を与えられている。地史が地層の連続から推論できることをごく簡単に説明したあとで，ピーター・パーリーが若い読者に対し，「現在ドーセット州となっている所に，かつてどのような生物が

住んでいたか」をすぐに熱心に語り始めたことは重要である。このようにイギリスのライアス期の動物相は，地質学者が説明できることの第一の例として確かな地歩を占めていた。だが他の子供向け科学書における地質学の取り扱い方とは異なり，パーリーの明確な記述は生き生きとした絵画表現と調和している（図32，テキスト21）。光景はデ・ラ・ビーチの公表された挿絵（図24, 25）に，記述はコニベアやデ・ラ・ビーチの言葉による復元（テキスト12, 16）に由来している。テキストからは，復元の根拠となった証拠を，単に疑問の余地のない事実として示すことより，説明することの方に重大な関心の払われていることが明らかである。共食いをする，とっつきにくいイクチオサウルスについての注釈は，人をほほえませるほど擬人的である。この点でパーリーのテキストは，若い読者は身辺にいる現生の生物からと同様ずっと以前に絶滅したこれらの生物からも，自然界の倫理的秩序について学ぶことができることを示唆している[13]。

　パーリーの本の次の章では，パリの第三紀について同様の復元がなされている（図33，テキスト22）。だがここで著者はデ・ラ・ビーチの抑制（図23）を突き破り，キュヴィエの哺乳類を伝統的形式のぎこちなさ（図16）から解放している。パーリーは，というより彼が用いた匿名の画家は，その動物を信頼の置ける生き生きとしたものにした。それらは太古の生物であるが，同時に若い読者が毎日身のまわりで出会っている，ウマやイヌとまったく同様に現実のものなのである。

　翌年，もう一つ別の先史時代を舞台にした光景が，一見したところ予想外と思われる著作の中に登場した。それがジョージ・フレミング・リチャードソン（1796-1848）作の『散文と韻文によるスケッチ』（1838）である。サセックス州の当世風の海辺の保養地ブライトンで生まれたリチャードソンは，外科医兼地質学者であるギデオン・アルジャーノン・マンテル（1790-1852）が集めた有名な化石コレクションを収容する，マンテル博物館の管理人をその地で直前までつとめていた。以

大きなトンボや甲虫のような昆虫を主食にしていた。この生物と同時代には，何種類かのカメや多種多様な魚も生息していた。[……]
　現在ドーセット州となっている所にかつて住んでいた，動物たちについてわたしが語ってきたことの多くは，崖から化石を採集することにほとんどすべての時間を費やしている一人の婦人，アニング嬢に負っている。ライム・リージスの近くへ行く者は，誰もが彼女のコレクションを見学すべきである。
ピーター・パーリー『陸海空の不思議』（1837）

🎵テキスト22
　前に見た絵［図32］より，ずっと現在に似た状況を描いた絵［図33］をお見せしよう。依然として大昔のことではあるが，もっと新しい時代のものである。[……]
　図版に描かれた動物の中で最大のものは，パロエオテリウム［原文のまま］と呼ばれている。[……]それは子ウマほどの大きさで，現在のバクのように小さなゾウ型の鼻，すなわち長鼻をもっていたに違いない。[……]最も小さなものは子イヌよりさほど大きくはなく，絵の中にはそのうちの一頭の，水を飲みに下りていこうとしている姿が見られるであろう。
　もっとほっそりとした格好の動物はアノプロテリウム（すなわち無防備の獣）である。その大きさはノウサギ程度から大きなイヌ程度まで変化する。それはカンガルーの尾のような非常に太い尾をもっていた。その動物に関するすべてのことから，それは臆病な生きもので，敏捷さによって強い動物から身を守っていたと推測できる。性質は現代のアンテロープやノウサギに似ていないこともない。
　これらの動物が生きていた頃，気候は現在のフランスの気候よりずっと暖かだったに相違ない。というのもその骨は，暑い気候帯に生えるヤシの木などの植物の化石や，暖かい地方にしか住んでいないワニ，カメなどの生物の骨とともに発見されるからである。
ピーター・パーリー『陸海空の不思議』（1837）

図32 『現在ドーセット州となっている所にかつて住んでいた絶滅動物』。ピーター・パーリー［サミュエル・グッドリッチ］『陸海空の不思議』(1837)の中の光景。

図33 『現在パリとなっている所にかつて住んでいた絶滅動物』。ピーター・パーリー『陸海空の不思議』(1837)の中のもう一つの光景。

3　太古の世界の怪物たち　　75

前ホーキンズがしたと同様に，1838年にマンテルが全コレクションを大英博物館に売却したとき，リチャードソンは一括買取の対象となり，大英博物館の自然史部門（ロンドンにある現在の自然史博物館の前身）で慎ましい地位を得るにいたった。その著作から明らかであるように，リチャードソンは本来は正規の科学教育を受けていない商人であるものの，文学と科学に強い情熱を抱いていた[14]。

リチャードソンはマンテル博物館がロンドンへ移転する前に行なわれていた，博物館見学に役立つ二つのエッセーを著しており，彼の口絵はこの見学案内に関連している（図34，テキスト23）。博物館においてと同様この太古の光景においても中心をなすのは，マンテルの誇りと喜びであり，彼が行なった最も有名な発見かつ科学に対する贈り物である絶滅爬虫類イグアノドン（「イグアナの歯をもつ」）であった。だが以前の太古の光景の中に登場したすべての絶滅脊椎動物とは異なり，これはほぼ完璧な標本によって知られていたのではない。キュヴィエのモンマルトルの哺乳類のように，ばらばらになったたくさんの骨の念入りな解剖学的研究により，骨格がつなぎ合わされたというのでもない。イグアノドンはわずかな数の貴重な断片，すなわち大腿骨，少数の椎骨と肋骨のかけら，数本の歯，そしてマンテルがこの動物の鼻面にある一種の角と推論した，奇妙な円錐形の骨によって知られていたにすぎない[15]。歯の構造は，体長数フィートの中央アメリカのトカゲである，現生のイグアナのものに近いと考えられた。化石の歯はそれよりはるかに大きかったので，マンテルは単純にイグアナを拡大し，巨大な陸生トカゲに変貌させた。

これがリチャードソンの光景の中央に鎮座している怪物である。デ・ラ・ビーチの『太古のドーセット』と同様，絵の雰囲気は明らかに快活である。イグアノドンの目にこのような輝きがあるのを見れば，その攻撃的な姿勢をまじめにとるのは難しい。リチャードソンが博物館の内容を要約した詩——あるいは「へぼ詩」——も，こうした生物に

テキスト23
次の詩句は，[マンテル博物館にある]独自のコレクションの興味深く貴重な内容を，概観したものとして供されるであろう。

　これぞまさしく驚異の世界
　地中と地下で発見された
　面妖な形態と野生のキマイラ
　原始の時代の生きものたち
　われわれの古い観念すべてを驚かせ
　昔陸は海だったことを示す
　海はかつて老いた高山のように
　乾いていたことを示す
　不思議な形状と恐るべき物語が
　自然の象形文字によって語られ
　その無数の巻の中に記され
　その花崗岩の柱の上に彫られる
　多くの奇妙きわまる神秘が
　その古い不思議の歴史から示される
　　［……］
　だがこの途方もない巨大な形態
　不思議な，野生の，並はずれた生きものたち
　巨大な——そんな空想では思い描くことはできない
　野生の——そんな言葉では名づけることはできない
　いまあるような世界とは異なっていたが
　すべてのものは至福のために組み立てられていた
　それぞれは混じることなく
　喜びの住みかを分け合うよう構成されていた
　祝福するために支配するあの力によって
　すべては幸せのために作られていた

［……］頭の中で，これらばらばらの構造を結合し，[イグアノドンの]脊椎を部屋の中央の机の上に置き，両側に肋骨を加え，非常に太い大腿骨と脚で巨大な胴体を支え［……］次いで骨格に外皮，筋，肉，皮，鱗などすべての衣をまとわせるという，単純な過程によってわれわれは怪物を創造する。それは大きすぎて[マンテル博物館の]部屋には収容できない，80フィートか100フィートもの長さがある陸のクジラであり，この世のすべての

現実を凌駕し，東洋の寓話や作り話に見られる最も放埓
な幻想を体現しているのである。
ジョージ・リチャードソン「マンテル博物館参観」,『散文と韻文によるスケッチ』
(1838) 所収

図34　イグアノドンを中心に据えた『太古のサセックス州ウィールド地方』。ジョージ・ニッブズが作画しジョージ・シャーフが石版印刷した，ジョージ・リチャードソン『散文と韻文によるスケッチ』(1838) の口絵。

3　太古の世界の怪物たち

摂理によって与えられた至福について，あまりにも楽天的な結論をくだしている（テキスト23）。

　イグアノドンは，いまやすっかり見慣れたものになったと思われるいつも通りの爬虫類たちに囲まれているため，この絵は巨大な新陸生爬虫類によって敷衍されただけの，もう一つのライアス期の生命の光景という印象を与えるかもしれない。しかし実際には，大部分のイグアノドンの骨は，ブライトンより内陸に位置する，樹木の繁茂したウィールド地方の「ウィールド層」から採集されたものであった。地質学者の通常の研究が，その地層はライアス層と同様第三紀の地層よりずっと古いが，ライアス層よりはずっと新しいという事実を明らかにしていた。それらは二次岩層の「白亜」層群と名づけられ始めた（北西ヨーロッパに広く分布している，やや新しい非常に特徴的なチョークにちなんで命名された）ものに属していた。リチャードソンはこのような地質時代の違いをよく知っていたはずであるが，すべての絶滅爬虫類を同時代のものとして描いても構わないと感じていたのであろう。というのもマンテルがすでに，第三紀の地層からでた化石にもとづくのちの「哺乳類の時代」に釣り合うように，すべての二次岩層からでた化石にもとづく別個の「爬虫類の時代」という観念を，イギリスにおいて普及させていたからである[16]。

　リチャードソンの『散文と韻文によるスケッチ』が世に出るまでに，マンテル自身も別の——だが驚くほど異なる——形をしたこの種の光景を含む，『地質学の驚異』（1838）をすでに出版していた（図35，テキスト24, 25）。マンテルのこの本はブライトンにおける大衆向けの講義にもとづいており，実際にはそのときにリチャードソンがとったノートを編纂したものであった。マンテルの光景とリチャードソンの光景をこれほど異なったものにしたのは，ジョン・マーティンの関与である。

　マーティンの大洪水の絵と，それを広く普及させることになった版

テキスト24

　きょうわが家に押し寄せた多数の参観者の中に，その素晴らしい作品は現代美術の最も見事な成果である，著名な，まさしく高名な画家のジョン・マーティン氏（とその娘）がいた。マーティン氏はイグアノドンなどの遺骸にいたく興味を抱いた。彼にイグアノドンの国を描いてもらえればよいのだが。彼以外の者の絵筆は，このような主題を試みないだろう。

ギデオン・マンテル『日記』（1834）

テキスト25

イグアノドンの国

　その国は丘と谷，小川と急流，大河の支流によって変化を与えられていたと思われる。樹木状のシダ，ヤシ，ユッカが木立と森を構成し，繊細なシダと草が土壌を覆う植物であった。また沼地では，トクサやそれに似た種類の植物が優位を占めていた。この国にはとてつもなく大きなイグアノドンとメガロサウルス〈Megalosaurus〉を長とする，巨大な爬虫類たちが住みついていた。ワニとカメ，空を飛ぶ爬虫類と鳥が湿地や川を頻繁に訪れ，卵を堤や浅瀬に産みつけた。また水中はトカゲ，魚，軟体動物に満ちていた。しかし人間がこの不思議な土地に足を踏み入れたり，人間と同時代の動物がそこに住みかを作ったりしていた証拠はない。それどころか，人間が存在した証拠が完全に欠けているだけでなく，地球のあらゆる場所でなされた多数の観察により，イグアノドンの国が破壊されてから無数の年月が経過するまで，人間と現生の動物種は創造されなかったと推論すべき決定的理由が得られている。その国を，言葉では弱々しくしか描けないが，地質学的研究に援助された［ジョン・］マーティンの魔術的な絵筆は，数えきれないほどの歳月による忘却からそれを救いだし，恐るべき竜の種族や，ヤシと木生シダの森や，熱帯地方の豊かな植物とともに，自然のあらゆる色合いを駆使してわれわれの眼前に示してくれるのである。

ギデオン・マンテル『地質学の驚異』（1838）

図35 『イグアノドンの国』。ギデオン・マンテル『地質学の驚異』(1838) の口絵のためのジョン・マーティンのメゾチント。

3 太古の世界の怪物たち

画（図10）は人気を博したので，1834年に彼は同じテーマで新しいが同種の絵を発表した。それがパリで展示されたとき，ルイ゠フィリップ〈フランスの王，在位1830-48〉は彼に金メダルを授与した。この頃までに，マーティンは地質学の成果を自覚するようになったと思われる。キュヴィエはマーティンが新しい絵を描いているとき彼のアトリエを訪ねたと伝えられているし，逆にマーティンはマンテル博物館を訪問する著名社交人の流れの中に加わっている（テキスト24）。マンテルは多額の印税をもたらしてくれる大衆書を至急書かなければならず，絶滅した怪物たちに対するマーティンの関心が目覚めたことを，宣伝のための好機とただちに考えた。この画家は『イグアノドンの国』と題された絵，マンテル博物館の壁にかけられ，マンテルが講義の一つで言及している（テキスト25）絵を描いたと思われる。いつものようにメゾチント版に転写されたものが，マンテルの最新の大衆書の口絵となり，「地質学の驚異」の視覚的要約を果たしている光景である（図35）。

　以前の多くの光景の平穏で牧歌的な雰囲気は，マーティン流の悪夢的な「ゴシック式」メロドラマによって突然置き換えられた。三頭の巨大な爬虫類の怪物が獰猛にむさぼり合い，それを翼をもったより小さな怪物が眺めている。イグアノドンとプテロダクティルスにヒントを得たことは明らかであるにもかかわらず，この動物たちは解剖学的正確さをあまり顧慮せずに描かれており，むしろ無数に制作された『聖ジョージと竜』の絵に代表されるような長い芸術的伝統に由来している。前景にはもっと写実的なスタイルで，数匹のカメ，ソテツ類，アンモナイトの殻も描かれている。それらはこの爬虫類の途方もない大きさを示すために——縮尺の正確さに対するマーティンのこだわりに従って——含まれたのであろう。風景は大河に向かって広がり，他方でヤシの木が熱帯の気候を暗示している。少なくともこの点でマーティンは，ウィールド層が形成された環境，そして彼の最愛のイグア

ノドンが生活していた環境に関するマンテルの推測を踏襲している。

太古の光景に対するマーティンの関与は，本書がこれまで記述してきた二つの絵画的伝統を結合させることになった。一つは，本来はテキストの解釈にもとづいた，歴史に関する挿絵，とくに聖書挿絵の伝統（第1章）であり，もう一つは，一般には断片的である化石からの骨格や全身の復元にもとづいた，自然誌の挿絵の伝統（第2章）である。だがもっと重要なのは，先史的光景という成長しつつあるジャンルへのマーティンの様式の適用が，その光景を構想する人間の想像力のレパートリーを大きく広げたことである。太古はいまや地質学の散文的証拠そのものにはほとんど強制されずに，牧歌的な，あるいは悪夢のような，あるいは両者の中間のものとして表現することが可能になったのである。

このような解釈の柔軟性は，マーティンがこの物語に参入する以前と以後に，ホーキンズが制作を依頼した二つの光景を比較することによってものの見事に例証される。太古について，ホーキンズは感覚的にはマーティンのものに近い個人的ヴィジョンをすでにもっていたが，ライアス期の生命を描いた彼の以前の光景（図28）は，彼が想像力によって見たものをほとんど具現していない。だがマンテルのためのマーティンの光景が発表されるやいなや，ホーキンズはこの人物こそ彼の意図を最もよく表現してくれる画家だということに気づいたらしい（彼はマーティンの作品にはそれまですでに親しんでいたに違いないが，この画家は古典や聖書を題材としない光景には取り組まないと考えていたのだろう）。ともかく最初のものよりさらに奇妙なテキストをもつ，ライアス期化石に関する第二のモノグラフのために，ホーキンズはマーティンに新しい口絵を描いてくれるよう頼んだ（図36, テキスト26）[17]。

その光景はマンテルのためのものよりさらにマーティン的であるが，それに由来していることは明らかである。獰猛な怪物たちは，今回は

明瞭にイクチオサウルスとプレシオサウルスにもとづいている。だが前回と同じく，解剖学的正確さに対する配慮はほとんど見られない。たとえば三頭の爬虫類にはすべて，ひれ状の足ではなく水かきのついた足が与えられている。一頭のプレシオサウルスは恐ろしさを増大させるためであろうが，ヘビのような先の分かれた舌を備えている。前景の無気味な光に照らされたプテロダクティルスは以前の姿より非常に拡大されたものの，単にその翼と体の解剖学的不正確さを際立たせる結果になっている。想像力の横溢する絵にこのような散文的批判を加えるのは適当でないと思われるかもしれないが，それはこの種の光景と，他の絵画的伝統にある光景がよりどころとしていた注意深い復元との相違を，強調することに役立つのである。

　マーティンが関与する以前と以後のホーキンズの光景に見られる相違は，リチャードソンの著作の場合にも完全に当てはまる。彼の『初学者のための地質学』(1842) は，今回はあからさまに「爬虫類の時代」と題された，マーティンの手になる別の構図の絵（図37）を口絵として用いていたが，これはリチャードソンが4年前に出版した本の中の光景（図34）とはまったく異なっていた。それはマーティンがマンテルとホーキンズのために描いた二つのメゾチント版の繊細な筆致はもち合わせていなかったものの，明らかにそれらから抜き出したさまざまな要素を組み合わせている。それでも翌年その本の新版をだしたとき，リチャードソンはマーティンの図柄を放棄してしまった。おそらくマーティンがマンテルのために描いたもっと劇的な光景に，太刀打ちできないと感じたためなのであろう。いずれにせよ彼は以前の画家ジョージ・ニッブズのもとに戻り，ニッブズはデ・ラ・ビーチの前マーティン的様式に多くのことを負う，別の形の『爬虫類の時代』（図38，テキスト27）を制作したのだった。

　この頃までに，地質学の「驚異」を語る大衆書が太古の光景を使用する習慣は確立し，まともな著述家で少なくとも一つの光景を本の中

テキスト26
　冬の大海のはるか彼方に，アダム以前の暗がりを回顧してみると，われわれはあふれる混沌の中で，忌まわしく陰鬱な何者かに出会う。覆いかぶさる塩水の雲を通して，猛烈な怪物たちが鉛色や緑色の譫妄の光を発している。すなわちそれは四肢を有する，死者のような黒ずんだヘビ。荒涼とした海の上いっぱいに，無数の醜悪な竜が闘い，破滅を演じている。
　その形跡（1）からわれわれはそう信じる気になるが，これら大いなる海竜がその腕白な雛に乳を飲ませていたのだとしたら，［ジョン・］マーティンはそのずば抜けた筆力によっても，それら自身のまったき醜悪さを描ききってはいない。
トマス・ホーキンズ『大いなる海竜の書』(1840)
●注　　（1）「その形跡」：それらが胎生だったという化石証拠。

図36 『海竜の生態』。トマス・ホーキンズ『大いなる海竜の書』(1840) の口絵のためのジョン・マーティンのメゾチント。

に含めない者はなくなっていた。しかしたとえ数個の光景が用いられていても，それは必ずしも「以前の世界」が，一連の異なった時期に区分されたということを証明しているわけではなかった。たとえばドイツの作家カール・ハルトマンは，デ・ラ・ビーチのいまや標準となったライアス期の生命の光景と，デ・ラ・ビーチによるキュヴィエの哺乳類の描写と，カウプのディノテリウムの光景を脚色した，三つの光景（本書には再録されていない）を『冥界の創造された驚異』（1841）の中に含めた[18]。しかしそれらは洞窟，鉱山，火山など，「奇妙なもの」の画像を寄せ集めた，非常に雑多なコレクションの末尾に単に置かれただけであった。

同年に出版されたもう一つの地質学入門書も数個の太古の光景をもっていたが，この場合それらは明らかな連続を形成している。この書は英語で書かれ，著者はマンテルの本を知っていたはずであるのに，ここにはマーティンの影響は少しも見られない。それでもその構図には，別のやはり重要な新機軸が取り入れられている。ジョシュア・トリマー（1797-1865）はウェールズで採鉱と採石の経験を数年積んだあと，ロンドンに戻ってきたばかりの地質学者であった。彼の『実用的地質学と鉱物学』（1841）は，書名の示すとおりこれらの科学の応用をめざしたものであり，ハルトマンの本のような気晴らしの読書のためのものではなかった。にもかかわらずトリマーは口絵として，もっと散文的な何かではなく，地質学の「驚異」を示す挿絵を選んだ。マンテルの大成功を収めた本を模範とし，またおそらく商売敵ともしていたトリマーの本のような地質学入門書は，内容と無関係ではあっても，それ自身の太古の光景をもつことで単に利益が得られたのである。

それでも実際には，トリマーの口絵は一つではなく四つの光景からなっていた（図39, テキスト28）。他の時期より豊富な化石記録をもつという理由で意図的に選ばれた四つの地質時代は，それぞれが一つの光景によって代表されている。また四つの光景は，それに対応する地

テキスト27
口絵の解説
ニッブズ氏によって図案が作られ，描かれ，木彫がなされたこの絵は，ウーライトとライアスの地層を堆積した海の岸辺を表現している。これらの累層に属する岩石は，高所と断崖を構成している。また植生は，化石がそうした堆積物の中で発見される木や草，すなわちヤシ，木生シダ，タコノキ，球果植物，さらにはシダやソテツなどのようなより小さな草本からなっている。

爬虫類は，魚をむさぼっている最中のイクチオサウルス，空飛ぶ爬虫類プテロダクティルスの翼をとらえたプレシオサウルス，岸辺に描かれたクロコダイルとアリゲーターを含んでいる。ウミガメとリクガメは岸をうろつき，この原始の海の中には，自然の歴史のこの時期にふさわしい，サンゴ，貝，甲殻類，魚が住んでいた。

画家が細部をきわめて正確かつ見事に仕上げることにより，図案に見られた生気と活力が充分に生かされていることは明らかである。

ジョージ・リチャードソン『初学者のための地質学』第2版（1843）

テキスト28
口絵の説明
その図案についてはウィッチェロ氏に負っていることを認めなければならないこの口絵は，四つの注目すべき地質学的時期における，植物と脊椎動物に関する水陸表面の状況を表現している。一番下の区画では，陸上はレピドデンドロンやシギラリア〈Sigillaria，封印木〉など，石炭紀に特有の熱帯的な植物に覆われている。現在知られているその時代の唯一の脊椎動物は魚類で，それらはすべて二つの不等の葉に分かれた尾の上葉に，脊柱が連続していることを特徴とする。そのうちのいくつかは大型で，もっと新しい時代に属する魚の大部分より進んだ体制を有し，トカゲ類の構造に近いことを示している。このようなトカゲに似た大型魚が優勢であったことから，この時期は「巨大魚時代」（1）と呼ばれてもよいだろう。

真のトカゲ類が初めて出現した「ポイキリティック（2）時代」は，生物遺骸が乏しいため素通りする。そして下から二番目の区画はウーライト期の動植物相を示している。植物はまだ熱帯の特徴を刻印されているが，属につ

→ p.86

図37 『爬虫類の時代』。ジョージ・リチャードソン『初学者のための地質学』初版（1842）の口絵のためのジョン・マーティンの鋼版画。

図38 『爬虫類の時代』。ジョージ・リチャードソン『初学者のための地質学』第2版（1843）の口絵のためのジョージ・ニッブズの木版画。

3 太古の世界の怪物たち　85

層が野外で積み重ねられているのと同様に，最も古いものを下にして積み重ねられている。言い換えればトリマーは，自然に存在する順序に従って地層を柱状に示す，垂直地質断面図の慣例的形式を選び，生命の歴史における一連の四つの光景を，曖昧さを残さぬよう表示するためにそれを応用したのである。

　光景そのものはかなり粗雑である。しかし注目すべきは，そのうちの一つか二つについてしか，トリマーと彼の画家ジョン・ウィッチェロ（1784-1865）は絵画的先例をもっていなかったことである。石炭紀の生命を描写した最初の（一番下に置かれている）光景はきわめて斬新である。ライアス期あるいは「ウーライト」期の生命を描いた二番目のものは，いつものようにデ・ラ・ビーチの作品にもとづいている。第三紀初期のキュヴィエの哺乳類を示す三番目のものも，おそらくデ・ラ・ビーチに依拠しているのであろう。だがこの動物はピーター・パーリーの動物と同様に，非常に写実的な全景の中に置かれている。第三紀後期のキュヴィエの哺乳類を描いた第四の最も新しい光景も，まったく目新しいものである。

　トリマーの挿絵がどれほどの注目を浴びたかははっきりしていない。太古の多様性についての彼の視覚的センスは，当時の他の出版物の中に釣り合うものがなかったと思われる。彼の選んだ光景が，10年前バックランドがデ・ラ・ビーチに個人的に提案したもの（テキスト 15）と同じだったのは，偶然ではないだろう。デ・ラ・ビーチはその提案に従い損ねたが，トリマーもメンバーであったロンドン地質学会では，それについての話が引き続き行なわれていたのかもしれない。

　ゴルトフスもマーティンの衝撃に影響を受けなかった。彼はマーティンのことを知らなかったのか，それとももっと可能性があるのは，非常に不正確かつ非科学的であるとしてマーティンをあからさまに拒絶したのであろう。1844年に彼はトリマーの組絵の最初のものと同じ時期を，はるかに詳しく，より確かな根拠をもって描いた新しい光いても種についても，炭層を作っているものとは異なった集団を構成している。

　イクチオサウルスとプレシオサウルスが水中で戯れ，ワニが岸辺で日光浴をし，コウモリのようなプテロダクティルスが空を軽やかに飛び，そして巨大なイグアノドンがシダやクラトラリア〈Clathraria〉やソテツを食べている。「トカゲ類時代」とも呼べるこの時期は白亜紀に入ったところで終了するが，白亜紀前期の地層だけがこのような奇妙な爬虫類を含み，後期の地層からは現生の種類に似た真正のワニがもたらされる。

　白亜紀に特徴的な化石はもっぱら海生のものなので，この時代も「ポイキリティック時代」と同様に素通りし，第三の区画は第三紀初期の始新世，すなわち「古獣時代」(3) の動植物を表わしている。

　植物は現生種の特徴に近づいているが，球果植物や他の外生〈双子葉の旧称〉の樹木をまじえながらもヤシが優勢であることにより，ロンドンやパリの緯度でもまだ高温であったことが暗示されている。

　哺乳類厚皮目の絶滅属がたくさんいる。その中ではキュヴィエが復元したようなアノプロテリウム・コムネが左に見え，そのうしろにパレオテリウム・マグヌムとパレオテリウム・ミヌスが存在する。後者の近くにいるのはリクガメである。また最近の発見によれば，枝の上ではねまわるサルや，木の幹にまきつくボアが描かれていてもよいだろう。もっと古い地層（新赤色砂岩，ウィールド層，チョーク）で若干の痕跡の見つかる鳥が，いまや多数生息している。

　遠くの火山は，現在は休止しているオーヴェルニュの火口を表わしているが，そのうちのいくつかはこの時代の終わり頃に活動を開始し，地表における噴火の最初の明確な証拠を提供している。

　最も上の区画は「ゾウ類時代」(4) を示している。前景には，中新世すなわち第三紀中期に出現し，「迷子石時代」(5) にヨーロッパから姿を消したゾウ，サイ，カバ（厚皮目の現生の属だが，絶滅した種）が見える。後景には，鮮新世の間にこの属が広範囲に発展したことを告げるために，シカ，ウシ，ウマが置かれている。巣に入ろうとしているハイエナは，この時期に食肉類が増加し，洞窟の中に哺乳類の骨が蓄積したことをほのめかしている。森

➡ p.88

図39　『四つの注目すべき地質時代における，植物と脊椎動物に関する水陸表面の状況』。ジョシュア・トリマー『実用的地質学』(1841) の口絵のためのジョン・ウィッチェロの版画。

3　太古の世界の怪物たち　87

景を発表した。著作において利用していた見事な化石コレクションの持ち主である，ミュンスター伯爵が当時死去したためと思われるが，ゴルトフスは『ドイツの化石』に終止符を打つことにした。いまや分厚い第3巻の最後の部分が準備されていたとはいえ，著作は全体として完成にはほど遠かった。『ジュラ層』（図22）という不調和な光景を含む第1巻以来，彼はまだ軟体動物の二枚貝と腹足類を扱っただけであった。予約購入者に対する最後の意思表示として，彼はコール・メジャーズ〈夾炭層〉時代の生命の光景を描いた，200枚目の図版を提供して著作を終了させたのである（図40，テキスト29）。

　ゴルトフスの素晴らしく詳細な石版画は，何年も前の最初の慎ましい光景（図21）と同様に，美術が専門の同僚クリスティアン・ホーエによって描かれていた。それは少し以前の石炭紀石灰岩層の化石の抜粋と不釣り合いに組み合わされた，コール・メジャーズのさまざまな陸生植物を大量に示している。海生動物のうち，澄んだ水を通して見える少数の魚と，引き潮によって岸に残されたいくつかのサンゴだけが生きているように描かれている。残りはゴルトフス自身の以前の光景（図22）を経て，パーキンソンや，ショイヒツァーの構図（図9，8）にさえさかのぼる絵画的伝統に従った，ただの岸の上の貝殻，単にやがて化石になるはずのものである。

　だが植物に関しては，ゴルトフスの構図はもっと想像力豊かである。幹と葉の特徴的な化石は，ほとんど常に別々のものとして炭層の中で発見され，直接組み合わされていることは稀なので，特定の種類の幹についた特定の葉の形態を示すことは，まったくの憶測に頼らざるをえなかった。そこで光景の上端が，樹木サイズの植物を葉群の下で切断し，葉は切り取られ地面にまき散らされたものとして別に描かれている。あまりにも遠すぎて特定されなくてもよい後景にだけ，木が完全な形で示されている。植物——動物ではないが——には，たとえば以前デ・ラ・ビーチの『太古のドーセット』の中でなされたように，

林はヨーロッパ固有の種と同じではないとしても，それにきわめて近いオーク，モミ，カバ，ポプラなどの樹木からなっている。遠方の火山は，中新世と鮮新世に起きたと思われる，中央フランス，ライン，カタロニア，ハンガリーの噴火の大部分を表現している。
ジョシュア・トリマー『実用的地質学』（1841）

●注　(1)「巨大魚時代」：他の地質学者の「石炭紀」。(2)「ポイキリティック」：この術語は一般に新赤色砂岩とその同等物に対して用いられ，マーチソン〈本書 p.94 参照〉の「ペルム系」（この年に命名された）と大陸の地質学者の「三畳系」を含んでいる。(3)「古獣時代」：ライエル（および他の地質学者）の「始新世」。(4)「ゾウ類時代」：ライエル（および他の地質学者）の「中新世」と「鮮新世」。(5)「迷子石時代」：アガシ〈本書 p.122 参照〉がちょうどこの頃「氷河時代」と主張した時代。

テキスト29
石炭期の全景

　この絵［図40］において，画家は石炭が形成された時代に地球に住んでいた生物を，その属の代表者によって集合させようとした。

　前景には，キアトフィルム，アントフィルム，シリンゴポラ〈Cyathophyllum, Antophyllum, Syringopora，いずれもサンゴの属名〉の活動によって構築され，海底から出現したサンゴ礁が見える。柄から折り取られたペントレミテス〈Pentremites，棘皮動物ウミツボミ綱の一属〉は現在のその同類を思い起こさせ，軟体動物の殻は岸辺に散乱している。二枚貝類としてはホタテガイとトリガイ（アウィクラ〈Avicula〉，イソカルディア〈Isocardia〉，カルディウム〈Cardium, ザルガイ〉）が認められるが，腕足類の諸属（プロダクタス，スピリファー，オルチス〈Orthis〉，テレブラトゥラ〈Terebratula，チョウチンガイ〉）が大半を占めている。腹足類はデンタリア〈Dentalia〉，エゾバイ，ネリタ〈Nerita，アマオブネガイ〉，エウオムファルス〈Euomphalus〉（デンタリウム〈Dentalium，ツノガイ〉，ナティカ〈Natica，タマガイ〉，ブッキヌム〈Buccinum，エゾバイ〉，メラニア〈Melania〉，プレウロトマリア〈Pleurotomaria，オキナエビスガイ〉，トロクス〈Trochus，ニシキウズガイ〉，エウオムファルス）によって，頭足類はベレロフォン

→ p.90

図 40 『石炭期の全景』。アウグスト・ゴルトフス『ドイツの化石』(1826-44) のためのクリスティアン・ホーエの最後の石版画 (1844)。

説明的テキストのために微細に番号が振られている。テキストそのものも詳しく，想定された読者層が地質学者，植物学者，熱心な化石収集家であったことを明らかに反映している。

利用可能になったさまざまな光景の専門的評価は，ジュネーヴの動物学教授でフランス語圏の指導的古生物学者であった，フランソワ・ジュール・ピクテ・ド・ラ・リーヴ（1809-72）の著作において適切になされている。『古生物学基礎概論』（1844-46）を編纂したとき，ピクテはなんらかの太古の光景をそこに含めるべきか，含めるとしたらどれが適当かを思案したに違いない。その分厚い4巻の参考書兼教科書のほとんどは，化石生物を生物学的観点から体系的に再検討したものである。脊椎動物を扱った部分には絶滅動物の体の多くの復元図が含まれているが，それはキュヴィエが先鞭をつけた方式（図14）によるものであって，ある生息環境の中にその動物を配した全景ではない。太古の光景はもし置かれるとすれば，生命の歴史を層序学的観点から簡潔に再吟味した，最終巻の結論部分がふさわしいだろう。ピクテが用いた資料は一般にきわめて包括的なので，彼はおそらく大衆書に載った若干のものを除いて，本書に再録した光景の大部分を知っていたと思われる。だが彼はたった二つしか採用しなかった。

ピクテはデ・ラ・ビーチの『太古のドーセット』（図19）とゴルトフスの新しい石炭林の光景（図40）の，サイズは大幅に縮小されたが他の点では正確に描き直された新版（本書には再録されていない）の制作を依頼した。もっとも彼の画家は品よく前者から糞を省いてしまったが[19]。ピクテの判断は健全だった。これらは化石証拠に完全にもとづいた二つの光景であった。ゴルトフスの構図はこうして分厚いモノグラフの中の原版を見た人々よりも，はるかに広い読者層を得ることになった。デ・ラ・ビーチの光景は，何年間もなかば私的に流通し，フィリップスとボブレの修正版やハルトマンの大衆書においてのみ公表されたあとで，ついに本流の科学書の中で完全に発表される

〈Bellerophon，現在の分類では腹足類〉，オルトケラス〈直角貝，オウムガイ亜綱に属す〉，キルトケラス〈Cyrtoceras，オウムガイ亜綱に属す〉，ゴニアタイト〈Goniatites，アンモナイト亜綱に属す〉によって代表されている。それらの間に三葉虫が見え，節足動物の初期の発展をほのめかし，水のほとりにいる斜めに鱗が並んだ数匹の魚は，動物の創造が脊椎動物にまで上昇したことを示唆している。

死んだ植物が現在の炭層を供給した原始の森の端では，ヤシの葉に似た葉をつけた，ほっそりした，管状の，葉痕のある幹と，小さな葉に覆われた分岐した幹が見えるが，そうした植生はこんにちの湿った熱帯の島のそれに似ている。それらはほとんどが巨大な，完全に樹木のような隠花維管束植物であり，その間には単子葉植物だけが非常にまばらに散在し，双子葉植物はまったく欠けている。ほっそりした，美しく規則的な縞のある幹はカラミテス〈Calamites，蘆木〉で，高さは10から12フィートに達し，現在は小型化したトクサ科に属している。

それらのすぐ前に，縦に長い菱形の葉枕〈葉柄の基部のふくらみ〉の上にどれもがある，三角形の葉痕にびっしりと覆われた，二つの折り取られた幹が見える。幹はランセット〈両刃のメス〉の形をした小さな葉に厚く覆われていたが，いまはフォーク型の枝に分かれ，その下にはもっと小さな一本の木が見える。これらのレピデンドロンはヒカゲノカズラ科に属している。その科は現在ではコケのようなものにすぎず，熱帯においても高さ3フィート以上にはならないのに，当時は40フィートの樹木に成長していた。奇妙な構造のため人目を引き，炭層の主成分を構成する植物［スティグマリア〈Stigmaria，実際にはレピデンドロンの担根体〉］もこの科に属すると考えられる。直径3，4フィートの低いドーム型の中央の幹からは，分岐した枝があらゆる方向に水平に伸びている。枝の長さは9から15フィートに達し，五数配列の丸い葉痕に覆われており，葉痕は菱形のこぶの上に乗っていることもある。そのこぶは，単一あるいは分岐した厚い線形葉の芽の役割を果たす。

残りの幹は，現在では多湿の熱帯において同様の形態で生育する樹木状のシダである。しかし現生のものより大きく，高さ60フィート，太さ2から5フィートに達することも稀ではなく，現在のものよりは小さいがはるか

に多くの葉をつけていた。

　この木生シダの幹はほとんどが単純で，ときおり梢の近くで分岐し，全表面が平らな菱形の葉痕に覆われている。葉痕は交互にくびれた縦列を形成し，あるときは間隔があり縁取りされているように見え，あるときは密集して角張っているように見える［シギラリア］。多くの幹では葉痕は小さく，単独あるいは対をなし，半円筒形の畝の上にある（シリンゴデンドロン〈Syringodendron〉）。この絵において葉が幹の上になく，落ちて地上に散らばっているのは，葉と幹がもとの関係を保ったまま炭層の中で発見されることはないため，それらに別々の名前を与えなければならないからである。多くの種を特定することが可能になる，繊細な羽状葉の葉脈の相違は，小縮尺［つまりこの絵］では示すことができない。また同じ理由により，画家は科学のためにこのような森を研究してきた功労者たち(1)の名前を想起させる，すべての種を識別できるようには描けなかった［ネウロプテリス〈Neuropteris〉，スフェノプテリス〈Sphenopteris〉，フレボプテリス〈Phlebopteris〉，ペコプテリス〈Pecopteris〉，キクロプテリス〈Cyclopteris〉，グレイキテス〈Gleichites〉，アノモプテリス〈Anomopteris〉，オドントプテリス〈Odontopteris〉，スキゾプテリス〈Schizopteris〉，ヒメノフィリテス〈Hymenophyllites〉，およびグロッソプテリス〈Glossopteris〉］。

　星形の葉をつける小さな珍しくはない植物の一つ（スフェノフィルム〈Sphenophyllum, トクサ綱〉）は，デンジソウ科〈水生シダ〉に属するように思われるが，もう一つの植物（アヌラリア〈Annularia，実際にはカラミテスの葉〉）の科は依然として不明である。ヤシはこの種の森ではめったに発見されないので，この絵にはわたしの友人の名にちなんで命名された一つのヤシ（ノエゲラチア〈Noeggerathia〉）(2)の枝だけが描かれている。だがトウダイグサと同族と思われる，もう一つの植物（デケニア〈Dechenia〉）がそのすぐ近くで人目を引く。もしそれも最古の植物の時代に由来するのであれば，石炭林に固有のものと見なすことができる。

アウグスト・ゴルトフス『ドイツの化石』(1844)

●注　(1)「功労者たち」：その名前が，これら化石植物の種名において顕彰されている人々をさす。ゴルトフ

という身分を獲得したのである[20]。

　だがもっと大衆的な著作を書いていたほとんどの者は，太古の光景を使用するにあたり，科学的信憑性の細部にはさほど拘泥しないままであった。たとえば大量の挿絵をもつ『自然の画廊』(1846)において，多作の科学普及家トマス・ミルナーは，地質学に関する部分を，その概要を適切に映す装飾的構図によって始めた（図41)[21]。ページの余白を這い上がる爬虫類は正確さをあまり顧慮されずに，イクチオサウルスの目とイグアノドンの鼻の上の角をあわせもっている。だがもっと重要なのは，この中生代の爬虫類とそのかたわらのパイナップルに似たソテツ類が，ディノテリウムやゾウやサルさえも登場する，もっとうしろのまぎれもない第三紀の光景の前景を構成していることである。この挿絵は地球の歴史のすべての時期が，少なくとも大衆の想像の世界ではまだ一体になっていたことを如実に示している。

　そのような一般的印象は，一つの例外をなおさら驚くべきものにしている。世紀なかばの直前に，生物界が時間とともに漸進的に変化したという感覚を，きわめて斬新なやり方で伝達しようとする一つの構図が出現した。その企ては以前のトリマーの同様に斬新な構図（図39）を思い起こさせるにもかかわらず，この新しい構図はまったく独自に考案されたと考えられる。これはヴィクトリア朝の大衆が貪欲に求めていたと思われる，あらゆる種類の啓発的通俗書を大量に著わしていた，進取の気性に富む作家ジェイムズ・レイノルズによってロンドンで発表された。それはレイノルズが片面刷り大判印刷物として単独で販売しただけでなく，さまざまな主題ごとに組絵にもしていた，多数の絵画的構図のうちの一つであった。

　この光景は表題として，『大洪水以前の世界』という，大衆の意識の中に存在した奇妙な用語を用いていた（図42）。しかし大洪水に対する視覚や言葉による言及はまったくなく，この用語は単に「人類創造以前の」世界をさし示していた。それでもそのような大衆的な観念

は，この光景が表現しようとしているように，関連するさまざまな時期への言及によって拡大されて提示されたのであった。

　レイノルズが採用した画家，ロンドンの地図制作者であり挿絵画家であったジョン・エムズリー（1818-75）は，単一であると同時に複合的である巧妙な光景を描いた。3年前に発表された，ミルナーの大衆書のための本質においては装飾的な絵（図41）と同様，この絵は異なる時期の生物を単一の光景の中に置いているが，ここでは混在は体系的かつ計画的である。トリマーの構図におけるように，太古は底辺から上辺へ向かって進行するものの，ここでの系列は分離した光景の集合ではない。エムズリーの構図は，地球上の生命の歴史に対し連続の感覚をもつことを要求する，あるいは少なくともそれを奨励する。遠近法が巧みに使用されているため，光景はすべてが（最上端のものを除いて）前景にある。ロンドンのパノラマ館や同種の商業的見世物の観客が，遠い異国の風景に視線を走らせるように，また田舎の風物が，急速に拡大する鉄道線路網を旅する者の目の前を流れていくように，目は変化する動植物のパノラマの間を移動する[22]。異国や田舎の風景が湾入した海岸線に沿って続くことがあるように，地球の歴史のこのパノラマは，あるときは木立や動物の群のそばを，あるときは漂着した貝殻の並ぶ砂浜や，泳ぐ爬虫類や魚のいる澄んだ水域のそばを通り過ぎる。レイノルズの――むしろエムズリーの――絵の典拠について特別の注釈は必要ない。動物のポーズの類似により，そのほとんどはレイノルズも知っていたと思われる，本書の本章と前章に再録した光景の多くから，借用や脚色がなされたということを見破るのは，あるいは少なくとも推測するのは容易であろう。

　トリマーの系列と同様に，この系列も二通りの方法で読むことができる。第三紀の比較的なじみのある生物から時期の系列をさかのぼりながら，本のページを読むときのように，目はパノラマを上から下へ追うことができる。あるいは化石を豊富に産出する最初の時期，すな

スが挙げている種の中には，エリ・ド・ボーモン，ブラール，ブラウン，バックランド，ヘルマン，ヘーニンクハウス，フンボルト，ムージョ，フィリップス，ショイヒツァー，シュロートハイム，ゼルレ，ツォーブルなどの名にちなむものがある。(2)「ノエゲラチア」：ゴルトフスの友人で同僚であった，ボンの鉱物学教授ヨハン・ヤーコプ・ネゲラート〈Nöggerath〉（1788-1877）にちなんでつけられた名。

図41 『地質学』。トマス・ミルナー『自然の画廊』(1846) の挿絵。

3　太古の世界の怪物たち　　93

わちロンドンの地質学者ロデリック・マーチソン（1792-1871）が，10年前に「シルル系」と定義した地層の時期から時間を前向きにたどり，下から上へと構図を読むこともできる。むろんこのような二者択一は，この系列が依って立つ地層の柱状図を調査する方法に対応している。レイノルズはちょうどそのような理想化された柱状図を，『大衆地質学』（1849）と題された，姉妹編となるもう一つの片面刷り大判印刷物において発表している。そこに添えられた，彼の光景が依拠する化石の意義についての注釈は，予想通り太古の規模の巨大さを強調している。その月並みな有神論的言辞（テキスト30）は，それを購入しようとする者たちを安堵させたであろう。

　レイノルズの巧妙な構図がどれほど流布したかは明らかではない。現在その印刷物が稀少であるのは，彼の作品が一般に短命であったことのあかしであろう。だが他方では，彼の構図を模倣したものがのちにでていないのは，それが広く知られるには至らなかったのかもしれぬことを示唆している。

　ゴルトフスの拡大版におけるデ・ラ・ビーチのジュラ紀（ライアス期）の生命の光景は，イギリスと大陸の双方で，フィリップスとボブレによってもっと広範な読者に向けてただちに改作され，また一方ではピーター・パーリーを筆名とする作家がそれを子供にもなじみやすいものにした。大衆の想像力の中では，この単一の光景がまもなく太古全体を象徴するものになった。だが太古の光景のレパートリーは，カウプの第三紀哺乳類の光景，リチャードソンとマンテルの白亜紀（ウィールド期）爬虫類の光景，およびゴルトフスの石炭紀（コール・メジャーズ期）森林の光景が追加されることによって広げられ始めた。しかしこれらすべてはまだ時間的系列としてよりも，単一の光景として提示されていた。継起的光景がその源泉である地層のように積み重

テキスト30

化石は，人類が占拠する以前の地球は数え切れないほどの年月にわたり動植物が生活する場であったこと，相次いで出現した生物の種族は繁栄し衰退し完全に消滅したこと，地表は長い間隔をおいて多くの変動に見舞われたこと，かつて深海が現在大陸のある場所を占めていたこと，赤道の気温に等しいかそれ以上の気温が現在の北の地方で優勢だったことなどを示す記録である。地質学的調査の成果は，啓示によって明らかにされた事柄と完璧に調和し，地球とそこにある万物を形成した，全能の存在についてわれわれが抱く観念を高めるのに役立つ。
ジェイムズ・レイノルズ『大衆地質学』（1849）

図42 『大洪水以前の世界』。ジョン・エムズリーが作画・彫版し，ジェイムズ・レイノルズが発表した片面刷り大判印刷物（1849）。

ねられていたり，連続的パノラマとして組み立てられていたりする．トリマーとレイノルズの慎ましいが革新的な構図においてのみ，人類以前の世界の時間的発展に対する，絵画的感覚の萌芽が見られるのである．

　デ・ラ・ビーチが『太古のドーセット』を制作してから最初の10年間に，このジャンルはより広範な大衆の手に届き，地球の歴史の他の時期をそのレパートリーに加え始めた．またとくにマンテルがジョン・マーティンを徴用した結果，その想像力の範囲は大いに拡大した．少なくともそう望む人々にとって，太古は怪物として描かれる生物たちが住まう，きわめて異質の王国になった．以前は言葉による表現に限定されていたこのようなロマン主義的，あるいは「ゴシック的」解釈は，いまや絵画的用語に劇的に移し換えられた．マンテルとしては，地質学とロマン主義的想像力のこの同盟は，科学の大衆性を（そしてむろん本の売れ行きを）促進すると信じていたようである．もっと散文的なスタイルの方が，地質学が明らかにした太古の現実そのものを伝える助けにはなったが，マーティンの光景は人類のいない世界の異質さの感覚を助長するのにたしかに役立ったのである．

　この観点からすれば，人類以前の歴史のさまざまな時期を注意深く区別する地質学者の仕事は，ほとんど問題にはならなかった．広範な大衆にとって，それらすべての時期は総体として「太古の世界」the ancient world, die Urwelt, l'ancien monde を構成していた．どれも単数で書かれたそれらの句は，その世界は現在の世界との完全な相違によって，とりわけ人類の不在によって，一体化されていたという感覚を表現している．「太古の世界」の発見と復元は，いまやヴィクトリア朝版「科学の驚異」の主要な部分として確立された．太古の絵画的光景は，人類以前の世界の現実性と「ロマンス」を，世に広く知らせ生き生きと現出させるものだったのである．

4
最初の連続的光景

　一般の読書人は，太古を単一の，分化されていない，異質な世界と考えていたと思われる。それに対し地質学者たちは，主要な時代や時期には固有の特徴があり，少なくとも原則的には，それらは絵画の形で表現できるということに充分気づいていた。その分化された描像はこれまでのところ，トリマーとレイノルズの挿絵においてのみ具体化されていた（図 39, 42）。彼ら——および彼らの画家——がその構図の独創性についてどれほどの名誉に値しようとも，彼らの影響は限られていたであろう。もっと印象の強い説得力のある方法で，この科学的観念を初めて大衆の手の届くものにした著作は，まさにそのような理由によってきわめて重要なので，それに一章全体を捧げる価値がある。

　1840 年代なかばのあるとき，グラーツで植物学を教えていたオーストリアの植物学者フランツ・クサーヴァ〈Xaver〉・ウンガー（1800-1870）は，地質学について講義する機会をもった。植物学と本来の地質学双方の探究にきわめて活動的だったとはいえ，彼が科学者の間で名声を高めたのは化石植物の研究によってであった。たとえば彼はゴルトフスの『ドイツの［動物］化石』に非常によく似た著作，見事な挿絵の入った『前世界の植物誌』（1841-47）を分冊で発表しつつあった[1]。

　講義を彩るために借用したかもしれない，それまでに公表されたさ

まざまな太古の光景のうち，動物より植物に焦点を合わせた唯一のもの，すなわちその頃ゴルトフスがモノグラフの締めくくりとして置いた石炭林の光景（図40）を，ウンガーは当然知っていたと思われる。いずれにしろ，彼の学生の一人がそのような光景の全系列を制作し，発表すべきであるとウンガーに提案したらしい。ウンガー自身によれば（テキスト31），彼ははじめそうすることをためらった。その理由として，彼はわれわれがキュヴィエ，デ・ラ・ビーチ，バックランドのためらいの理由と考えたのと同じものを挙げていた。ウンガーは「真の科学の領域から想像力の領分へ迷い込むこと」，言い換えれば必要以上に思弁的であると見なされることを恐れていたのだ。しかしミュンヘンの友人の植物学者カール・フォン・マルチウス（1794-1868）に相談したあと，ウンガーはグラーツの有名な風景画家ヨーゼフ・クヴァセク（1799-1859）に話をもちかけた。ウンガーはこの画家の試作品が非常に気に入ったため，学問上の評判に対する不安を払拭するにいたった。それどころか彼とクヴァセクは，いまや金銭的にではなくても，知的・芸術的には対等な者として協力関係を結ぶようになった。この科学者と画家のチームは，この種のものとしてはこれまでに試みられた中で最も野心的な計画に着手した。そして彼らの作品に対するウンガーの緒言は，クヴァセクの芸術的功績を惜しみなく賞賛している。

『さまざまな形成期における原始の世界』（1851）は，クヴァセクが制作した14枚の大きな石版印刷の光景を含み，説明のための小冊子を付録とする，堂々たる二つ折り判の図解書として出版された。ウンガーのドイツ語のテキストは，ストラスブールの自然誌の教授で，アルザス人の（したがってバイリンガルの）同業者であるヴィルヘルム・フィリップ・シンパー（1808-80）によってフランス語に翻訳された。二つのテキストが並行してだされたため，言語の点でこの著作は科学界全体にとって近づきやすいものであった[2]。

テキスト31
本作品の起源と意図

数人の学生に実施することを求められた地質学の講義の終わりに，われわれの注意を引いた主題の実例となるような絵を流布させることにより，われわれの努力を末永く有益なものにしたいという思いが，才能に恵まれ気だてもよいある学生の心に芽生えた。

この方法には，地質学の細部に専心する暇も意向もない人々に地質学を容易に理解してもらえるような形で，この学問を提示するという利点があることは否定できない。この確信と有益でありたいという欲求が，真の科学の領域から想像力の領分へ迷い込むのではないかと考えて最初に覚えた弱気を打ち負かすことになった。

だがわたしは，ほとんど克服できないほどの困難によって，この計画の実行は妨げられていると感じていた。こうしてこの試みは延期されていたが，あるとき才能豊かな画家ヨーゼフ・クヴァセクからわたしに委ねられた数枚の試験的な絵を点検してみて，わたしは企画の成功を妨げるすべての障害が徐々に取り除かれる可能性を確信したのみならず，このような原始の世界の表現は，遠い過去についての瞑想やわれわれの夢の記憶が備えている神秘的な魅力を，完全に欠いているわけではないだろうという期待をも抱いたのである。

以上が地球の形成のさまざまな時期を順々に提示する一連の絵の起源である。しかし欲望はそれが満足させられる頻度に応じて増大するのが常であり，はじめは数名の個人にのみ利用されることを意図していたこの風景も，それを手に入れる機会は大衆にまで広げられるべきであるという思いが次第に強くなった。

助言を与え修正を施してくれた，またわたしがその研究を利用することをためらわなかった，ベルンハルト・コッタ，ヘルマン・マイアー，E・エントリヒャー，フォン・チューディ，フィッツィンガーなどの学者の方々に，ここでお礼を述べることを忘れるわけにはいかない[1]。

だがわたしの感謝が主に向けられるべきは画家本人に対してである。たび重なる試行にも倦まず，この太古の時代についてわたしが抱いた観念を彼はついに完璧に把握し，わたしの空想が作りあげた漠然とした想像図は彼の天才により，力強く明確な描写へと発展したのである。

したがってこの企画の遂行におけるわたしの役割と主張できるのは、わたしの思考と推測を伝達したということだけである。それらが画家に霊感を与えたとしても、また彼の作品が存在するのはそれらのせいであるとしても、賞賛を受けるべきはわたしではなく、計画の源に位置する彼なのである。
フランツ・ウンガー『さまざまな形成期における原始の世界』(1851)
●注　(1) ウンガーが謝辞を捧げている同業者たちは、ザクセン地方フライブルクの有名な鉱山学校で地質学(「ゲオグノジー」)と古生物学を教えていたカール・ベルンハルト・コッタ(1808-79)、フランクフルトの官僚で余暇には卓越した古生物学者であったクリスティアン・フリードリヒ・ヘルマン・フォン・マイアー(1801-69)、エティエンヌ・エントリヒャー、南アメリカを広範囲に旅行したナチュラリストのヨハン・ヤーコプ・フォン・チューディ(1818-89)、およびウィーンの医師・動物学者であったレーオポルト・ヨーゼフ・フィッツィンガー(1802-84)である。

表題では注意深く言葉が選ばれている。分化されていない太古を示唆する通俗的な用語「原始の世界」が採用されているが、それには地球の歴史のさまざまな時期を強調する句が並置されている。何年も前にバックランドが私的に提案した計画(テキスト15)とは異なり、これらの時期は生命の前進を現在へとたどることが読者にとって可能な、最古から最新へという真の地史的順序をもっていまや描かれている。結果として、聖書の天地創造説話にもとづいた伝統的時系列と類似することになったが、これは偶然の一致ではないだろう。ウンガーの文化的環境はすこぶるカトリック的であった。この作品の予約購入者のうち三人は高位聖職者であったし、ウンガー自身が初期の偉大なイエズス会士フランシスコ・ザビエル〈Xavier〉の姓を名前の中に含んでいた。彼は聖書挿絵の連続画、すなわちショイヒツァーのもの(図1-7)ではなくても、少なくともドイツ語圏のカトリック教徒のためにとくに作られ、広く普及した『絵入り聖書』(1836)の挿絵には親しんでいたと思われる[3]。

ウンガーによる時代の選択が、中央ヨーロッパの地質学者とその学生たちにはきわめてなじみ深い、主要な累層の連続を反映しているのは意外なことではない。彼は植物学者であるので、本書に再録された初期のほとんどの光景とは異なり、ここでは動物より植物が卓越しているのも驚くべきことではない。また彼の用いた風景画家は、読者を水中に連れていき、魚の目によって太古の海の世界を眺めさせるという、デ・ラ・ビーチの革新的な手本(図19)に従おうとはしていない。だが逆に、同時代の風景画の伝統を踏襲しているクヴァセクの見事に構成された光景は、信頼できる人間的な視点を太古の中にもち込むことにより、それを想像しやすいものにしている。月に照らされた嵐の光景(図48)と、おそらくは植物より動物に焦点が当てられた唯一の光景(図51)においてのみ、ジョン・マーティンの悪夢のような世界が暗示されている。

簡潔な序文の中で（テキスト32），学者仲間から寄せられる批判の機先を制するためなのだろうが，ウンガーは断固たる防御の口調を採用している。断片的な化石遺骸から光景を復元することの難しさと，自分が行なったことの暫定的な性格を彼は強調する。しかし彼以前に発表された光景（ゴルトフスのものを念頭に置いていると思われるが）を批判しつつ，攻撃に打ってでてもいる。彼の考えでは，そのような光景は特定の地層で発見されたすべての化石を人工的に寄せ集めたものであるのに対し，ウンガーの——というよりむしろクヴァセクの——光景は，先史時代の風景とそこに生きる動植物を，はるかに自然主義的に描いているのである。

　クヴァセクの光景に対するウンガーの説明については，もう一つ全体的な指摘をしておかねばならない。ウンガーはもともと植物学者であって地質学者ではない。地球の物質的歴史の一般的理解に関しては，彼は世紀中葉の大部分の地質学者が受け入れていた見解を，異議をさしはさまずに採用した。すなわち地球はその表面に住まう動植物の性質と同様，物理・化学的条件においても，原初の始まりから現在まで定向的に発展してきたと考えていた[4]。

　ウンガーが前半の光景においては植物の環境が異質であることと，後半の光景においてはもっとなじみのある——人間の好みにあった——状態に徐々に近づいていることに頻繁に言及する事情は，このことによって説明がつく。たとえばウンガーの仮定によれば，地球は原初の熱い状態から冷却してきたので，地球の歴史全体を通じて気温は着実に低下し，気候はより温暖になった。同様に海は当初ほぼ全地球に広がり，少数の島しか点在せず，ずっとのちにやっと広い大陸が発達したのは当然のことであると彼は述べる。それでも大陸の起伏ははじめわずかであり，高い山脈は比較的最近になって出現した。逆に彼の主張によれば，火山活動は一般に時間がたつにつれて衰え，それとともに大気中の有毒ガスの濃度も減少した。もっと正確にいえば，彼

テキスト32
序文

　わたしはこれらの風景において，地表が最初の生物によって活気づけられた頃から人間が創造された時代まで，連続的に経過した長大な地質時代を絵画的に表現しようと努めた。それは地質学と古生物学によってすでに確立された事実，たとえば前者が教示する地球の造形的性質や，後者が明示する動植物の構造にのっとって遂行されている。このような意図のもとに，わたしは各時代の特徴をなす地層の性質や，それが破壊され新しい地層に再生される様子や，地表に対する地球内部の影響や，陸と海の全体的分布などを，正確にさし示すすべてのデータを使用した。原初の海の堆積物の中に埋め込まれた動植物の多くの遺骸も，注意深く調査した。なぜならそれらは各時代の動植物相がどのようなものであったかを明らかにしつつ，それらにふさわしかった気候の性質をもきわめて正確に教えてくれるからである。残念ながらこれら動植物は，たいていは不完全な状態で発見されるので，それらを復元するにあたり，もし正確な模写にこだわるなら描くことができないような部分を提示するため，ときおり類推の助けを借りなければならなかった。だがこの類推は慎重に用いられたにもかかわらず，これら表現のうちのいくつかは真の類型，とくに現在の世界には少しも似ていない太古の世界の真の類型に，完全には一致していないかもしれない。したがってこれらの風景は，原初の自然のさまざまな現象のイメージが収集され，配列された創作である。それでもこれらは真実からそれ，そこにはその現象が完全な刻印を残してはいないかもしれないことをわたしは認める。現在の画家の風景画が，自然の景観の正確な盲目的模写であることはめったにないのと同様に，原始の世界を描いたこれらの絵も，太古の時代の正確な再現ではなく，その全体的性格を提示するにすぎないのである。またそれは遠い過去の時代を旅し，途中で細部を収集し，それを好みのままに一つの光景の中に配列した，画家による組合わせの作と考えてもよいだろう。

　この作品は，その美学的側面に関してのみ検討されねばならない。これまで行なわれてきた同様の試みは，わたしが意図した目的には達していない。というのも時間

によって不完全なものにされた遺骸が，化石動植物に復元されている素描の集積——累層の体系や，その生物が地上に登場した年代にもとづいて制作された——は，自然な風景と見なすことは決してできないからである。ある種の地質学書に載せられている，部分的な古生物学的時期を扱った素描も，なおさら風景の名には値しない。なぜならそれらにおいては，原初のさまざまな地域の完全な表現ということよりも，正確な年代ということを考慮して寄せ集められた，手に入る限りの類型が積み重ねられているからである。

そこでわたしは，多くの個別的対象を単に表現して教示するよりも，これら偉大な時期のいくつかの光景に注意を促そうとした。わたしの意図は太古の風景の印象を示すことであり，この目的が達せられるかどうかは何よりも画家の才能に委ねられた。

厳しい批評家はこの企画の多くの部分に異を唱えるであろう。植物学者は，大半の植物が理想化されており，われわれがそれらについてもっている不完全な知識から判断すると，その形状と全体的外観は，ここに描かれたものとはまったく異なる可能性があるというかもしれない。動物学者は，この絵の多くで重要な位置を占めている大型脊椎動物が，その類型に常に符合してはいないと反論するかもしれない。他方で地質学者は，地表の性質があまりにも頻繁に一般的観念の集合から導かれていると考えるであろう——要するにわたしが太古の世界に与えた外観は，期待されていたほどの真実さを誇ることができず，わたしの仕事は事実の探究と正確な観察よりも，気まぐれで不安定な想像力の刻印を帯びていると指摘されるかもしれない。わたしがそれぞれの風景を実際の外観の完全な復元として示したなら，そのような反論も重みをもつだろう。しかしわたしの望みは，確実なデータが地質学と古生物学によって与えられるなら真実に最も近くなるはずの，単なる可能性を表現することだったのである。

さらに真実と同じくらいの誤りを含んでいる作品は，科学の進歩を促進するより遅らせることに貢献するのではないかという疑問が生じるかもしれない。しかし多くの進歩はある種の仮説に由来することや，それがいつの世でも，自然科学のか弱い幼年期には大きな支えであったことを知る者の目には，これらの風景はその価値をすべて失うわけではないだろう。

もしこれらの表現が，あまたの観察を一つの視点のもとで融合することにより，全体をもっと容易に理解できるようにするなら——科学にあまり通じていない者にも，関心を引き起こして学習を完成させたいという意欲を作りだすほどであるなら——高等教育を受けた者の心に，とうの昔に追放された時代を熟考する嗜好を目覚めさせ，彼らが「現在」をこの偉大な「過去」の結果と見なすようになるなら——この作品はのちにもっと永続的な作品に席を譲り，かつて新緑であったことが驚きの的でしかない木から落ちた枯葉のように，脇へ投げ捨てられても構わないであろう。

フランツ・ウンガー『原始の世界』(1851)

は——ほとんどの地質学者と同様に——石炭紀のような比較的初期の地質時代に植物が繁茂したのは，二酸化炭素が高濃度だったからであり，他のすべての特徴と同じく，大気は現在の状態へと定向的に変化してきたと考えている。

　第一の光景（図43，テキスト33）は，なんらかの復元を許すほど充分な化石証拠が存在するとウンガーが感じていた，最古の地質時代を表現している。すべての二次岩層の下に横たわり，したがってそれよりも古い「漸移」岩層は，一般にひどく混乱させられたり変質させられたりしており，豊富な化石やよく保存された化石を含むことはめったにないので，当時はまだあまり理解が進んでいなかった。事実ウンガーの第一の光景は，次の石炭林の光景を貧弱にしたものでしかない。この初期の時代には，広大な熱帯の海に離れ離れの島がわずかしか存在しなかった。その風景には，現在のヤシの木の代わりをする，樹木サイズの隠花植物が点在していた。特別の注釈が必要な唯一の構成要素は，ゴルトフスの光景（図40）にも登場していた，前景に置かれた奇妙な植物スティグマリアである。のちの発見により，このありふれた化石は樹木サイズの植物の根組織であることが判明した。幹と根が結びついたまま保存されることはめったにない。当時の他の化石植物学者（ゴルトフスも含めた）と同様に，ウンガーはそれを風変わりな「矮性植物」としている。

　第二の光景（図44，テキスト34）は，産業にとって重要な炭層のほとんどが発見される地層，石炭紀のコール・メジャーズにもとづいている。したがってこれはゴルトフスの第二の光景（図40）と直接比較することができるが，構図はまったく新しいものである。正確な同定が可能なほど詳しくは葉を示さないことによって，ウンガーは特定の形の葉を特定の型の幹に関連づけるというゴルトフスの問題を回避した。その結果彼の光景は真の風景になっており，もはや博物館の標本の寄せ集めではない。クヴァセクは薄暗い熱帯の沼地の雰囲気を非常にう

→ p.106

🙠テキスト33

　地球を一面に覆う果てしない大洋の中に，広い間隔をおいて少数の小島，最古の陸地がはじめに登場した。

　第一の風景［図43］はわれわれの視界に，岩だらけの，おそらく花崗岩質土壌からなる，そのような原初の集団の一つを提示する。それはまだ隆起して山にはなっていないが，険しく不規則な海岸の上に広がる平地を形成している。そのような平地の大多数はすでに長期間存在してきたが，遠くには最近になってようやく出現したものも見えている。そして水との接触による固化がまだ不完全でしかない陸塊からは，濃い蒸気が立ちのぼっている。この蒸気をいっぱいに含んだ大気は，これら孤島を黒い雲と濃い霧でつつんでいる。地殻が薄く，地表が高温なため，固体と液体を形成する際の親和力の作用や，大規模な物理現象のような，無機的自然の活動以外にはどんな活動もほとんど存在できない。しかし陽光が地表にさし込んでくるやいなや，さまざまな動植物という形で，新しい種類の存在が海とそれまで不毛であった小島に活気を与えはじめた。このような地球の最初の産物は単純な構造をしていたが，将来の被造物の豊かさを予示しているのであった。

　われわれは海とその住人から離れ，固い大地の外観に注目する。ここには驚いたことに，われわれにはまったくなじみのない形態の植物が示されている。すなわちきわめて単純な葉をつけた巨木，大きな円筒形の茎をもつ葉のない植物，輪生の枝をもつ幹のない木など。これらの植物はときには木本だが，多くは草本および多肉質であり，実も花もつけない代わりに小胞子をもち，一言でいえば「維管束隠花植物」である。外見が現生の植物に驚くほど似ているこの時代の唯一の植物はシダで，そのいくつかのグループがこの絵の中に描かれている。あるものは裸地を覆い，他のものは根によって樹皮にしがみついているが，それらの繊細なつくりの葉は地面に向かって垂れ下がっている。だがこの風景の中で最も風変わりな植物——その堂々とした大きさと，見た目の特異さによって風変わりな——は，この時代に知られていなかったわけではないが，次の時代にとりわけ固有の樹木ロマトフロイオス・クラッシカウレ〈Lomatophloyos crassicaule〉である。幹の低い部分からはほとんど落ちてしまい，い

→ p.104

図 43　『漸移期』。フランツ・ウンガー『さまざまな形成期における原始の世界』(1851)より。ヨーゼフ・クヴァセクが作画し、レーオポルト・ロットマンが石版印刷したもの。

まは梢からのみ伸びている螺旋状に配列された枝は，鱗のような小さな房の上に置かれた，線形で多肉質の葉の密な塊を先端にだけつけている。葉が落ちるとこれらの房があらわになり，この木に奇妙な外観を与える。

もう一つの大木は多くの種をもつ属のシギラリアである。単純な構造の分岐していない幹は，長く垂れ下がった葉からなる，堂々とした房状の冠を戴いている。溝のある樹皮には，以前の葉が残した一連の規則的な刻印がしるされている。さまざまな段階にあるこの属の種々の標本は，この最初の風景の中にまとめられている。

遠くに，輪生の枝と非常に繊細な葉をもつ樹木が描かれている。これは多様な形態をとる属のカラミテスに所属している。だがこの風景の中で否応なくわれわれの注意を引き，ここで主役を演じていると言えそうなのは，前景の水域をびっしり覆う湿地植物のスティグマリア・フィコイデス〈Stigmaria ficoides〉である。水面より少しだけ上にでている短い茎は，下を向いた長い二叉の枝に分かれており，長く丸い葉を密生させた枝の先端は通常は水中に没している。この矮性植物は広い区域を占め，上を向く若い枝を冠にした，ドームのような外観を呈する。これは主にもっと浅い湖で繁茂するが，その湖が海の塩水と混合する所にまで勢力を拡大していたと思われる。以上のすべての植物は，次の地質時代にも多少とも似た形態で生存していた。「漸移期」に特有の植物はきわめてわずかしか発見されないけれども，それらは非常に注目すべきつくりをしている。そのような植物はまっすぐで，円筒形をし，ほとんど常に枝と実と花を欠いているが，驚くほど多肉質で，内部に木部繊維があるにもかかわらず単純な構造を示している。それらは最初の陸上植物と見なされるのが適当であろう。ディディモフィロン・ショッティニ〈Didymophyllon Schottini〉やデケニア・エウフォルビオイデス〈Dechenia euphorbioides〉のような湿地の縁を飾る植物より，単純な植物の構造に創造の力が行使されたとはとても考えられない。スティグマリアの房の間に見える小さな淡水の草，可憐なアヌラリア・フェルティリス〈Annularia fertilis〉は，これら植物のもの悲しさと奇妙な外観を緩和するのに役立っている。

フランツ・ウンガー『原始の世界』（1851）

テキスト34

われわれはここで［図44］淀んだ水によって区切られた，小島の中の湿った森の内部へと運ばれる。すべての状況から，ここがまだ動物に住まわれておらず，非動物界の法則のみに従う原初の陸地の一つであることは明らかである。霧深い大気に曇らされた太陽の光は，編み合わされた木の枝を通してかすかにしか侵入せず，濃い湿った空気は周囲のすべてのものを遠くにあるように見せている。ここで優位を占めている木は，ざらざらした樹皮と二叉分枝する枝を特徴とするレピドデンドロンであり，前景にその集団が描かれている。力強く育ち葉を密生させるその枝は，形によっても実によっても現在のモミの木を連想させるが，この枝はもっと深く神秘的な陰を作りだす。かなりの数の寄生植物が健康な幹の上でも衰弱した幹の上でも成長し，それはこの森の奇妙で原始的な外観に，現在の景観に似た側面をいくつかつけ加えることにより，風景の画趣を高めるのに貢献している。

遠くのレピドデンドロンの間に，細く背の高い茎と，少なくとも梢から垂れ下がる優美な葉の群によって，容易に見分けられる数本のシダが姿を現わしており，それらはキアテイテス〈Cyatheites〉（ペコプテリス）属に所属している。その属の一個体が伸ばした若い茎が，前景の左手に見えている。先ほど述べた寄生植物は，シダの種族にもまとわりついている。そのうちの枝から吊るされた花輪を形成しているのはヒメノフィリテスとスフェノプテリス属，大きな葉によって幹を完全に覆っているのはウッドワーディテス〈Woodwardites〉とトリコマニテス〈Trichomanites〉，密な吊り飾りをもちあちらこちらに群生しているのはキクロプテリス（アディアンティテス〈Adiantites〉）である。

後景においてほとんど隠されているのが，この植生の特異な外観に少なからず貢献する，太古の世界の巨大植物カラミテスの集団である。最後に，種の豊富なスフェノフィルム属に所属する，輪形の葉と枝をもつ小さな水生植物に言及しなければならない。このアステロフィリテス〈Asterophyllites，実際にはアヌラリアと同じくカラミテスの葉〉の風変わりな形態は，われわれの時代までは残されていない。

フランツ・ウンガー『原始の世界』（1851）

図44 『石炭期,第一景』。フランツ・ウンガー『原始の世界』(1851)より。

まく伝えている。ウンガーは大地は「まだ動物に住まわれていない」と述べているが、これが陸生動物にだけ関連したものであることは文脈から明らかである。その絵は描かないことにしたとはいえ、彼は石炭より古い地層の中に、海生動物の化石が豊富に存在することはよく知っていた。だがむろん彼が実際に描いたのは、植物に満ちあふれた世界であった。

第三の光景（図45, テキスト35）は、これが唯一の例なのだが、同じ地質時代の第二の景観を示している。ここに描かれているのは、のちに炭層となる泥炭質の堆積の間に水路をうがち、鉱夫たちにはなじみ深い障害物の一つを作りだす、滝のように降る熱帯の豪雨である。

第四の光景（図46, テキスト36）は、中央ヨーロッパでは付随火山岩をともなった大規模な砂岩層（トートリーゲンデ）5)によって代表される、石炭期〈石炭紀後期〉よりのちの時代のものである。後景とウンガーのテキストにおいて卓越しているのは、最近噴出した火山岩（「斑岩」）のドームである。こうした火山活動が、植物相を以前よりきわめて変化の乏しいものにした、気候条件の原因であると考えられていた。当時の地質学者の共通の見解を反映した言外の意味は、この時代はこのような擾乱とそれが引き起こした気候によって、全世界的に特徴づけられるというものであった。

第五の光景（図47, テキスト37）は、全体が（三層をなすということから）「三畳系」として知られている、中央ヨーロッパに広がる三つの大きな累層の最下部、したがって最古の部分の「ブンター砂岩」の時代を描いている。植物は石炭期のものほど豊かではないが、「より完全で優美な形態」をもつと述べられている。いまや球果植物が豊富にあり、ソテツ類のような他の種の存在も指摘されている。生命の全歴史におけるこのむしろ後期の段階になっても、ウンガーは陸地に動物を配することに慎重である。しかしこの光景では、化石証拠が彼にも知られていたため、岸へ向かって這う大型両生類を示すことがつい

➡ p.112

テキスト35

前の図版［図44］が、春と秋の交代が決して見られない、常緑樹からなる原始の森の暗がりを表現していたのに対し、われわれの目の前にある図版［図45］では、「時間」は歩みを止め、往古の歴史の書をわれわれのために開いているように見える。その書は、現在と過去を途切れることのない連続によって結びつける、蓄積された植物遺骸において解読されるであろう。われわれが「石炭」と呼ぶ可燃性鉱物の分厚い層の起源が、次第に増大した太古の植物の堆積にあることにもはや疑問の余地はない。そのような増大について、われわれは現在の泥炭層において小規模な例を見ることができる。われわれの身のまわりでは、朽ちた葉と枝は、木から落ちるとすぐに次の世代の植物のために土壌を形成する。ところが原初の時代にあっては、地上に堆積した植物に、「死」が数え切れないほどの年月にわたっておのれの刻印を押し続けるため、植物は長い歳月のうちにもとの相貌を完全に失い、本来の構造のほんのわずかな痕跡さえ残されないのである。時の経過とともに数尋の厚さになり、非常に広い地域に広がったこの植物の大きな塊は、地殻をかき乱したさまざまな衝撃によって分離され、部分的に破壊されてしまった。この図版では、前の絵においてわれわれが内部を探索した原始の森の一部が、巨大な植物を積み上げ、泥炭質の物質を集めることによって、水の略奪行為に抵抗している。しかし全体的洪水が次にはそれを圧倒し、泥と砂の堆積によって覆い尽くそうとしているように見える。ここでも前の図版［図44］においてと同様、樹木は現生のものにはほとんど似ておらず、その類型は太古の世界でしか見られないものであることに気づかされる。ここでの主要な集団は、どちらもこの時代には多数生育していた、レピドデンドロンとシギラリアによって構成されている。後者に属する二本の木が前景の左手に立ち、激しい風雨の前で身を傾けている。反対側の洪水に飲み込まれた土地の端では、数本の樹木状のシダが、風に揺すられた軽い葉を翼のようにして波の上で身を支えている。遠くでは、カラミテスの透けて見える冠が、その柔軟さのおかげでハリケーンによる破壊を免れている。ハリケーンは、がっしりした幹と重い葉によって、風雨の猛威に身をかがめずに抵抗するレピドデンドロンの方は、根こ

➡ p.108

図45 『石炭期,第二景』。フランツ・ウンガー『原始の世界』(1851)より。

そぎ倒してしまうのだが。

　この破壊の跡の光景は，雷光が厚い雲を貫いてきたときだけ見えるようになる。豪雨によって水浸しにされたこの豊かで奇妙な植生は，焼けつくような空の下と，水によって軟弱にされた土の上に存在したので，チョノス諸島［チリの海岸沖にある］で経験するような熱帯気候の激しい熱と湿った大気も，ここで優勢を占めている非常に極端な状況をわれわれに伝えるには不充分である。
フランツ・ウンガー『原始の世界』（1851）

❧テキスト36

　地球が何度もかき乱されたことを特徴とする赤色砂岩の時代は，植物の発展にとって好都合ではありえなかった。植物の幹やその残骸のような頑丈で大きな塊だけが，地球の状態を絶えず変えてきた力に抗することができた。したがってこの時代に作られた地層の中には，そのようなものの化石だけが埋められており，葉や実はめったに存在しない。そして全面的な破壊を免れたそれらでさえ，その安全は自身の墓という避難所のおかげで手に入れたのであった。それでもこの時代は植物を完全に欠いていたわけではなく，前代の豊かな植生に比べることはできないものの，いくつかの種類はきわめて優美でさえあった。そこでこの時代も，土壌と大気の組成に適合した植物的相貌をもっていたといえるであろう。われわれはここで［図46］最近の噴火によって破壊された山の巨大な残骸の上という，最も崇高な自然の光景の一つのただ中にいる。噴出した斑岩は峡谷を突き進み，それが作りだした残骸の上で円錐形の丸屋根になる。この柔らかい泥質の塊は，多少とも丸い形で配列されざるをえない。こうしてわれわれはこの風景の真ん中に，時間がまだ割れ目と断崖を刻み込んでいない，最も初期の段階の斑岩ドームの一つを見るのである。岩はまだ不完全な固さなので，そこは植物の痕跡がまったくない不毛の地である。左手には，噴火によって作られた谷の底に，同じように形成された山の姿がある。

　形成されてまもないこのような峰の麓は，最近の擾乱の際に投げ上げられた大量の石片に囲まれている。まだ開いている割れ目からは，蒸気の雲が立ちのぼっている——これは地球の深部を揺り動かす火山活動の明らかな証拠である。それは新たな噴火を予告しているのか，それともほとんど使い果たされた力の最後の誇示にすぎないのであろう。泥のような噴出物をともなった煙の柱が海面から立ちのぼり，それとともに大量の液体も運んできて驚くほどの高さの噴水を構成する。湯気の立つほど熱いこの水は，たどりついた空の高所で急速に冷え，立ちのぼった地点の近くへにわか雨となって落下する。恐ろしい稲妻がこの熱せられた蒸気を絶えず貫き，周囲の海は大いに攪拌されるが，この火山現象には猛々しいと同時に崇高な側面もある。このような大気現象の必然的結果である大気の過度の湿気が，前代のものとは顕著な対照をなす，切り詰められてはいるが特徴的な植生を育てる。この風景はプサロニウス〈Psaronius，シダ綱リュウビンタイ目に属する木生シダ〉の直立した茎と優美な葉に飾られている。この属の若木と，根茎に似た小塊茎をもつシダが，砕屑岩の間に生えている。プサロニウスの優美さに，この時代まで知られていなかった種族であるソテツ族の優美さが加わっている。海辺の岩塊の間と遠方に，この集団がいくつかある。その葉の房は向こうが透けて見え，すこぶる上品である。この種類の葉は完全に消滅してしまったが，ソテツ族の幹はメドゥロサ属〈Medullosa，裸子植物シダ種子綱〉においてその後も見ることができる。
フランツ・ウンガー『原始の世界』（1851）

❧テキスト37

　上部新赤色砂岩層の時代という，きわめて動乱の少なかった時代が，直前の地質時代を特徴づける破壊的衝撃のあとに続いた。しかし苦灰統［累層］〈ペルム系の上層部〉が発した金属を含む蒸気の名残のせいで，陸上植物さらに海生植物さえもわずかしか保存されなかった。それでも海底に広がり，次いで低地に囲まれた，砂と粘土と泥灰土の堆積は少ししか乱されなかったので，互層は規則的になっており，その全体的外観からは，この時代が生物の発展にとって有利な，とくに豊かで多様な植生を作りだすこともできる，穏やかなものであったことが明らかになる。実際にこの時代には植物に大きな進歩があり，それは石炭期の植物ほど密生してはいないが，より完全で優美な形態を獲得している。水に運ばれ泥の堆積の中

→ p.110

図46 『赤色砂岩期［ペルム紀］』。フランツ・ウンガー『原始の世界』(1851) より。

4 最初の連続的光景

に埋められた植物の遺骸は，いま見つめている風景［図47］の材料をすべて提供できるほど，完全な状態で保存されてきた。その風景はわれわれを浅海に囲まれた低地のただ中へと連れていく。遠くには水生花によって作られた島々がある。泥の堤よりほんの少しだけ高くなった赤色砂岩の塊の上には，木のまばらに生えた森が作られている。それらの木は，この時代の大きな特徴をなす球果植物である。前景の左手には，ハイディンゲラ・スペキオサ〈Haidingera speciosa〉の古い幹がいくつかある。さらに右手の奥にはボルチア〈Voltzia〉の集団が見える。葉に覆われ球果をつけた枝は全体が保存されており，この木の外観がナンヨウスギ，とくにノーフォーク島［ニュージーランドの北に位置する］のアラウカリア・エクスケルサ〈Araucaria excelsa〉のそれによく似ていたことを教えてくれる。球果植物の下には，梢でだけ枝を伸ばし，ソクシンラン〈ユリ科の一属〉やユッカ〈リュウゼツラン科の一属〉のような，ある種の単子葉植物のものに類似した葉の房をもつ木（ユッキテス・ヴォゲシアクス〈Yuccites Vogesiacus〉）が，あちらこちらに見えている。われわれは砂岩時代に特有のものとして，森を部分的に覆ったり，前景の湿地にまで広がったりしている二つの草本植物も示しておいた。前者のよく目立つアエトフィルム・スペキオスム〈Aethophyllum speciosum〉には，ヒカゲノカズラ科とガマ科の異なった類型が統合されている。後者のスキゾネウラ・パラドクサ〈Schizoneura paradoxa〉は，これまで関連があるとされてきたサルトリイバラ族より，むしろトクサ科に属している。前景の中央には，朽ちた木の枝の上や石の割れ目の中で育ち，クレマトプテリス・ティピカ〈Crematopteris typica〉，アレトプテリス・ズルツィアナ〈Alethopteris Sultziana〉，ネウロプテリス・エレガンス〈Neuropteris elegans〉などと呼ばれる化石の最初期の状態を表わすシダの間に，美しいソテツであるニルソニア・ホガルディ〈Nilssonia Hogardi〉が生えている。この時代の動物界と植物界は非常に興味深い結びつきを示している。しかしわれわれは，この時期の地球には水陸両生の動物と，鳥の本性をある程度分有した未確定の生物さえ住んでいたことは疑えないにもかかわらず，魚にまさる生物の痕跡はほんのわずかしかもちあわせていない。われわれが有する最も確かな証拠は，このような低地の湿った砂の上につけられた足跡である。それらのうちのいくつかは巨大な体を暗示しており，水陸両生の動物ケイロサウルス〈Cheirosaurus〉と，「鳥の足跡化石」〈Ornithichnite〉を残した有翼二足動物のものであると思われる。ここに描かれているサンショウウオ属の動物は，原始の森に生息し，この動物の顕著な特徴の多くを拡大した，巨大な水陸両生動物についてかなり正確な観念を与えてくれるであろう。

フランツ・ウンガー『原始の世界』（1851）

図47 『ブンター砂岩期［三畳紀前期］』。
フランツ・ウンガー『原始の世界』（1851）
より。

に正しいと考えられるに至った。

　第六の光景（図48，テキスト38）は，三畳系の真ん中の三分の一を構成する海成の石灰岩，「ムッシェルカルク」の時代を表わしている（英語圏の地質学者もまだこのドイツ語名を用いている）。ウンガーはこの時代を，陸地の面積が増大するという一般的傾向が一時的に逆転した時期と解釈している。すなわち最愛の植物を漂着物として示さねばならなかったのだから，彼にとってははなはだ残念であったが，海が前進した時期なのである。海の生命を描くために，彼はサンゴ礁，岸に乗り上げた軟体動物の殻，植物に似たウミユリ類を露出させる干潮という，使い古された手法を採用している。初めて，最も目立つ生物が大型爬虫類ノトサウルスという動物になっている。ほとんど植物のない局面に対するウンガーの反応に似つかわしい，「荒涼とした」効果を作りだすことが目的でないとしたら，なぜウンガー（あるいはクヴァセク）がこの光景のために月光を選んだのかが理解できない。ともかくその結果，これはウンガーの他のすべての光景より，雰囲気がマーティンのスタイルに近いものになっている。

　第七の光景（図49，テキスト39）は，喜ばしいことに陸上の世界に復帰している。それが描くのは三畳系の最上部，したがって最新の部分の「コイパー砂岩」の時代であり，この累層はブンター砂岩と同様に非海成と考えられていた。低い丘と沼地からなる風景は後景で大きな湖に連なっている。最も目立つ植物は現在のトクサと同族のもので，そのうちのいくつかは樹木サイズになっている。砂地の一区画を目的ありげに這っているのは，両生類のラビリントドン（歯の構造が複雑なため迷歯類と名づけられた）である。イギリスの動物学者リチャード・オーウェン（1804-92）は，この生物をごく少数の骨と歯から大胆に復元し，さらに大胆にその四足の大きな足跡は，ヨーロッパの多くの場所のコイパー層でよく発見されているものであると結論した[6]。クヴァセクの光景では，かなり奇妙なことにその足跡は動物の前に描

→ p.116

✎テキスト38

　海の支配から徐々に解放され，多様な生物に覆われていた低地帯は，再び大洋に占領されるに至った。果てしない海が，活力のある球果植物に飾られていた低地や，特異なトクサ科の植物に覆われていた湿地や，水陸両生あるいは二足の風変わりな怪物たちが住んでいたアシの森の中の空き地を呑み込んだ。その代わりに，水は新しい入植者のために避難所を提供した。われわれが目にするのは，もはや穏やかな湿った大気の中で巨大な規模に達した大型植物ではなく，植物に似た形をし，花のような頭部をもつ水生動物と，おびただしい数の軟体動物および甲殻類である。遠くの小島だけが，その上に見える植物のわずかな残骸によって前代を思い起こさせる。ここに［図48］われわれは四方を押し寄せる波に囲まれた，一区画の陸の荒涼とした堤を見いだす──それはサンゴなどの植虫類〈ウミユリ・サンゴなどのような植物に似た動物〉が構築し居住する，でこぼこの土地の上の深刻で憂鬱な光景である。引き潮によってあらわにされたため，われわれは海の世界の生物たちをその神秘的な生活の内奥においてとらえている。不思議な形をしたアンモナイト（ケラティテス・ノドスス〈Ceratites nodosus〉）の殻のそばに，他の軟体動物であるナウティルス・ビドルサトゥス〈Nautilus bidorsatus, オウムガイの一種〉と，その向こうにペクテン・ディスキテス〈Pecten discites, イタヤガイの一種〉，プラギオストマ・ストリアトゥム〈Plagiostoma striatum, ミノガイの一種〉，トゥリテラエ〈Turritellae, キリガイダマシ〉などの有殻類，すべてムッシェルカルク層に所属するものが見える。有節の茎をもつ美しいエンクリニテス・リリフォルミス〈Encrinites liliformis, ウミユリの一種〉は，深海から波によってここに運ばれてきた。大きなひれをクジラ類から借用した，ワニのような奇妙な怪物が，獲物と定めた海生動物を熱いまなざしで凝視している。それが食糧を確保するために，このサンゴ礁の上に乗ろうとしているノトサウルス・ギガンテウス〈Nothosaurus giganteus〉である。後景の右手に，同様の追跡に熱中しているもっと小さな二頭の怪物（ノトサウルス・ミラビリス〈Nothosaurus mirabilis〉）が見える。そこここに骨格のように突き出ている木の幹の残骸が，近くに陸地があることを告げている。その残骸にまだまと

→ p.114

図48　『ムッシェルカルク期［三畳紀中期］』。フランツ・ウンガー『原始の世界』(1851)より。

わりついている他の植物の切れ端からわかる通り，嵐がそれらをこれほど遠くまで運んできたのである。この幹はおそらくボルチアとはほんの少しだけ異なった，大型の球果植物ピニテス・ゲッパータヌス〈Pinites Goeppertanus〉のものであろう。またもっと小さな植物は未確定のエンドレピス〈Endolepis〉を示しているのであろうが，それらはシダのネウロプテリス・ガヤールドティ〈Neuropteris Gaillardoti〉や，岸に打ち上げられた海草（スフェロコッキテス・ブロンドウスキアヌス〈Spherococcites Blondowskianus〉）と混じり合っている。この時代の景観をほぼ忠実に再現したこの絵のもの悲しい感じは，夜の闇によって増大させられている。荒涼とした光景を照らす月は，通常の柔らかい銀の光ではなく，遠く離れた星としての青白い微光を投げかけている。

フランツ・ウンガー『原始の世界』(1851)

テキスト39

ムッシェルカルク期があとに残した，大量の貝殻化石を含む石灰質の堆積物によって，かなりの厚さの地層が形成されたとはいえ，地表の性質は新赤色砂岩の時代からほとんど変化していない。この二つの時代の間に作られた堆積物は，山や丘さえもたない狭い範囲の土地を形成した。ここにコイパー期の植物の起源がある。大きな湖の平坦な岸辺がわれわれの前に広がっている［図49］。乾燥した砂丘はまだ完全に不毛の地で，植物は水によって肥沃にされた低湿地にのみ定着することができた。この湿った土壌の上に，われわれは珍しくはあるが，豊かさの点では注目すべきほどではない植生を目にする。右手には，この時代に優勢であった樹木カラミテス・アレナケウス〈Calamites arenaceus〉で構成された森の端が見える。その溝のある幹はかなりの高さまで枝をもたずに伸び，垂れ下がった細い枝に優美に並んだ葉のドームをつける。現在のいくつかの草本植物は，この森の多くの植物と同様に実を結ばない，その樹木にいくぶん似ている。現生のこの種の植物はトクサ科に属し，なかではエクイセトゥム・シルウァティクム〈Equisetum sylvaticum, フサスギナ〉が最も堂々としている。前景の数本の幹には，卵形の葉が長い茎につき，実は液果の房を構成するツル植物がからまっている。それがサルトリイバラ科の最も初期の類型を示す，可憐なプレイスレリア・アンティクア〈Preisleria antiqua〉である。この植物の近くに，森をまだ豊かにしている数種類の見事なシダ，とりわけ上部新赤色砂岩期に特有の堂々としたアノモプテリス・ムージョティイ〈Anomopteris Mougeotii〉が見える。この絵の左手で広々とした一帯を構成している湿った土地は，性格がまったく異なっている。その地域で最も異彩を放つ植物は，長い茎がひときわ高くそびえ，頂部に卵形の実をつけているエクイセティテス・コルムナリス〈Equisetites columnaris, トクサの一種〉である。原始の世界においても現在の世界においても，この種の植物の中で最も巨大なこの木は，草本性でもろいつくりであるように見えるので，必然的に短期間しか生存しない。コイパー層で頻繁に遭遇する湿地植物は前景に描かれたイグサの一種で，およそ6フィートの高さにまで成長する。それがパラエオクシリス・ミュンステリ〈Palaeoxyris Münsteri〉である。最も遠くの端の少し盛り上がった所にソテツ族のいくつかの植物が生えていて，そのなかにはプテロフィルム・ミュンステリ〈Pterophyllum Münsteri〉が見える。

同時代の動物界は主に水中に住む，有殻の軟体動物，ポリプ〈刺胞動物のうち固着生活を行なうもの〉，甲殻類，魚類からなっていた。陸上にいたのは両生綱だけだったと思われる。われわれがここに描いた，その形態は発見された少数の骨と歯や，柔らかい土の上に残された足跡によってしか知られていない動物は，ひときわ目立つ存在のラビリントドン・パキグナトゥス〈Labyrinthodon pachygnathus〉である。この動物は貝と魚によって養われ，この時期の湿原に生息していたと思われる。この時代の湿った暖かい大気は，動植物の産出に完全に適していた。大地を覆う雲は非常に厚かったので，日の光は動く蒸気の塊がたまに作りだす間隙を縫ってしか地上に届かなかった。

フランツ・ウンガー『原始の世界』(1851)

図 49　『コイパー砂岩期［三畳紀後期］』。
フランツ・ウンガー『原始の世界』(1851)
より。

かれている。以前そこを歩いたのであろうか。

　第八の光景（図50, テキスト40）はウーライト（ウンガーの用法では、これはイギリスのライアス層を含み、現在の名称ジュラ紀のもとになったフランスのジュラ岩層に対応している）の時代を表わしている。ライアス期の生命を描いた以前の光景との相違は著しいが、これもウンガーが植物を強調していることの反映であるにすぎない。ここでも非常に目につくのは樹木である。断片的な化石からのウンガーの復元は、ある場合にはオーウェンのラビリントドンやマンテルのイグアノドンと同じくらい大胆である。たとえばここで彼は竹馬のような根をしたタコノキの根拠として、化石果実しか所持していないことを認めている。この時代の生命を描いた以前の絵を、あれほど支配していたイクチオサウルスは浜に引き揚げられた一つの骨格に、プレシオサウルスは遠くを泳ぐ一つの輪郭に、プテロダクティルスも遠くを飛ぶ鳥に似たいくつかの形姿に、不名誉にも格下げされている。

　第九の光景（図51, テキスト41）では、動物がウンガーのどの絵におけるよりも目立つ位置を占めている。そこに描かれているのは、マンテルの研究によって国際的になじみ深いものになった、南イングランドのウィールド層の時代である。豊富なシダとソテツ類が植生を支配する一方、クラトラリアの木が単子葉植物の到来を告げている。植物の繁茂の原因は、明確に大気中の二酸化炭素の濃度がまだ高かったためであると考えられている。

　だが最高の地位はマンテルのイグアノドンに与えられている。その描写からは、ウンガーとクヴァセクにとって、リチャードソンの光景とマーティンがマンテルのために描いた光景（図34, 35）は、ともに利用可能なものだったらしいことがわかる。右側の個体はポーズがリチャードソンのものに酷似している。争う三頭という取り合わせも、マーティンの絵を思い起こさせる。しかしクヴァセクの爬虫類の描写は、リチャードソンのものより真に迫っており、マーティンのもの

→ p.120

✣ テキスト40

　八番目の絵［図50］では、ウーライト期を通じて地表の大部分を覆い続けた広大な海が、われわれの視界に提供される。海の上には、三畳紀の隆起させられた地層の見える小さな島々が浮かんでいる。そのような海辺の陸地の一つが、植物の茂みや、特異な住人や、丸く取り囲むサンゴの塊とともにここに描かれている。サンゴの塊はまだ海面から少し高くなっているだけだが、かなりの幅で海岸に沿って続いている。雲に覆われた空と、雲を通して光る稲妻が燃えるように熱い大気を暗示しているが、それは動植物界の相貌によっても明らかである。少なくともここでは充分に繁茂している植生をよく調べてみると、ソテツ族とくにプテロフィルム〈Pterophyllum〉とザミテス〈Zamites〉に属する植物が、その顕著な特徴をなしていることがわかるだろう。それらはもはや単独でまばらに生えているのではなく、いまや密な集団を作って広い地域を覆っている。絵の中央に見える大きな幹はプテロフィルムのものである。節のある太く短い枝に生える広い葉に覆われたこの木は、相当の高さまで垂直に伸びている。ザミテスの特徴を認めないわけにはいかない木が、森から最も離れた場所を占め、プテロフィルムの大きな葉に一部分が隠されている。以前生えていた葉の痕にぐるりと囲まれ、キカドイデア・メガロフィラ〈Cycadoidea megalophylla〉の株を思い起こさせるその幹は、長さ6フィート以上の密な葉の束を頂部にのせ、大きな円錐形の実をつけている。同じ属のさまざまな種に所属する低木が地面を覆い、大きな森の下生えを形成している。この絵の前景の中央近くには、節のある短い幹と葉の特異な形によって、ザミテス・ウンドゥラトゥス〈Zamites undulatus〉と知ることのできる植物がある。右端では、タコノキ科の数本の木が、根の風変わりな配置と、枝の先端を飾る葉の美しさによって、この時代の植生の相貌に明確な特徴を与えている。葉も根もこれまで化石の状態では発見されていないが、球形の実（ポドカリア・バックランディ〈Podocaria Bucklandi〉）だけから、この植物の全体の形状はきわめて正確に突きとめられている。優美なシダであるキアテイテス・オプトゥシフォリウス〈Cyatheites obtusifolius〉、キアテイテス・アクティフォリウス〈Cyatheites acutifolius〉、ペコプテリスなどが、地面をと

→ p.118

図50 『ウーライト期［ジュラ紀］』。フランツ・ウンガー『原始の世界』(1851) より。

ころどころ覆ったり，割れた岩の裂け目に姿を現わしていたりする。その中で最も人目を引く種〈ヘミテリテス・スハウウィイ〈Hemitelites Schouwii〉〉が，前景のプテロフィルムの下で美しい葉を誇示している。まめったに発見されない，スフェノプテリスとヒメノフィリテスのもっと小さな種も見逃してはならない。左手で水平線まで続いている遠くの陸地も，ソテツ，シダ，タコノキからなる同様の茂みに覆われている。絵の右手の堤の端に生えている植物，もっと近くから観察すれば容易に見分けられるはずの植物を参照することで確信できるように，その茂みにはツイテス属〈Thuites, ヒノキ科〉の球果植物が混ざっている。ポリプが残した堆積物の上に認められる木は，プテロフィルムの類ではなく，数種のヤシである。化石の状態で発見されるその実は，この木がウーライト期に存在したことを疑問の余地なく証明している。

　植生の見慣れない外観に大いに興味を引かれたのであれば，この時代の陸と海に住んでいた動物の形態を，どれほどの驚きをもって見ることだろう。アエシュナ・ロンギオラタ〈Aeschna longiolata, ヤンマの一種〉のようないくつかの大型の昆虫を除けば，それらは主に水陸両生の動物からなっていた。砂州の上に乗り上げ，軟泥と海草に覆われた，現代の両生類に似たイクチオサウルス・プラティオドン〈Ichthyosaurus platyodon〉の巨大な遺骸は，それが骨格になっていようとほぼ自然の状態で残されていようと，強烈な印象をもたらす。入江のもっと遠くには，ひれをもつもう一つの水陸両生動物である長頸のプレシオサウルス，すなわちプレシオサウルス・ドリコデイルス〈Plesiosaurus dolichodeirus〉が，空中には風変わりなプテロダクティルスが観察される。後者の異様な形態は，人間の想像力が「空飛ぶ竜」の名のもとに作りだした怪物を彷彿させるであろう。

　　　　　　　　　フランツ・ウンガー『原始の世界』(1851)

テキスト41

　太古の世界の最も大きな恐るべき怪物たちが住む森に覆われた，小さな湿潤な島々。これまでに行なわれた科学的調査から判断すれば，この時期の累層が画家に提供する光景はこのようなものである［図51］。湿った蒸気と炭酸ガスに満たされた大気は，水陸両生の種族の驚くべき繁殖にとって，シダ，ソテツ，球果植物，およびある種の単子葉植物の成長にとってと同様好都合であった。

　このような科学的資料にもとづいて，われわれは読者を，神秘的な静寂を破るのは滝の水が砕ける一様な音と，縄張り争いをする怪物たちの荒い息遣いや咆哮だけという，森の薄明の中へ案内しよう。暖かく蒸気に満ちた大気が，観察者から少し離れた所にあるすべてのものを薄いヴェールで包んでいる。まっすぐな茎の木生シダが裸のポートランド岩〈石灰岩の一種〉の上に位置し，ザミオストロブス・クラスス〈Zamiostrobus crassus〉やプテロフィルム・フンボルティアヌム〈Pterophyllum Humboldtianum〉のようなソテツ類が，ペコプテリス，アレトプテリス，スフェノプテリス〈いずれもシダ類やシダ種子類植物の葉に与えられた形態属名〉からなる茂みの上に立っている。茂みを構成するものの中で最も大きく美しいのが，ネウロプテリス・ハットニ〈Neuropteris Huttoni, シダ種子類〉である。これまで名前を挙げてきた植物に，単子葉植物という大きな集団の画趣に富む見本を提供する，一本の木を付け加えてもよいだろう。それがこの時代まであまり知られていなかったクラトラリア・ライエリイ〈Clathraria Lyellii〉である。その幹の基部は，プテロフィルム・シャウムブルゲンセ〈Pterophyllum Schaumburgense〉の可憐な葉に丸く囲まれている。シダに加え，華奢な種類のソテツが岩を覆ったり，木の幹に巻きついて新しい活力を与えたりしている。この森のもの悲しい雰囲気はその住人の奇妙な本性によって増幅されており，なかでは骨質のとさかをもつ巨大なイグアノドンと奇怪なヒラエオサウルス〈Hylaeosaurus〉が顕著な位置を占めている。残念ながらこれらの動物については，わずかな数の骨と歯と顎の断片しか発見されていないので，復元作業の大部分は想像力に頼らなければならなかったが，今後そのようなものの助力を仰ぐ機会は徐々に減るだろう。新たな発見がなされれば，この奇妙な生物の相貌を近似的に推測したり，正確に突きとめたりする際の困難は減少するに違いないのである。

　　　　　　　　　フランツ・ウンガー『原始の世界』(1851)

図51 『ウィールド期[白亜紀前期]』。フランツ・ウンガー『原始の世界』(1851) より。

り正確である。なによりもそれは生態学的に見て説得力がある。三頭の怪物はマーティンの黙示録的光景におけるように，共食いのために互いに引き裂こうとしているのではなく，つがう相手をはさんで神経戦を闘っているように見える。見上げたことにウンガーは，ともかくこれらの爬虫類は非常に乏しい遺骸から復元されたこと，将来の発見がその形姿を変更するかもしれないことを指摘している[7]。

第一〇の光景（図52, テキスト42）は，ヨーロッパで最も広く分布している累層の一つ，独特の白い石灰岩であるチョークの時代を表わしている。それが明らかに海成層であるという事実は，ウンガーとクヴァセクを，ムッシェルカルク期のとき（図48）と同じ絵画的問題に直面させた。植物は海岸の岩に危うげにしがみついている。まだ木生シダやソテツ類が存在するとはいえ，いまやそれらに球果植物，ヤシ，さらには最初の双子葉植物が加わったため，植生は現在の姿によりいっそう近づいている。それに対し海の生命は，豊富なチョーク化石によって知られていたにもかかわらず，岸に投げ上げられた一握りの軟体動物の殻によって描かれているにすぎない。脊椎動物は最初の真の鳥によって代表させられている。ムッシェルカルク期の光景のわびしい月光に代わり，ここではウンガーは暴風雨に打たれた光景をクヴァセクに描かせることにより，海を主体とした光景に対する嫌悪を暗示しているのであろう。

第一一の光景（図53, テキスト43）は，この連作を第三紀の前半，キュヴィエのモンマルトルの哺乳類の時代，より正確にいえばパリ周辺に広がる粗粒海成石灰岩の時代へ移行させる。気候はまだ少なくとも亜熱帯的であるとはいえ，ウンガーの世界はついに海ばかりでなく広い陸地を有するようになった。植生は球果植物やヤシ，とりわけ双子葉樹木を備え完全に現代的なものになった。それはきわめて現在のものに近いので，これまでの時代とは異なり，ウンガーはこの世界は人間が居住するのにほぼ適していると判断した。前景のカメと一羽の渉禽

テキスト42

広大な白亜紀の海を騒がせていた嵐はいまやほとんど止んだ。遠くでだけ，雷雨がまだ勢力を保っている。以前より穏やかになった稲妻が，ときおり黒雲を照らすが，壁の形をしたチョークの岩に射す沈む太陽の光線も，その雲を追い払うことはできないでいる。ここ［図52］にはスイスのジュラ渓谷の外観が現在われわれに示すような，小島の岩の間を水の流れる大きな湾が描かれている。わずかな植物が，それほど傷つけられていない湿った岸辺に身を落ち着けたり，ずたずたにされた残骸を海に委ねたりしており，海はそれらをこの時代の記念碑として，形成過程にある砂の層（角砂岩）の中に隠してきた。ソテツとシダは以前より数が少ない。その代わり，新たなヤシの木，球果植物，そしてもっと注目すべき双子葉植物の最初期の形態が見えている。それらをもっと詳しく吟味してみよう。この風景の中で最も立派な外観を呈している木は，どれほど高い波もその頂点に達することができない石灰岩から生えている集団である。それらは植物界における位置がまだ確定されていない，クレドネリア属に所属している。多くの小さな葉脈が交差した，三つの主脈をもつこの木の大きな葉は，サイズの違いだけが種の相違を構成するこの属の顕著な特徴である。われわれの目の前にあるのは，最も大きくよく目立つ葉をつけるクレドネリア・スプトリロバ〈Crednderia subtriloba〉である。前景のもっと右手にある第二の双子葉植物は葉がヤナギに似ており，それがサリキテス・ペツェルディアヌス〈Salicites Petzeldianus〉である。中央には，現在のカマエロプス〈Chamaerops，ヤシ科のチャボトウジュロ〉の葉に似た葉をつけ，したがってフラベラリア・カマエロピフォリア〈Flabellaria chamaeropifolia, キントラノオ科〉と呼ばれるまっすぐな茎のヤシの木が立っている。嵐に引き裂かれた，同じ科に属する幹が後景に見える。

最後に，対岸には，葉の冠だけをつけた，細く優美な小木が数本あることに気づかされる。それらは白亜紀にもまだ生存していた樹木状のシダ（プロトプテリス・シンゲリ〈Protopteris Singeri〉）である。また絵の反対側には球果植物の小さな森が見えるが，その植物はクニングハミア〈Cunninghamia，スギ科コウヨウザン属〉やダマラ〈Damara〉に似た木（クニングハミテス・オクシケドルス

→ p.122

図52 『チョーク期［白亜紀後期］』。フランツ・ウンガー『原始の世界』(1851) より。

類，後景のアホウドリに似た鳥とパレオテリウムの群が動物界を代表している。ウンガーも説明しているように，この光景は平穏でアルカディア的である。

第一二の光景（図54，テキスト44）は，この光景が明瞭に設定されている，現在は中央ヨーロッパとなっている場所において，「褐炭」と呼ばれる重要な堆積物が形成された第三紀の後半を表わしている。前景の湿地は，のちに褐炭に変化する泥炭の堆積を暗示し，後景の火山はこの時代の火山岩にもとづいている。気候はいまや現在のアメリカ合衆国南部やメキシコの一部の気候のように，やや暑めではあるが温暖である。植生は多くの見なれた樹木をもち，完全に現代的である。ウンガーはいくぶん弁解気味に，彼の光景は動物界を，その重要さに見合うほど完全な形では描いていないと述べている。だが彼は前景の池の中のいくつかの両生類，もっと遠くのマストドン，上空のツルに似た鳥は示している。これはカウプのディノテリウム（図30）の時代とほぼ同時代を描いているにもかかわらず，ウンガーは意外なことにこの人目を引く有名な化石を利用し損なっている。

最後から二番目の第一三の光景（図55，テキスト45）は，スイスの動物学者ルイ・アガシ（1807-73）がその頃「氷河時代」と名づけた時代を表現している[8]。だが他の多くの科学者と同様に，ウンガーは「氷河説」の穏健な解釈だけを採用している。地上の生命は，アガシが主張したようなほぼ全地球的な氷床によって，ほとんど壊滅させられたのではない。高い山脈が隆起するとその山腹に氷河が作られるほど，気候が寒冷化しただけである。直前の光景と同様に，この光景は特定の場所に，すなわち今回はアルプスの北縁に置かれている。景観の点ではないが気候の点では，ウンガーはこの光景をケナガマンモスの有名な冷凍遺骸が発見された，北シベリアのレナ川近くのツンドラにも似せている。

当時のほとんどの地質学者と同様に，ウンガーはアルプスの隆起，

→ p.128

〈Cunninghamites oxycedrus〉，ダマリテス・アルベンス〈Damarites albens〉）と考えてよいだろう。

嵐によってふくれあがった波が岸辺を洗い，そこに海草や有殻類のほかに，木，葉，枝の残骸を堆積する。有殻類の中では，主としてアンモニテス・ロドマゲンシス〈Ammonites rhodomagensis，アンモナイトの一種〉，オストレア・カリナタ〈Ostrea carinata，カキの一種〉，ロステラリア・ペスペリカニ〈Rostellaria Pes-Pelicani，腹足類に属す〉が認められる。また海からもっと離れたところに，ほとんど水没した二つの貝類があり，一つはペクテン・クアドリコスタトゥス〈Pecten quadricostatus，イタヤガイの一種〉に，もう一つはカルディウム・ヒラヌム〈Cardium Hillanum，ザルガイの一種〉に似ている。大きなイノケラムス・ミティロイデス〈Inoceramus mytiloides，イノケラムスはジュラ・白亜紀に栄えた海生二枚貝の一属〉も，海辺の植物と海草の間の岩に生息している。ここでは空の最初の住人，アホウドリに似たキモリオルニス〈Cimoliornis〉を目にすることができる。ヒバリ程度の大きさの鳥プロトルニス〈Protornis〉は，小さすぎてここには描けなかった。
フランツ・ウンガー『原始の世界』（1851）

🔖 テキスト43

いまや陸地の面積は増大し，いくつかの島が結合して一つの大きな地域を形成した。この図版［図53］は，始新世のある大陸の内部へとわれわれを運んでくれる。しかし少し以前には，海はほぼ全地球を覆い尽くし，植物が育つ場所をほとんど残さなかった。それでもここでわれわれは，現在の熱帯の典型的な風景となりうる，植物の盛んな成長と形態の多様さを目にすることができる。われわれの前には山峡があり，広大なサヴァンナから流れてくる水を集めた小川が，そこをゆっくりと蛇行している。嵐に打たれたチョークの岩は，あらゆる種類の草や藪や木に覆われ，そこには人間が将来居住する世界の徴候をすでに認めることができる。図版の中央には，裂片状の葉をもつ大木と，繊細な葉をつけた低木がある。前者は美しいアオイ科に属し，後者はマメ科の植物である。木の幹を螺旋状に登っているツル植物のなかに，ククミテス・ウァリアビリス〈Cucumites variabilis〉に加えてクパ

→ p.124

図53 『始新世（パリの粗粒石灰岩期）』。
フランツ・ウンガー『原始の世界』(1851)
より。

ノイデス〈Cupanoides〉の化石種が観察されるであろう。
　前景の左手に，イトスギ属（クプレッシテス〈Cupressites〉）の美しい球果植物が数本ある。右手には，パルマキテス・エキナトゥス〈Palmacites echinatus〉を適切に描いたと思われるヤシの木が見える。多くのヤシの木の背の高いまっすぐな幹がこの風景を飾っている。それらはフラベラリア・パリシエンシス〈Flabellaria parisiensis〉の化石遺骸と，数種のブルティニア〈Burtinia〉に合致している。最後に，小川の静かな水面は，ヒシ科とヒルムシロ科のいくつかの植物や，ニムファエア・アレッサエ〈Nymphaea Arethusae, スイレン属の一種〉の華麗な花と円形の葉によって装飾されている。このような植物の陰でカメ（スッポン属）が休息している。この地域のアルカディア的平穏を乱すものは何もない。空を舞う大型のワシにも，川岸で休らうズグロコウ〈コウノトリ科の一属〉にも，また湿潤な谷の草地に引きこもり，この原始の生命の光景をさらに活気づけているパレオテリウムの大きな群にさえも乱せはしない。
　　　　　　　　　　　フランツ・ウンガー『原始の世界』(1851)

❦テキスト44
　直前の時代の熱帯的光景はいまや温帯的光景に席を譲った。だがここで［図54］目にする大型のヤシの木と草食性の厚皮動物は，この景観と以前の景観との類似点を構成している。それでも山や谷，森や平原，およびその住人たちは，以前より奇妙さは減り，われわれにはなかば親しいものであるように感じられる。実際に遠くに見える中級山岳の玄武岩ドームは，形と活動の点で現在の火山によく似ている。それらはヨーロッパ中央を横切る山脈の表現としても通用するだろう。というのも陸地の発達のこの局面に立ち会ったのは，まさに地球のその部分だったからである。山と巨大な湿地の泥炭層がその特徴を現在まで保持しているとするなら，この重要な段階を活気づけていた動植物界についても事情はおおよそ同じでなければならない。柔らかな大気，明るい空，そして豊富な水に恵まれた，まだ高い山脈に区切られていない大陸の全表面は，炭層を形成した植物以来最も繁茂した植物を，徐々に身にまとうようになった。現在と同様その当時も，小高い平原や大きな渓谷では，森の木の影に包まれた泥炭層が大量の植物物質を蓄積し，それがこの時代の大部分の地層を形成しており，われわれはそれを褐炭や石炭という名前で使用しているのである。この図版では，われわれは木々の向こうに，大河が形成した湖を取り囲む広大な平原を目にする。川が水浸しにした叢林を除けば，視界をさえぎる密生した植物は存在しない。前景にはアシ（クルミテス・アノマルス〈Culmites anomalus〉）に縁取られたよどんだ池がある。左手には，枝が地面にまで垂れ下がった，古色蒼然とした木で構成された森への一風変わった入口が見える。死の床を見守る安らぎの天使のように，青々としたスミラキテス〈Smilacites〉の種がこれら古木を抱きしめるがごとくまといつき，それらに新たな生命を付与している。木の外観からは，さまざまな種類のカエデ，クリ，ハンノキが，頂部を覆う葉の房からは，多数のファエニキテス〈Phaenicites〉やフラベラリアが容易に見分けられる。中新世の植物相の特色と現在のそれとを全体として比較してみると，前者を特徴づけていた草木と，北アメリカ南部やメキシコのそれとの類似に驚かされるであろう。植物の場合ほど顕著ではないが，同様の類似が大小の動物にも認められる。本書の風景では，動物界はその相対的重要性を常に保持しているわけではないことは理解していただけると思う。それでもこの時代の特徴は，湿地のアシ（パラエオフリネ・ゲスネリ〈Palaeophryne Gesneri〉）の間に隠れている巨大なサンショウウオ（アンドリアス・ショイヒツェリ〈Andrias Scheuchzeri〉）や，藪の中に見つけたマストドンから早足で逃げているドルカテリウム・ナウイ〈Dorcatherium Naui, マメジカ科の一種〉や，遠景に動きを与えているコウノトリに似た鳥によってかなりよく表現されている。
　　　　　　　　　　　フランツ・ウンガー『原始の世界』(1851)

図54 『中新世（褐炭期）』。フランツ・ウンガー『原始の世界』(1851) より。

4 最初の連続的光景　125

✍ テキスト 45

　第三紀の間に，熱帯的・亜熱帯的風景へと徐々に変化していた温暖で恵まれた気候の光景は，突如消滅してより苛酷な景観に席を譲った。たしかに温暖な気候は当時も地球上に存在したが，赤道地帯に限定されていた。地球の他の地域はまったく異なった性格をもっていた。気候が違えば必然的に植生は異なる。以前の図版が地表のすべての部分に無差別に適用できたのに対し，この図版は温暖な気候帯から遠く離れた，限られた地域の景観をわれわれに示す。そこでもこの地域に住んでいた多数の動物を養うに足る，豊かな植物がまだ繁茂していた。われわれの目の前にある図版［図55］は，ごつごつした高山がそびえるようになったばかりの，アルプスの北に位置するヨーロッパの内陸の一部分を描いている。だがそれはオビ川やレナ川の河口の外観を，かなり忠実に表現しているともいえるであろう。この時期の光景の主な魅力は，大気，大地，水，動植物界のどれをとっても，著しい対照が見られるということにある。それは調和のとれた力強い作用によって，自然の優美と力に対する二重の賛嘆の念をわれわれの心の中に引き起こす。その効果を作りだすために，われわれがこれまでに見たどんな山より高いこれらの山が，大いに貢献していることは間違いない。

　これは古い世界に取って代わった新しい世界であり，多様な形態の混淆だけでなく，その広がりによっても優位にあることを主張している。陸地が驚くほど拡大したこの時期には，熱の全体的配分がかなりの変化をこうむり，したがってまったく異なった種類の外観が作られたと思われる。そうしたものの中で最も重要な，風景の性格に多大の影響を及ぼした事柄は，水が固体の塊に初めて変貌したことである。高山の山頂でこのような変化が進行している間に，大気中の蒸気がすぐに大量に供給されたため，非常に増大した氷は谷に下り，図版の左手にその一つが見えるような氷河を形成した。氷は誕生した場所から勢いよく下降し，下降するときの力によって傷つけた岩の間に横たわっている。別の場所では氷壁が谷を塞ぎ，水の流れを止め，こうして大小の湖を形成する。しばらくすると湖は決壊し，平原と深い谷を水浸しにする。そして渓谷を巨大な漂着物によって，また割れ目と地下の洞窟を洪積軟泥によって満たす。この混乱と同時期に，北の地方に特有の樹木からなる強壮な植生が確立した。それが多くの動物の群が住む，球果植物，オーク，ブナなどの森である。動物については，この風景は一方ではボス・プリスクス〈Bos priscus, オーロックス〉の大きな群，他方では洞穴に住むのでホラアナグマ（ウルスス・スペラエウス〈Ursus spelaeus〉）と呼ばれる獰猛な動物にわれわれの注意を向けさせながら，おおよその観念を与えてくれている。後者は自分よりずっと強いが，あまりの重量のため闘いにおいては敗者となってしまうマンモス，すなわちエレファス・プリミゲニウス〈Elephas primigenius〉の遺体をむさぼり食っている。数羽のハゲワシ類の鳥がこの猛獣のご馳走を分けてもらいたがっているように見えるが，その獣の凶暴さが鳥を遠くへ追いやり，自分の食糧を守る役目を果たしている。

フランツ・ウンガー『原始の世界』(1851)

図55 『洪積期［更新世］』。フランツ・ウンガー『原始の世界』（1851）より。

したがって氷河の形成も，地質学的には突然の出来事であったと考えていた。しかしこのことは彼の復元に大きな影響を与えていない。きわめて重要なのは，たとえウンガーがこの光景の表題として「洪積期」という用語を用いていたとしても，広範囲の――いわんや世界的規模の――大洪水はまったく問題になっていないということである。ずっと以前からドイツ語圏の地質学者の間では，「洪積層」はかつてある種の大洪水に起因すると（たとえばバックランドによって）考えられた，独特の堆積物をさす専門用語にすぎなくなっていた。その堆積物が氷河起源と見なされるようになったあとでさえ，この用語は使用され続けた。ウンガーは他の者と同様に，その堆積物を氷にせき止められていた氷湖が決壊して起きた，もっぱら局所的な突然の洪水によって説明している。

亜北極的な，少なくともアルプス的な気候に関連して，森林はいまや球果植物，オーク，ブナからなっている。またオーロックス（絶滅した野牛）の群が氷湖の縁で草を食んでいる。しかしこの光景は，巣の外にでて，マンモスの遺骸を食しているホラアナグマに支配されている。ここでも光景の生態学的一貫性は印象的である。だが同時に注目すべきなのは，これはまだ人類以前の世界だということである。ウンガーがテキストを作成している頃，「人間の古さ」の問題はヨーロッパの別の場所で活発に議論されていた。だが一般的見解は，氷河期のものと確信することができるどんな堆積物の中にも，本物であることが証明された人類化石や，人類が存在した他の信頼できる証拠は認められないというものであった[9]。

一四番目の最後の光景（図56，テキスト46）は，「現在の世界」を描いたとされている。しかしその表題には奇妙な誤りが含まれている。実際にはその光景は，やっと世界の舞台に登場した最初の人類についてのものである。それが「現在」であるのは，そこに人類が存在し，したがってこれまでの一三の光景で描かれた，人類以前の「原始の世

テキスト46

創造の最も美しい日がついに訪れた。汚れのない晴れわたった空に太陽が現われ，地上にその光を投げかけた。大地は多くの衝撃と変動のあと，ついに安息の状態を迎えた［図56］。嵐雲に覆われた空の重苦しい，息の詰まるような大気は，春の甘美で新鮮な空気に席を譲った。大地は以前吐きだしていたような，有毒の蒸気を発散することをやめた。平穏になった地球を脅かす破壊的な変動は何一つ存在しなかった。陸地や海岸，谷や山には，正確な永続する輪郭が与えられた。最後に，長い間戦ってきたすべての敵対する力の間に平和が打ち立てられ，それらは頂点をなす最後の創造行為をともに見守るため，いまや和解したように思われる。長い年月にわたり，創造の力は多くの種類の動植物を生成することに行使されてきた。それらは常に単純なものから複雑なものへ，大ざっぱに作られた塊からより高貴な存在へと進んできた。何千という被造物が生命を付与されたものの，すべては最後に完成された作品に限りなく劣っていた。いまや全能の「主人」の最も高貴な被造物である人間が出現し，その意図は人間の中に宇宙の思想を蘇らせることにあった。

こうして人間は最も多様な存在の間に登場した。人間についてのみ，「言葉が肉となった」と初めていうことができるであろう。

「実をいえば，人間を生みだすために竜の歯の不思議な播種は必要なかった。人間の生命の萌芽は時の始まりから存在しており，その成長のためには指定された時が来るのを待つだけでよかった。自然のまどろみから目覚めたとき，人間は歓喜して自分自身に思いをめぐらせ，周囲の美を見つめて生存の目的を理解した」。

われわれの風景の中に描かれているのはこの瞬間の人間である。すべての自然が人間に従おうとしているように見える。歴史家はまだ人間が誕生した場所を正確に知るには至っていない。したがってわれわれはその楽園の外観を忠実に模写する代わりに，それを創作せざるを得なかった。最も晴朗な空と最も豊饒な気候が作りだす景観の，すべての魅力に飾られたその生誕の地は，ここでは理想化されている。ブロメリア〈パイナップル科〉，有用なバナナ，優美なつくりのヤシの木が，滋養になる果実を新参者に提供するが，彼はまだ自分の領地の秘密を

図56 『現在の世界の時期』。フランツ・ウンガー『原始の世界』(1851)より。

理解していない。新しい食物，他の住居，他の生活様式を大地から得ようとしながら，自然や自分自身との闘いを始めるまでは──波乱に満ちた歴史を開始させるまでは。
フランツ・ウンガー『原始の世界』(1851)

界」とは異なるという意味においてであるにすぎない。それは以前の光景で描写されていた，計り知れないほど長い太古の期間と，さまざまな深遠なる歴史の時期の頂点をなしてもいる。絵画的には，ウンガーの世界は最後まで植物によって，とりわけ絵の中央に目立つように置かれた木によって支配されている。しかしテキストにおいては，その世界はいまや人間の存在によって支配されており，それが彼の最も華麗な散文のいくつかを呼び起こすことになった。多くの同時代人にとってと同様ウンガーにとっても，生命の全歴史は人間を迎える世界を徐々に準備するための長い物語である。第四福音書を引用（だが誤用）しながら，ウンガーがそのアダムの似姿を世界のロゴス，ついに肉となった言葉とするのもいわれのないことではない。

　それでもウンガーは，この絵画的復元の基盤になる証拠がまったく存在しないことを認めなければならず，したがって「それを創作せざるを得なかった」。だが実際には，クヴァセクはエデンの園とその世俗的な等価物アルカディアを描く長い芸術的伝統の中に，多くの先例をもっていた。ここにあるのはまさしく，中央に「生命の樹」が植えられたエデンの園の光景である。原始の裸の状態にある人間の家族は，エデンの原型と完全に対応しているわけではないが，類似は明らかである。この人間はまぎれもなく白人で，ヨーロッパ人で，文明人である。自然界全体と彼らとの本質的な相違は，彼らの体にはっきりとした輪郭がつけられていることによって強調されているように思われる。

　同時にこれは人間が必要とするものは何一つ欠けていない，アルカディアの光景である。この男が手にもつのはただの杖であり，いかなる種類の武器でもない。後景で跳ねまわる数頭のウマだけが野生の自然を暗示し，それさえ人間に利用されるため馴化されることを求めているように見える。神の恩寵を失うという将来の問題に対するほのめかしだけが，ウンガーの注釈の最後にある。すなわちいまや「原始の世界」の長く変化に富んだ歴史が終了し，人間の「自然や自分自身と

の闘い，波乱に満ちた［自身の］歴史」がスタートするのである。

　科学に従事するすべての同業者と同様に，ウンガーは地球とそこに住む生命のこのような漸進的発展が，文字通り想像できないほどの長大な期間にわたって繰り広げられてきたと信じていた。にもかかわらず，19 世紀中葉の最高の科学にもとづいたこの一連の太古の光景と，ショイヒツァーのもの（図1-6）のような，天地創造の「日々」を描いた一連の伝統的光景との大きな類似に変更はなかった。それぞれの時間尺度に見られる相違はほとんど関係がない。特筆すべきは異質のものからなじみのあるものへ，非人間的なものから人間的なものへと変化してきた世界を想像力によって喚起することの類似性，いやむしろ実質的な同一性である。

　ウンガーとクヴァセクによる出版は，太古の光景の歴史においてすこぶる重要であるが，当初の影響は限られたものであった。すでに述べたように，テキストはウンガーの母語であるドイツ語だけでなく，フランス語でも発表されたので，言語の点では世界中のあらゆる立場の科学者にも手の届くものであったろう。だが実際には，造本の豪華さとそれに見合う値段のため，その存在に気づく人間の範囲は狭められたように思われる。出版者を浪費から守る46人の予約購入者のリストは，むろん発行部数の下限を示すにすぎないが，印刷された部数がかなり少なかったことも示唆している[10]。

　だがたとえそうであっても，そのリストはこの作品が出版直後にどの方面に配布されたかを教えてくれる。たとえば予約購入者には，ドイツ語圏ではベルン，ドレスデン，ギーセン，テュービンゲン，ウィーン，ドイツ語圏外ではエディンバラ，ジュネーヴ，ハーヴァード，ライデン，パドヴァなどの大学人科学者が含まれていた。この本はウィーンやサンクト・ペテルブルグの科学アカデミー，ロンドンやミュンヘンの書籍商のもとに届いていた。この著作はザクセン王をはじめとする，王侯貴族や聖職者からなる庇護者の書庫をも飾った。フランス人

は奇妙なことにリストに載っておらず，英語国民はスコットランド人のデイヴィッド・ブルースター〈1781-1868，物理学者〉と，アメリカ人のエイサ・グレイ〈1810-88，植物学者〉だけが挙げられているが，中央ヨーロッパのドイツ語圏はよく網羅されている．要するにこの著作は，少なくとも選ばれた数の適任者の手には確かに渡っていたのである．

クヴァセクがウンガーのために描いた見事な一連の光景は，トリマーやレイノルズの構図という小さな例外を除けば，自然界の時間的発展を暗示するために太古の光景を使用した最初のものであったため，一章全体をそれに当てる必要があった．あからさまに聖書に言及している，連作の頂点をなす最後の光景のエデン的色合いは，ウンガーの作品の中に，聖書挿絵の伝統が新ジャンルへ決定的に同化したありさまを見ることも，あながち非現実的ではないことを示唆している．すでに述べたように，ウンガーが当時の地質学者たちから借用した長大な（量は決められないが）時間尺度と，古い伝統の（ショイヒツァーの作品が例示するような）非常に短い時間尺度との相違は，原初の時代から人間の世界への目的をもった発展という両者に共通する観念に比べれば，歴史的にはさほど重要ではない．

ウンガーの作品が出版される頃までに，「発展」という言葉は，「生物変移説」や現代の科学者が「進化」と呼ぶものの同義語として，一般に用いられるようになっていた．そこでウンガーのものような一連の光景が，この頃「宙に漂っていた」多くの進化論的思弁のいずれに対しても，基本的に中立であったことを指摘しておくのは重要である．ウンガー自身は他の多くのナチュラリストと同様に，地球の歴史の進展にともない，ある種の自然的過程が生命世界を多様なものにしたと信じていたようである．だがイギリスのナチュラリスト，チャールズ・ダーウィン（1809-82）がその頃ひそかに定式化しつつあった，

独特な理論の唯物論的含意は歓迎しなかったであろう。

　もう一つ別の特徴が，ウンガーの作品を，太古の光景の歴史における重要な里程標にもしている。最初の真の光景，すなわちデ・ラ・ビーチの『太古のドーセット』は，たまたますぐれたアマチュア画家であった科学者によって描かれていた。それに対しのちの著述家たちは，風景画家や挿絵画家であることが多いプロの画家に，指示を与えて絵を描いてもらうのが通例だった。だがその画家の多大な功績を公然と認める者は——トリマーとむろんマンテルを除けば——ほんのわずかであった。しかしウンガーの作品では，画家のクヴァセクは初めて卓越した場所を与えられ，その光景が成功したのは彼に負うところが大であると評価されたのである。科学研究において通常は「不可視の」職人や技術者が，少なくともここでははっきりと目に見えるものになっている[11]。

5
怪物たちを飼い慣らす

　　　　科学の面ではウンガーの指導を仰いで制作されたクヴァセクの華麗な石版画は，変転きわまりない，分化された「原始の世界」の驚くべき景観を表現していた。だが彼らの作品の流通は限られていたため，続く数年のうちに発表された多くの光景は，その構想をまだほとんど採用していなかった。実際に地質学に関する大部分の大衆書は，人類以前の自然界全体を代表するとされるライアス期の爬虫類を中心に置いた，いまやほぼ必須となった単一の光景を表示し続けた。その型のものを説明するには二つの例だけで充分であろう。

　W・F・A・ツィマーマン——ドイツの作家W・F・フォリナーのペンネーム——の『原始の世界の驚異』(1855)は，ドイツ語とフランス語の双方で版を重ねた，すこぶる人気を博した作品である。予想通り「原始の世界」と題されたその口絵は，ジュラ紀植物のいつも通りの見本を背景に，いつも通りの戦う爬虫類を提示している（図57）。いくつかの爬虫類は，マーティンがリチャードソンのために描いた光景（図37）から借りてきたように見えるが，他方でプテロダクティルスはコウモリに似た姿に変えられ——改悪され——ている。この本の別の場所には，いまやライアス期の爬虫類と同じくほとんど「必需品」になっていた，マンモスや「アイルランドヘラジカ」のような動物の

復元骨格や体の輪郭の図はあるものの,口絵だけが真の太古の光景である。口絵によって強調することが意図されていた,この本が伝えようとする全体的メッセージは,人類以前の地球の歴史の長大さという,すでに定型化された「驚異」であった（テキスト47）[1]。

構図がもっと興味深いのは,「学校と個人の読者に利用される」ことを目的とする,『科学における神学』(1860) と題された,他の点では独創性のないヴィクトリア朝自然神学の編纂物につけられた小さな口絵である。作者はケンブリッジの聖職についた「ドン」であり,多くの教科書や参考書をものしていたエベニーザ・コバム・ブルーワー (1810-97) で,彼はのちに著わした,「ブルーワーの」と呼ばれる『故事成語大辞典』(1870) によって最も著名である。非常に広範囲の科学を扱う書物において,ブルーワーが口絵のために地質学に関する絵を選んだことは,いかにもこの時代にふさわしい。その絵は太古の光景と,その光景を推測する源になった地層の断面図を巧妙に結びつけ,間を非成層の玄武岩と花崗岩からなる慣例的な障壁によって隔てている（図58）。いつものように,この光景はおそらく間接的にではあろうが,主としてデ・ラ・ビーチのライアス期の爬虫類にもとづいている[2]。

同年,もう一つのイギリスの大衆書の中の光景が,太古における連続を示唆することによってこの標準的な型を打ち破った。その構図はレイノルズの連続的パノラマ（図42）より,トリマーの分離した光景の積み重ね（図39）を思い起こさせるが,それが示そうとしているテーマはトリマーの実用的地質学よりはるかに散文的ではなく,レイノルズの当たりさわりのない自然神学よりはるかに慣習的ではない。その絵はイザベラ・ダンカンの『アダム以前の人間』(1860) と題された書物を飾る,折り込みページの大型の図版であった。著者は現在では無名だが,当時この書は明らかに無名ではなかった。2年のうちに4版にまで達したのだから。

テキスト47
だが地質学の基盤は何だろうか。われわれが足下に踏む砂と石である。それでも人は原始の世界の古記録を集め,その巨大な宝から地球のさまざまな時期と動植物の各世代について,実証的かつ明確な歴史を引きだすことに成功してきた。その歴史が扱う時代は太古にまでさかのぼるので,それに比べれば人類の時代は単なるゼロであり,その時代を千倍しても世界の古さに比較すれば取るに足りないものであろう。
W・F・A・ツィマーマン『原始の世界の驚異』(1855)

図57 『原始の世界』。W・F・A・ツィマーマンという筆名で発表された，W・F・フォリナー『原始の世界の驚異』(1855) の口絵。

ダンカンの構図（図59，テキスト48）の最も下にある最古の層は，二次岩層全体から産出するいつも通りの爬虫類（およびオーウェンの両生類ラビリントドン）を提示している。第二の光景もキュヴィエの始新世の種族から，もっとずっと新しいマンモスや「アイルランドヘラジカ」まで，第三紀哺乳類をすべてひとまとめにしている。ダンカンのいうこの二つの「壇」を分ける境界はさほど明確ではないので——トカゲに似たイグアノドンが第二紀から第三紀の中へ鼻面を突きだしている——この点ではレイノルズのパノラマの連続性と同様の効果が生じている。だが第三の光景は，ダンカンがアガシの「氷河時代」説を完全な形で採用したことを明示する。そこに描かれた生物のいない氷結した世界は，太古の世界とこんにちの世界とを分ける絶対の障壁をなしている。一番上の第四の光景は，種々の現生動物をともなった現在の世界を表現している。はるか彼方に見える古代エジプトのピラミッドが，すでに人間が存在することを暗示している。

この構図は全体として，生命の歴史には少なくともいくつかの連続的局面が存在したことを，きわめて効果的に印象づける。それは「われらが老いたる惑星とその住人についての物語」——この書の副題——を，連続する章をもつ物語として明瞭に描いている。しかし挿絵だけからではほとんど推測することができないのは，この地質学的歴史のすべてが，イザアク・ド・ラ・ペレールの悪名高い本『アダム以前の人間』(1655) において初めて大衆化された，17世紀の「アダム以前の人間」論を復活させるために展開されていることである[3]。ダンカンは地質学的研究によって明らかにされた，太古の世界を支配していた「アダム以前の人間」の世界から，現代人あるいは「アダムの子孫」——古代エジプト人とそのピラミッドを超えてアダム自身にまでさかのぼる——の世界を切り離すために，「氷河時代」による完全な断絶を利用した。彼女の考えでは，そのような初期の人類は存在の痕跡を，古い川砂利の中で絶滅哺乳類の骨とともに発見される，フリ

テキスト48
図版の説明
多くの読者はここに描かれた復元図に慣れていないと思われるので，わたしはその形姿がここに紹介されている前代の特異な生物の説明に，数頁を費やすのが適当であろうと考えた。われわれの画家は，三つの多産な時期の動物相を構成する主要な動物を描き，読者がそれらのさまざまな特徴を互いに比較できるようにした。最も下の壇が第二紀，真ん中を占める壇が第三紀，そして最も上の壇がわれわれの時代である。ある程度の連続性はほのめかされているものの，はじめの二つの時代双方に属していた動物を，区別する試みはなされていない。また画家が第三紀とわれわれの時代の間に，地球の歴史における特異な危機を明示しようとしたことには注意しておこう。そのとき破壊的な氷河の作用が地球を襲い，動植物界双方の生命に突然の終焉をもたらしたと考えられている——その危機は，われわれの「アダム以前の人間」説においてやや顕著な位置を占めている。
イザベラ・ダンカン『アダム以前の人間』(1860)

図58 『岩石と大洪水以前の動物』。エベニーザ・ブルーワー『科学における神学』(1860) の口絵。

図59 第三紀の哺乳類と第二紀の爬虫類が住む「アダム以前の」世界（下）から、生物のいない氷河時代によって隔てられた、新しい「アダム以後の」世界（上）のパノラマ。イザベラ・ダンカン『アダム以前の人間』(1860) の中の W・R・ウッズによる石版画。

5　怪物たちを飼い慣らす　139

ントの斧の形で残してきた。だが彼らの骨の痕跡はないのだから，ダンカンの推測によれば彼らの体は変質させられ，宇宙のどこか別の領域に運ばれてしまったのである。

　このような理論は奇矯なものに思えるだろうが，いまでもそれは——トマス・ホーキンズのアイデアと同様に——聖書にもとづく宇宙論的思弁という，隆盛を誇る英米のサブカルチャーに属しており，強力な社会的・人種的含意をしばしばともなっている。だが現在の文脈においてダンカンの書が重要なのは，1860年頃までに太古の光景というジャンルがどれほど広く普及していたかだけでなく，生命の歴史のさまざまな解釈のために，このような光景がどれほど万能のものになりうるかもがそこに示されているからである。本章でこれまで挙げてきた光景は，意外なことではないが内容は他の作品に由来している。しかしそれらは確実に，ますます広範な大衆を太古の奇妙な生物のもとへ導いていたのである。

　だが19世紀の文化意識の中に「大洪水以前の怪物たち」が浸透したのは，なによりも，現在でも多くの人々を博物館へ引き寄せる，実物大の三次元復元像が初めて大々的に陳列されたためである。実際にはそれはダンカンの光景が発表される数年前に公開され，彼女が用いた画家はその復元像から広範囲に借用することができた。したがって本書がたどる叙述の道筋は，ここで1850年代初頭に逆戻りしなければならない。

　ロンドンで開かれた1851年の大博覧会——この種のものとしては最初の大規模な国際的催し——が閉幕したとき，ハイド・パークに建てられていた壮大な鉄とガラスの建築物「クリスタル・パレス」は解体され，シドナム郊外に移築された。広い敷地に設置され，営利企業によって管理されたそれは，さまざまな芸術と科学を常時展示する中心施設になるはずであった。クリスタル・パレスはロンドン中心部の混雑した住宅地から，安価な郊外列車によって容易に行くことができ

テキスト49

　1852年9月の最初の週に，わたしには実現可能と思われた，マストドンや他の絶滅動物の模型を作るという約束を実行に移した。これがわたしの企画の趣旨であり，わたしはそれがいかなる種類の先例ももたない，まったく新しく重要なものであることを実感していたので，キュヴィエ男爵の詳細な記述，だがとくにイギリスのキュヴィエたるオーウェン教授の学識豊かな著作を，注意深く熱心に学習することが必要であると判断した。それらの中に，長年の苦労の末に集められた豊富な資料，知識の蓄積を発見し，わたしはその骨のほんの小さな断片でさえわれらが深遠な哲学者たちの研究と調査の対象であった，これら動物の生きているような完全な姿を再現し，それを一般の人々の鑑賞に供することの非常な重要性をさらに痛感した。彼らの著作を注意深く学習することにより，わたしは外科医学校博物館，大英博物館，地質学会などにある化石骨の慎重な測定にもとづいた，予備的デッサンを作る資格を獲得した。このような準備ののち，動物界の最近の現生種に長い間なじんできたため，いま復元しようとしている絶滅種にも当てはめることが可能になった，これら動物の姿勢を決定しながら実物大の6分の1か12分の1の概略模型を制作した。わたしはこの概略模型をすべてオーウェン教授の批判に委ねたが，教授は偉大な知識と深い学殖をもって，あらゆる困難に際しきわめて寛大にわたしを援助してくれた。そもそもわたしが調査・比較した化石を解釈できるようになったのは，教授の著作に照らしてなのであるから，その批判によってわたしは教導・改善され，その深い学殖によって真実を実現することに邁進できたのである。彼の認可と賛同が得られたあと，わたしは概略模型の寸法をもとに実物大の粘土模型を作らせ，それがおおよその形をとると，すべての場合に自分自身の手で，その動物本来の解剖学的細部とさまざまな特徴を確実なものにしたのである。

　このような模型のいくつかは30トンの粘土を含んでおり，その自然誌的特性のため，通常は彫刻家に許される支柱のようなものに頼ることがまったくできなかったので，四肢で支えられねばならなかった。この巨体を支える木も岩も葉もわたしにはなく，自然であるためにはそれは自分の四肢でうまく支持されなければならなかった。

イグアノドンの場合，その立像を構成する材料の量は，長さ9フィート直径7インチの鉄柱4本，煉瓦600，5インチの半円筒形排水タイル650，平瓦900，セメント38樽，割石90樽，総計で人造石640ブッシェル〈1ブッシェルは約36.4リットル〉にもなり，四本柱の家を建てるにも劣らないほどであった。

これらと，100フィートの鉄のたがや，20フィートの立方インチ棒が，鋳造の記録があるものとしては最大であるこの巨大模型の骨，腱，筋肉を構成した。

最後に，このような復元物を信頼に値する正確な教材にしたいという真剣な思いが，わたしに真実と，オーウェン教授の認可および賛同という報酬を，熱心に求めさせたということを付け加えておかねばならない。教授の賛同は幸いにして得られたが，わたしの次の心からなる願いは，このように認可された復元物が，あらゆる芸術部門の視覚教材と協力して，視覚教育の効率と便宜を確立し，クリスタル・パレス社の株主たちにとって，利潤をもたらす多くの源泉の一つになるということである。
ウォーターハウス・ホーキンズ「ロンドン芸術協会における講演」(1854)

たため，人口が急増するロンドンの広範な階層の人々にとって，すぐに人気のある週末の遠足の場所になった[4]。

クリスタル・パレスの敷地内に計画されたアトラクションの中に，ここ数十年間の地質学的研究によって明らかにされた，人目を引く化石動物の等身大の復元像というものがあった。クリスタル・パレス社はその制作を，ロンドンの彫刻家・挿絵画家であるベンジャミン・ウォーターハウス・ホーキンズ（1807-89）に依頼した（以前本書に登場した風変わりな化石収集家トマス・ホーキンズと混同しないように）。この芸術家は科学書の挿絵にはすでに精通していた。若きチャールズ・ダーウィンが非公式のナチュラリストとして乗船した，ビーグル号の航海の成果である爬虫類についての報告（1842-45）の中で，素描を描いていたのは彼であった。クリスタル・パレスでの仕事のために，ホーキンズは「イギリスのキュヴィエ」たる解剖学者リチャード・オーウェンに，科学面での援助を仰いだ。彼らの共同作業はウンガーとクヴァセクの作業と同様に緊密なものになった。オーウェンは動物のもとの形態について自身の考えを詳しく説明した。ホーキンズはオーウェンの賛同が得られるよう縮小模型を作り，次にそれを実物大に拡大する準備をした。クリスタル・パレスの用地に設けられた臨時の広い作業場で，ありふれた材料が大量に使用され，絶滅動物は徐々に巨大な三次元の姿をとり始めた（図60，テキスト49）。

ホーキンズが復元していたすべての動物の中で，イグアノドンはオーウェンの理論にとって特別の意味をもっていた。1841年にプリマスで開かれたイギリス科学振興協会の会合において，オーウェンは二次岩層からでたすべての化石爬虫類を再検討し，イグアノドンと他のいくつかの種族に対しディノサウリア〈恐竜〉という新しい重要な部門を創設していた[5]。この新機軸は単なる分類をはるかに超えたものであった。いくつかの歯と少数の骨だけにもとづいて，オーウェンは解剖学的のみならず生理学的にも，この爬虫類は哺乳類に非常に似

ていたと推論した。この復元の大胆さは,理論的さらにはイデオロギー的動機に促されていた。オーウェンはこれら化石動物を,彼が科学と社会にとってきわめて危険であると考える,進化に関するラマルク的思弁の高まりに抗する確かな証拠にしようとしていた。そのためにはイグアノドンの形姿を,マンテルの匍匐する巨大トカゲ(図34)から,太い四足でまっすぐに立つサイに似たものへと劇的に変えることが必要であった。この比較的古い爬虫類が,ワニのような現生の爬虫類より「進歩した」解剖学的構造と生理をもっていさえすれば——それどころかゾウやサイのような現生の哺乳類ほどに進歩していれば——ラマルク主義者が生命の歴史の中に見ると主張する,本来的漸進性を論破することができる[6]。したがってオーウェンの指導を受けていたホーキンズがイグアノドンを,新聞の挿絵画家が怪物たちの厩舎として適切に描いた彼の作業場の,人目を奪う中央の飾りにしたのも不思議なことではない(図60)。

イグアノドンはその復元された体の内部で,有名な晩餐会が開かれた場所でもあった(図61,テキスト50)。模型のまわりに張られた大テントの中では,キュヴィエ,バックランド,マンテル,オーウェンの名前が目立つ場所に掲げられていた。居並ぶこの恐竜研究の英雄たちの中で,唯一現役で活動しているオーウェンが主賓席を占めていた。計画全体の頭脳である彼は,それにふさわしくこの爬虫類の頭の内部に着席している。この祝典はホーキンズの展示物の格好の前宣伝であったばかりでなく,オーウェンとホーキンズにとっては明らかに,彼らの共同作業の科学的権威を高めるよい機会でもあった。恐竜研究の初期の英雄たちの名前が掲示されることにより,彼らの権威がこの復元に対し暗黙のうちに付与される。オーウェンのスピーチは,自分たちの仕事を,死後20年経ってもその名は依然として人を動かす力をもつ,キュヴィエにあからさまに結びつけていた。この催しは,太古の光景というジャンルが尊敬される科学の本流に仲間入りしたいと

テキスト50

先週の土曜日(1853年の最後の日)の晩,[……][クリスタル・パレス社の]重役たちの同意を得て,W・ホーキンズ氏は科学者の友人や支援者を多数招き,先週の本誌の挿絵[図60]においてとくに目立つ場所を占めていた,イグアノドンと呼ばれる最大の模型の一つの体内でともに晩餐をとった。この巨大な芸術作品——芸術としてそれは当然ながら高く評価されねばならないが——の鋳型の中に,古生物学と地質学における高い地位によって,彼の作品が真に正確なものであることを最もよく保証してくれるような,名士たちを集めることをホーキンズ氏は思いついた。[……]

この途方もない思いつきを実行に移すため,先週のはじめに招待状が発送された——そしてこの招待状ときたら,「B・ウォーターハウス・ホーキンズ氏は,1853年12月31日の午後4時,イグアノドンの中で開かれる晩餐に,○○教授のご来臨を賜りますよう望んでおります」という文面と同様に驚くべきものであった。このとてつもない要望は,腹の中に人々を詰め込んでいる,イグアノドンの写実的なエッチングの前に広げられた,プテロダクティルスの翼の上に書かれていた。[……]ホーキンズ氏は,先週の土曜日,21名の客をイグアノドンの体内に迎え入れた。主賓席,つまりこの巨大動物の頭部には,そこに最もふさわしいオーウェン教授が着席した[図61]。[……]

優雅に供された豪華な晩餐が終わると,女王に忠節を誓う乾杯というお決まりの儀礼が滞りなく繰り返された——専務取締役のフランシス・フラー氏が品よくほのめかしたところでは,一行を取り囲む途方もない作品を最近訪問しており,[ヴィクトリア]女王陛下と[アルバート]公殿下はそれに多大の関心を示し,賛意を表明されたとのことである。

次いでオーウェン教授がこの機会をとらえ,力強い明晰な口調で,ホーキンズ氏が彼の模型を準備し,目の前にあるような真の成功を収める源になった,手段と丹念な研究のことを説明した。オーウェン教授は付け加えて,解剖学者とナチュラリストと実際的な芸術家の能力を例外的にあわせもつ紳士を,教示と指導を施しながら補佐することにより,これほど重要な企画に力を貸せたのは

➔ p.144

図60 ウォーターハウス・ホーキンズの『シドナムのクリスタル・パレスにおける絶滅動物模型制作室』。『イラストレイティッド・ロンドン・ニューズ』(1853) より。

5 怪物たちを飼い慣らす 143

思うなら，まだ骨の折れる修辞的作業が必要であったことを示している。

しかし模型は，ホーキンズの作業場に留まっている間は，キュヴィエが二次元の素描として先鞭をつけた復元像（図15, 16）の，単なる三次元版であるにすぎなかった。オーウェンとホーキンズが生命の歴史において教示しようとしたことの全容は，模型がクリスタル・パレスの敷地に運びだされたとき初めて明らかになった。そこでは，新しい物質的な太古の光景の形をとった近代科学の驚異を，同じく近代テクノロジーの驚異を体現した建物を背にして眺めることができたのである（図62，テキスト51）。

せんさく好きな手や，よじ登ろうとする子供を避けるためなのだろうが，模型は人工の島の上に置かれていた。だが意図していたかどうかは別にして，これはオーウェンの安っぽいガイドブックの言う「太古の世界の住人たち」と，現代世界の見物客との間に，適当な距離感を作りだすことにもなった。ウンガーの光景が「太古の世界」の植物に焦点を合わせていたのに対し，この展示品は動物に主役を与えることにより，以前のほとんどの太古の光景に呼応していた。動物を取り囲む「その場にふさわしい植物」は，単に園芸用苗床から選ばれたものであった。それでも全体がいかにも自然のものであるという装いは，ライアス期の海生爬虫類を沈めたり浮かび上がらせたりする，人工の潮によって強められるようになっていた。

ホーキンズがこの島に配備した太古の光景は，数年前にエムズリーがレイノルズのために制作した，慎ましいグラフィック・デザイン（図42）に通じていた。というのもこの島は，マンテルがマーティンの光景（図35）の表題にしたような「イグアノドンの国」を，三次元的に一瞥するだけのものではなかったからである。それはオーウェンのラビリントドンを擁する「新赤色砂岩」の時代すなわち三畳紀から，ライアス期のいまやなじみ深い海生爬虫類の時代を通り，イグアノドン自分にとっても大きな喜びであったこと，真実に対する従順さと熱意があったからこそ，ホーキンズ氏の細心の復元には，現在までに得られた最高度の知識が具現されていることなどを述べた。学識豊かな教授は次にキュヴィエや他の比較解剖学者たちが，当初は不安を抱えた研究に対し，わずかな遺骸しか提供されなかったさまざまな動物を，どのような推論によって復元したかについて手短に注釈した。だがその後遺骸の数が増えると，彼らが信じていた考えは発展し確証を与えられるに至った――教授はメガロサウルス，イグアノドン，ディノルニス〈Dinornis〉（1）を驚くべき例として挙げながらそのように述べた。

［……］その場にふさわしい数回の乾杯のあと，この感じのよい哲学者の一団は，その太古のわき腹が哲学的浮かれ騒ぎに揺すられたことなどかつてなかった，イグアノドンの現代的歓待に大満足して列車でロンドンに戻った。
『イラストレイティッド・ロンドン・ニューズ』（1854）
●注　（1）「ディノルニス」：オーウェン自身がわずかな化石遺骸から復元した，ニュージーランドの絶滅した大型の飛べない鳥モアのこと。

🎵テキスト51

これまでわれわれは，この主題をめぐる著述家の記述に添えられた小さな絵においてや，断片的もしくはほぼ完全な化石骨格が，現生の動物種の祖先について漠然とした観念を与えてくれる博物館において，太古の世界のこの怪物たちに驚嘆したり，それを学習したりすることに慣らされてきた。しかしシドナムでは，われわれは絵や乾いた骨に満足する必要はない。

庭園と公園の建設は，ジョゼフ・パクストン卿〈1803-65，イギリスの建築家，クリスタル・パレスの設計者〉が彼の宮殿にふさわしい前景を作ろうとして立てた全体的計画を，かなり正確に感じとれるほど進捗している。

［……］曲がりくねった小道の一つは［……］大きな溜め池の水を蓋のない水路と隠された水路を通して受け入れる，およそ6エーカーの池に続いている。干満のあるこの池には，見物客からほどよく離れたところに，豊かな植物に覆われた不規則な形の島が浮かんでいる。その

→ p.146

図61　『シドナムのクリスタル・パレスにおけるイグアノドン模型の中の晩餐』。『イラストレイティッド・ロンドン・ニューズ』(1854) より。

図62（右下）　クリスタル・パレスの敷地に置かれた，ウォーターハウス・ホーキンズの絶滅動物の模型。リチャード・オーウェンによるガイドブック (1854) の中の挿絵。

5　怪物たちを飼い慣らす

とウィールド層の時代，さらにはチョークとプテロダクティルスの時代まで切れ目なく続く，時間的パノラマとなることが予定されていた（図63）。実際にオーウェンのガイドブックにつけられた地図は，もともとこのパノラマは別の島において，第三紀とその時代の哺乳類まで続く予定だったことを示唆している。そこにはおそらく最初に制作を依頼されたとホーキンズが述べている，マストドンも含まれていただろう（テキスト52）[7]。太古のこの切れ目のない流れは，レイノルズの図解においてと同様，時間的順序を推論する基盤になった，連続する地層の展示と組み合わされている。だがここでは従来の累層の柱状図の代わりに，動物の背後の人工の崖が，凝縮された地層のレプリカになっている[8]。（ホーキンズの模型は，1936年の火災によるクリスタル・パレスの全滅を免れ，現在でもシドナムの公園で目にすることができる）[9]。

エムズリーがレイノルズのために片面刷り大判印刷物二枚に描いたものは，いまやオーウェンの指導を仰いだホーキンズによって，ロンドン郊外にある遊園地中央の島の上に配置された。ホーキンズはクリスタル・パレス全体の試みと，とりわけ彼自身の展示物を，「教養のある全ヨーロッパ人に支持されるのが至当な」，「視覚教育の巨大な複合的実験」と見なすと述べていた[10]。

たしかに彼の作品は太古の光景を，多くの新しい大衆が生き生きと感得できるものにした。クリスタル・パレスの園内は1854年，ロンドンから特別の遊覧列車で運ばれてきた4万人の見物客のために，ヴィクトリア女王によって公開された。そしてそれは大衆がこの展示物に対し，強烈な関心を示す時代の始まりにすぎなかった。とくにこの種のものとしては最初の大規模な三次元的復元であるホーキンズの展示物の名声は，すぐにヨーロッパと北アメリカ全域に広がった。それがオーウェンの微妙な反ラマルク的メッセージを具現しているということも，一つの光景だけではなく時間的パノラマ全体を描いている

ような島の一つに，その場にふさわしい植物の間で自然な姿勢をとった，第二紀と第三紀の動物たちが置かれている。他方でその反対側には，これら巨獣の遺骸の発見された地層が，獣たちと完全に釣り合う形で表示されている。本物らしさを増すために，池の水位は上下し，実際の潮のように大量の水が動くときには，水陸両生の寄寓者たちは交互に3フィートから8フィート部分的に水没する。こうして次にわれわれはイグサの間で一息ついている，体高30フィート，鼻面から尾の先端まで100フィートのイグアノドン，すなわち怪物的トカゲを目にすることになる。メガテリウムすなわちお化けナマケモノは，大洪水以前の木にいままに登ろうとしている。途方もなく大きなカメが堤でひなたぼっこしている。爬虫類の形と鳥のような首をしたプレシオサウルスは泥の中で転げ回っている。大口を開けた，ブロブディンナグ〈『ガリヴァー旅行記』に登場する巨人国〉人的なカメの御老体は，その巨大な顎によって天罰を下しそうなので，参事会員たちをこわがらせるだろう。

それゆえ建物の中の古代美術の驚異や，近代の商業と発明の見事な成果に疲れ果てた訪問者は［……］戸外のイタリア式庭園の壮麗な贅沢品の間で，新鮮な空気を吸うことができるだろう［……］もしも彼が脇道にそれ，その前ではアッシリアの王の戦利品や神々もつい昨日のものである太古の世界の歴史を，地層と怪獣によって勉強する方を好むのでないならばだが。
『イラストレイティッド・ロンドン・ニューズ』（1853）

🙢テキスト52
　この図解［図63］は第二紀を構成する累層を表わしている。下から順に記すなら，足跡を刻むことにより，大地に住んでいたことの明らかな証拠を残した脊椎動物から開始される。ひところはその足跡が，新赤色砂岩時代の驚くべき住人についてわれわれの知るすべてであった。その頃それは手のような形をした足跡のため，キロテリウム〈Chirotherium，キロは「手」の意〉と呼ばれていた。だがついにオーウェン教授の偉大な天才が，足跡と一体になるような議論の余地のない性格をもつ，歯と頭部をわれわれの前に置き，帰納によってこの動物の全体像を提示したのである。

➡ p.148

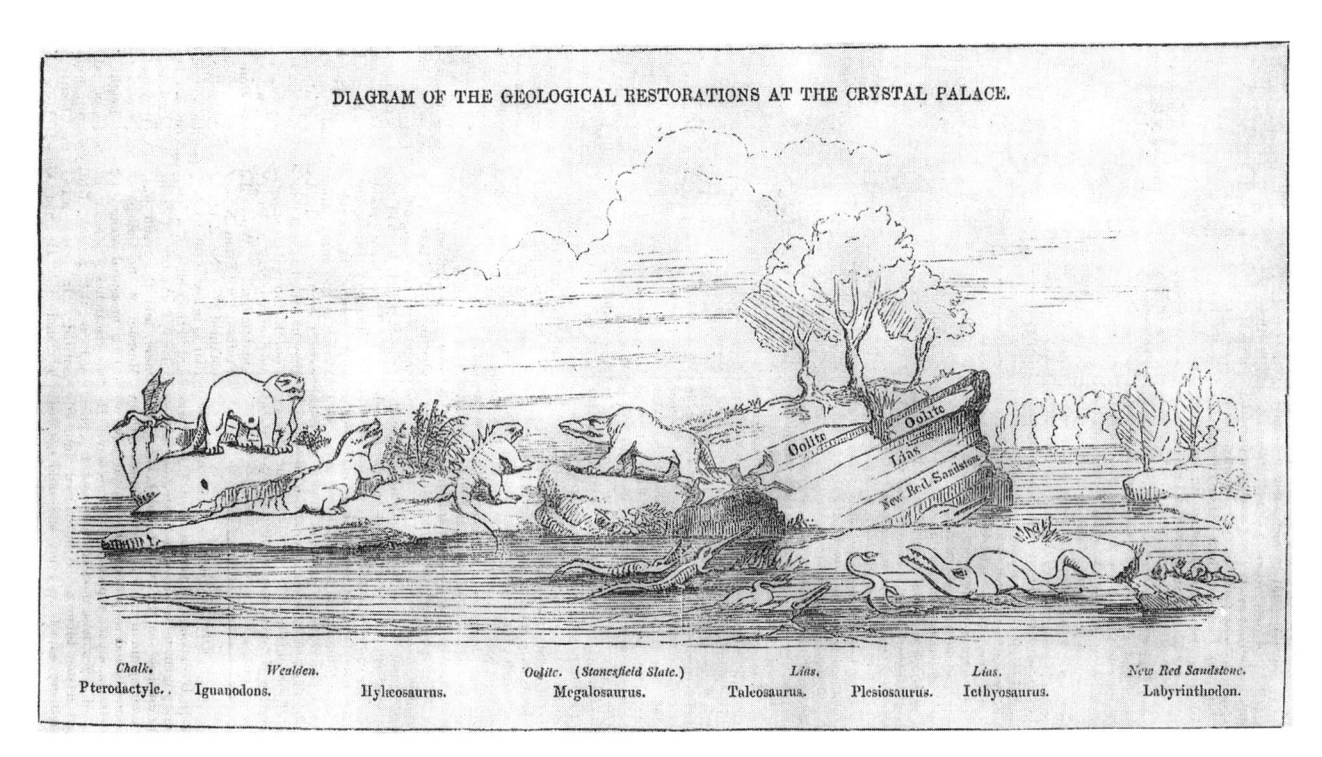

図63 ロンドン芸術協会における講演の説明図として、ウォーターハウス・ホーキンズが描いた『クリスタル・パレスにおける地質学的復元の図解』(1854)。模型は地層の順序（うしろの崖の側面に記された）に対応して年代順に（右から左へ）並べられている。

ということも，一般には正しく理解されなかったと思われる。だが数マイル離れたリージェント・パークの動物園にいる，生きた展示物とのわかりやすい比較により，「太古の世界」の驚くべき異質さは，大衆の想像力に強く訴えることになったに違いない[11]。

たしかにそれこそ，当時ユーモア雑誌『パンチ』に寄稿し，大いに人気を博した多作の風刺漫画家のうちの一人，ジョン・リーチ（1817-64）が表現していた考えであった。コニベアの戯画が，時間を通り抜けて化石ハイエナの巣の中に入り込むバックランドを登場させていたように（図17），リーチは人を不安にする「大洪水以前の」怪物の群の間を通り抜け，いやがる子供の手を引いて歩くヴィクトリア朝の家長の姿を描いている（図64）。ホーキンズの模型とシドナム訪問者の間に横たわる，水によって象徴される認識上の障壁は，ここでは無視されている。現実にではなくても想像力の中では，ヴィクトリア朝の大衆は体ごと太古の時代に運ばれ，その経験によって精神が改善されると信じることができた。見慣れたイギリスの風景（遠くの教会の尖塔によって暗示された）が眺められる場所に，安全にとどまりながらではあったが。

『パンチ』のもう一つの漫画が，「大洪水以前区域」周遊によって大人の見物客にさえ引き起こされたと思われる，悪夢的感覚を強調することでリーチの構図を補完した（図65）。申し分のない夕食をとったあと，この夢を見る男はあまりにも元気のいい恐ろしい動物たちに取り囲まれたと感じているが，それには彼がクリスタル・パレスそのもので目にした，原始的アフリカ人と古代エジプト人の民族誌的陳列品がちぐはぐに混ざり合っている。

ホーキンズが陳列した怪物たちは，大衆の想像力に与える衝撃がいかに大きかろうと，むろんその場を動かぬものであった。だがもし模型が移動可能な形に変えられたら，クリスタル・パレスを訪れることができない人々に対してもその衝撃は広がっただろう。この点では，

下から順にたどると次には，イクチオサウルスの中のプラティオドン，テヌイロストリス〈Tenuirostris〉，コムニス〈Communis〉，コニベア首席司祭によって復元されたプレシオサウルス・ドリコデイルス，そしてプレシオサウルス・マクロケファルス〈Macrocepharus〉とホーキンシイ〈Hawkinsii〉が見られる。最後のプレシオサウルスは，オーウェン教授がトマス・ホーキンズ氏にちなんで命名したものである。ホーキンズ氏は大いなる情熱をもってそれをライアスの母岩からとりだし，ライアス層化石の最初の大コレクションを制作した。それらは大英博物館の理事たちによって買いあげられ，現在ではそこで国有化石コレクションの中の最も注目すべき品々となっている。

次にはウィトビーで非常によく発達し，テレオサウルス〈Teleosaurus〉の遺骸が頻繁に発見されている，明礬頁岩（みょうばんけつがん）として知られることもあるライアス層上部が示されている。この動物はガヴィアルと呼ばれる，あるいはガリアルと呼ばれるべき，ガンジス川のワニによく似ていることで見分けがつくだろう。たまたま目にした観察者にとって，テレオサウルスとワニとの主な違いは前者の方が大きいことにある。ライアス層の上の次の累層はウーライトで，ここではあの特異な爬虫類プテロダクティルスがその住人を代表している。他方でストーンズフィールド粘板岩と呼ばれるその中間の累層は，バックランドの偉大な発見であるメガロサウルス，すなわち巨大トカゲを含んでいる。厚いウーライトの上層であるここから，われわれはオーウェン教授がイギリス産化石爬虫類の詳細な記述の中で恐竜目の母国と呼んだ，ウィールド層といわれる累層に連れて行かれる。わたしはそれをここでは，最もよく知られているきわめて典型的な種，風変わりな真皮の覆いと長く連なる背の鱗甲をもったヒラエオサウルス，すなわち森のトカゲによって代表させた。その骨は，ウィールド層の忍耐強い研究によって，イグアノドンがかつて生存したという考えを初めて科学界にもたらした，故マンテル博士によって発見された。

ウォーターハウス・ホーキンズ「ロンドン芸術協会における講演」（1854）

図64 『パンチ』に掲載されたジョン・リーチの風刺漫画（1855）。これは科学によって精神が改善されつつある中産階級の「家長」トムである。その改善とは、政治的に従順にしておくために労働者階級には必要だと考えられていた、反進化論的なメッセージを含むものではない。

すぐに市場に出まわった小さな模型——現在博物館の売店で売られている最も人気のある商品の先駆——が重要であろう。しかしそれらは個々の動物の模型にすぎず，太古の光景全体を示すものではない。人類以前の世界についてもっと完全な印象を伝えるためには，二次元の作品は欠くことができなかった。

　クリスタル・パレスの展示が始まってから数年のうちに，本章の前半で検討したいわば慎ましやかな二次元の光景は，ホーキンズの復元の影響を示し始めていた。たとえばダンカンの構図（図59）に見られる多くの動物は，明らかにホーキンズの展示物を模倣している。そしてそのような光景の一つがホーキンズ自身によって描かれた。彼の模型の典拠の中に，バックランドの「ブリッジウォーター論文」（1836）に載せられていた骨格の挿絵があった。バックランドの息子であるナチュラリストのフランシス・バックランド（1826-80）が，父が1856年に死んだあとも人気を保っていたこの著作を再版しようと考えたのは，新しい展示物が成功を収めたためだったのであろう。ともかくホーキンズはライアス期爬虫類の新しい光景を提供することにより，暗に抱えていた負債を返還した（図66，テキスト53）。その絵はイクチオサウルスの新しい怪物的な外見を除けば，独創的でもないしとくに注目すべきものでもない。だがそれは彫刻家としてのホーキンズの力量が，グラフィック・アーティストとしての彼のスタイルにどのように反映されているかをよく示している。こうしてバックランドの本のこの新版（1858）は，著者が生涯大衆書においてさえ断固として拒否していた大胆な太古の光景を，その死後に含むことになったのである。

　クリスタル・パレスの展示のより重要な成果は，ロンドンの出版者サミュエル・ハイリーに，ウンガーの著作の英語版（1855）をだすよう促したと思われることであった。これはホーキンズの絶滅動物を，太古の植物の世界を描いた同様の景観によって補完することを意図していた。ハイリーの版は，現在と同じく当時も言語については怠け者

図 65 『クリスタル・パレスの大洪水以前区域を訪問したあとに摂った豪勢な夕食の効果』。『パンチ』掲載の風刺漫画 (1855)。

5　怪物たちを飼い慣らす　151

として定評のあった英語圏の読者に，ウンガーのテキストを利用しやすいものにした。だがそれに加え，まだきわめて新しい技術であった写真を用いて，その版は大幅に縮小され印象の弱まったサイズによってではあったが，クヴァセクの石版画をより広く知られるものにした[12]。

　ハイリーの版がウンガーの事前の承諾を得ていたという証拠はない。国際的な著作権協約が存在しない当時，このような海賊版の発行はよく見られる現象であった。この出来事が，ドイツ語とフランス語のテキストをともない，もとの豪華な体裁を保った『原始の世界』新版（1858）の出版を，ウンガーに決意させた一つの要因だったと思われる。この新版は，新しい序文（テキスト54）の中で説明されているように，ここ10年間のさらなる研究をふまえ，一連の挿絵のはじめに二つの光景が新たに付け加えられたほかは，ほとんど変更が見られない。この二つの光景によって，連続的光景はマーチソンがシルル紀とデヴォン紀と名づけた，「漸移期」前半へと時間をさかのぼることになった。ウンガーが述べているとおり，それらは以前描かれた生命の歴史の，一種のプロローグを形成するものであった。

　シルル紀に関する，ウンガーの新しい冒頭の光景（図67，テキスト55）が重要なのは，それが陸上生物が出現する以前の時代を描いた最初の試みだったからである。初版の連続画に具体化されていた一般的な地質学的解釈にもとづき，ここにあるのは少数の島さえ存在しない果てしない海の世界である。それが生命の誕生する時期に時間的に近いことは，視覚的にはクヴァセクによって，昇る太陽の光線が雲を突き抜けてこの「水の砂漠」の上にさし込んでいることで，また言語的にはウンガーによって，動物と植物の同時の創造と，まだ水の上に漂っている神の息吹が言及されていることで暗示されている。水中の光景は想像できなかったので──デ・ラ・ビーチの『太古のドーセット』（図19）はまだ彼らに知られていなかったのか，モデルとして受け入れら

テキスト53

　3年以上におよぶ絶え間のない精神的・肉体的労苦ののち，化石遺骸のみによって知られていた33もの絶滅動物の復元像を，シドナムのクリスタル・パレスの庭園において一般に公開した，わが友ウォーターハウス・ホーキンズ氏の好意により，現在シドナムにある太古の海生トカゲ類の素晴らしい模型を，彼自身が模写した斬新なスケッチをわたしはここに掲載することができた。

　キュヴィエ，オーウェン教授，バックランド博士，マンテル博士などが明らかにしたような，これら海の怪物たちの解剖学的記述や，習性と生活様式に関するそこからの推論によって芸術的能力を導かれた彼は，いわば再びその乾いた骨に皮膚や筋肉をまとわせ，生きていた当時とっていたと思われる姿勢をそれらに与えた。この群像全体は，地球の歴史の遠い過去の時代に出現した光景について，おおよその観念を与えることを意図しているが，その時代ははるか太古のことなので，それ以来経過した数えきれないほどの歳月を実感しようとしても，人間の知性の限られた働きは動揺させられ混乱してしまうのである。

フランシス・バックランド，ウィリアム・バックランドの「ブリッジウォーター論文」『地質学と鉱物学』新版における注（1858）

テキスト54

　本作の初版が急速に枯渇したため第2版が必要になった。また読者の好意を前にして，わたしは古生物学の友に提供するこれらの光景をできるだけ完全なものにするために，全力を尽くさざるを得なかった。

　ここ10年間は古生物学についての観察報告や出版に富んでいたとはいえ，その科学自体は根本において変化していない。したがって初版の14の光景は，原版に重要な変更を施さなくても再刊することができる。だが植物界の最初の状態に関するわれわれの知識は長足の進歩を遂げたので，わたしは創造の歴史が繰り広げられるこのドラマのいわばプロローグをなす，二つの補足的図版を付け加えるべきであると考えた。その新しい光景は，過去についての観念をより鮮明なものにすることに役立つだろう。これまでは──認めざるを得ないことだが──道案内がないためしばしばさまよい歩き，結局はみじめな

曖昧さの中に迷い込んでしまったわれわれの精神に，それらはある種の方向感覚を与えるであろう．

　科学のもろもろの発見のおかげで，われわれはこの原初の時代からずっと，現在の世界を支配しているのと同じ法則や手段が支配してきたという事実を知ることができる．したがってその法則は永遠に確立されており，適切に職務を果たしているという結論にわれわれは導かれるのである．

フランツ・ウンガー『原始の世界』第2版への序文（1858）

図66　ウィリアム・バックランドの「ブリッジウォーター論文」『地質学と鉱物学』の没後の新版（1858）のために，ウォーターハウス・ホーキンズが描いたライアス期の生命の光景．

5　怪物たちを飼い慣らす

れなかったのであろう——この初期の時代の海の生命は，岸に打ち上げられた貝殻と海藻の集団という，いまや伝統的となった手法で描写されている。

　デヴォン紀に関するクヴァセクの第二の新たな石版画（図68，テキスト56）によって，ウンガーは明らかに安堵の気持を抱いて陸上と植物の光景に戻ることができた。最初の少数の小島がいまや原初の海に出現し，それとともに最初の陸の植物も誕生した。その植物は相当大型であるにもかかわらず，形態はかなり原始的である。ウンガーの指摘によれば，それに木部組織の欠如していることが，この時代に炭層が存在しないことの原因である（ウンガーの光景と，デヴォン紀の原始的陸上植物相を描いた現代の絵が異なるのは，関連する地層の年代を決定するのが難しいためである。ウンガーの化石は現代の用語ではデヴォン紀のものではない）。「漸移期」と題された初版の冒頭の光景（図43）は，この第二の新しい石版画のあとの三番目の位置に置かれ，「後期」という語が表題に加えられた以外は何も変えずに再使用された。したがって連続的光景は，それ以上の変更なしに太古の時代を前進し続けるのである[13]。

　追加された二つの光景によって前代にまで延長された，ウンガーの連続画に描写されている生命の発展と多様化は，原因を明らかにする特別の理論をまだ厳密には要求していなかった。しかしこのような連続画と，その基盤になった古生物学研究が，ある種の進化論的説明に貢献する，説得力のある証拠になりつつあったのは確かである。世紀中葉には，たとえそのほとんどが明確な記述に欠けていたとしても，そのような理論に不足することはなかった。ダーウィンが『種の起源』（1859）を発表した当初には，いずれも満足すべきものとは一般に考えられていなかったにせよ，すでに入手可能であった多くの理論に，もう一つ別の理論が付け加えられたにすぎないと見なされた[14]。しかし一つの新しい特徴は，自然界の調和を力説する伝統的な理論とは

テキスト55
シルル紀

　計り知れない期間白熱した流体の状態を保ったあと，地球は表面に固い殻を形成させるほどに冷却した。蒸気の形でこの殻を覆っていた流体は凝結し，大陸や島にさえぎられていない広大な果てしない海——まだ生物は存在することができない荒涼とした水の砂漠——を形成した。

　蒸気の形成と凝結した水分の集積は交互に行なわれた。地球の大気とその気温は，知られざる一連の変化を経験した。

　ついに光がこの暗い覆いを突き抜け，活力を与えるその光線が水面に届いた。生物創造の条件は整い，当然のようにそれは出現した。生物創造の原初の状態に関するわれわれの研究から推測できる限り，植物と動物は同時に創造された。水の元素は両者にとって不可欠であり，太陽光線はそれらの内部で生命の炎を燃えあがらせた。

　異様な出来事をともなっていたこの原始の世界は，ヨーロッパではほとんど発見されないが北アメリカには広く分布する，最古の含化石地層によって明らかにされている。現在の被造物の中には類似したものがないこの時期の植物は，主として水生であった。われわれにはそれらを現在の海草と関連づけることしかできない。しかし両者は非常に異なっているので，われわれはそれらの中に，その後相次いで発達した，現生のものも含むすべての種族の祖先のみを認めたい気にさせられる。同様の仮説は動物にも適用することができる。動物においてその頃支配的だった種族は，サンゴや軟体動物や甲殻類などのような，動物の系列の最下位のものであった。

　われわれの目は海の深みには入り込めないので，この光景［図67］は自然の状態を視覚的に表現するために，果てしない水の砂漠と，蒸気の柱をいわば支えているその上の空を示すことしかできない。そこここで引き裂かれているこの帳は，水の上に神の息吹が存在することを推測させる。

　海はどこもそれほどの深さはなかった。潮汐はすでに始まっており，水中の岩礁をいくつか目にすることができる。近くの岩塊の上に，パラエオフィクス〈Palaeophycus〉，ブトトレフィス〈Buthotrephis〉，ハルラニア〈Harlania〉，スフェノタルス〈Sphenothallus〉として知られている海藻

が見える。それらの間には，多くのサンゴ，筆石〈グラプトライト〉，直角石〈オルトケラス〉，ウミユリ，腕足類などの軟体動物がいる。だがモルッカ諸島のカニや太平洋のセロリス〈Serolis, 甲殻類中の等脚類に属す〉に似た三葉虫は，空気より密な媒質によって和らげられていない光には目が対応できないので，水中に避難している。

遠くでは，こんにちサルガッソー海を形成するものに類似した海草の集団とともに，一連の岩塊が海から浮かびでている。

フランツ・ウンガー『原始の世界』第2版（1858）

図67　『シルル紀』。フランツ・ウンガー『原始の世界』の第2版（1858）において，ヨーゼフ・クヴァセクが新たに制作した第一の石版画。

5　怪物たちを飼い慣らす

異なり、それがやがて「生存競争」と呼ばれるようになるものを強調していたことである。

このテーマは、ダーウィンの有名な著作が発表された翌年にホーキンズが制作した、彩色された大判石版画の表題に反映されている。いつも通りの第二紀の爬虫類はやめ、彼は「太古のイギリスの動物たちの生存競争」の光景を描いた。それは4, 50年前にキュヴィエとバックランドの研究によって復元が開始された、地質学的には最近の動物相を表現している。これがいまや比較的寒冷な「氷河期」あるいは「更新世」のものとされる動物相であった。この時代についての標準的理解にもとづいて、ホーキンズは完全に人類登場以前の光景を描いている。それはそれまでに発表された中で最大の太古の光景の二次元的表現であり——この石版画の幅はほぼ3フィートあった——教室や講堂で視覚教材として用いられることを意図していた。

ホーキンズの『生存競争』は、ロンドンの鉱物学者および地質学講師で、鉱物や化石の収集家のさまざまな要望に応じるという、繁盛する商売を営んでいたジェイムズ・テナント（1808-81）によって売りにだされた。この壁掛け図を宣伝するための番号の振られた小さなスケッチ（図69）と、それに添えられた説明文（テキスト57）からでさえ、ホーキンズが更新世の哺乳類を、互いに強いかかわりをもつ生き生きとした状態で描いていたことはうかがい知ることができる。食べていたり食べられていたり、追いかけていたり逃げていたり、そしてサーベルタイガーは突然当然の報いを受け、マンモスの鼻にからめ取られている[15]。これはもはや以前の多くの太古の光景に見られたアルカディア的世界ではないが、マーティンの構図に感じられる悪夢的あるいは黙示録的夢想でもない。そのかわりここにはダーウィンの進化論が内包すると一般に信じられていた、「歯と鉤爪を血で染めた自然界」が示されているのである。

その後まもなく、この大判の光景が成功したためであろうが、ホー

テキスト56
デヴォン紀
陸地が水上に常に出現していたが、それはまだ小さく、ばらばらの島を形成していた。それに比例して、大洋はあちらこちらで深さを増した。陸と海は新しい多様な生物が生みだされる作業場となった。

この時期の島の植生を一瞥することは興味深い［図68］。生産手段に富んでいた大地は、魔法をかけられたかのように植物の絨毯に覆われていたが、人間の目はそれを見ることができず、その存在と形態はいくつかの断片によってわれわれに示されるだけである。現在の植物とは異なっていたにもかかわらず、基本的な形態と性質にはある種の符合が認められる。ここには、湿っていたり、よどんだ水によって沼地にさせられたりしている土壌の上に、集団で成長する葉の多い幹がある。この植物のすべての葉は葉柄のない小さなもので、ここには一般に枝や幹を取り囲む葉の帯が存在するにすぎない。この鱗状または線状の葉は、植物が不完全であることのしるしであり、いくつかの植物が樹木サイズであったとしても、ほっそりとした成長の悪いその幹はきわめてもろいことを告げている。多数の気根が茎を地面に固定している。ここではわれわれは、まるで巨大なコケの雑木林の中をのぞき込んでいるかのようである。この植物のうちのいくつかはよく保存されているので、その原初の形態、習性、特質は知ることができる。茎の解剖学的構造から、類似の形態は現在の植物相には欠けていること、この植物の一番の特徴は、コケと葉の多いヒカゲノカズラ科とトクサ科の特性が組み合わされていることであることがわかる。したがってこの光景の中に描かれている植物は、それらの種族の中間に位置すると考えなければならない。こうして左手の樹木の集団はクラドクシロン・ミラビリス〈Cladoxylon mirabilis〉からなり、その下にはアステロフィリテス・コロナタ〈Asterophyllites coronata〉の低木があり、他方で右手前景にまで広がる残りの木は、非常に謎の多い植物スキゾクシロン・タエニアトゥム〈Schizoxylon taeniatum〉に属している。その広範囲に生えている根茎のような茎は、多くのコケとヒカゲノカズラ属の中に類似したものがあり、それらに顕著な特徴を与えるのに重要な貢献をしている。

→ p.158

図68 『デヴォン紀』。フランツ・ウンガー『原始の世界』の第2版(1858)において、ヨーゼフ・クヴァセクが新たに制作した第二の石版画。

5 怪物たちを飼い慣らす

キンズは「科学芸術局」——1851年の大博覧会のあと，その教育的活動を続けるために設立された政府組織——から，ひと揃いの同種の光景を描くことを依頼された。それらはクリスタル・パレスを訪れることができない人々に，とくに学校の教室において彼の復元像に出会えるようにしてくれるだろう。テナントは実際にはすでにホーキンズの第二紀の爬虫類を，小さな立体模型という別の形で売りだしていた[16]。しかしホーキンズはいまや彼の爬虫類を第二紀の生命の三つの光景にまとめ（図70-72），それに第三紀哺乳類の二つの光景と，「第三紀以後」すなわち「更新世」の哺乳類の一つの光景を付け加えた（図73-75）。『生存競争』と同様，「科学芸術局」のために制作されたホーキンズの組絵はテナントによって販売された[17]。

これら六つの構図には，更新世に関するホーキンズの以前の描写を溌剌としたものにしていた，生態学的な力学がほとんど示されていない。クリスタル・パレスの展示物と同様，大部分の動物はそろって静物画のポーズをとっている。ライアス期の水生爬虫類と，同じ時代のウミユリは，陸の上に非写実的に描かれてさえいる（図70）。にもかかわらずこれらの構図は，こうした奇妙な絶滅動物すべてが同時代に生存していたのではないという考えを——とくにイギリスの学校の子供たちに——普及させるのに貢献したと思われる。ウンガーの連続画が別の形で明示していたように，太古は大いに差異化されたのである（ホーキンズはのちにアメリカ合衆国に渡り，ニューヨークのセントラル・パークに展示物を置く計画をスタートさせた。それは新たに発見されたアメリカの恐竜の最初の模型も含む一方，クリスタル・パレスのものと同様に太古の多様性を示すはずであった。その計画は失敗に終わったが，一連の光景からなる彼の素晴らしい壁画はプリンストン大学に残されている[18]）。

更新世の生命を描いた以前の光景（図69）と同様に，ホーキンズの最後の壁掛け図（図75）に潜在しているのは，これら絶滅哺乳類の時

→ p.166

最後に，左手前方に，ほぼ草本の植物の集団がさらに見えている。その実は大きな隆起によってコケの胞子嚢によく似ており，この植物は樹木状構造のコケと考えてよいだろう。この推測は，アフィルム・パラドクスム〈Aphyllum paradoxum〉の中にコケの構造が発見されることによって確証される。

繁茂する海浜植物の性格を有するこのクラドクシロンの森は，強烈な太陽や湿った霧の影響を受けずに，とくに非常に密集した光の届きにくい場所で発達する。幹の海綿状組織や木部の完全な欠如から判断すると，その分解は成長と同様にきわめて速かったであろう。そのためこの植物は石炭物質の時間をかけた堆積には向いていなかったのである。

フランツ・ウンガー『原始の世界』第2版（1858）

テキスト57
太古のイギリスの動物たちの生存競争

ゾウ，ライオン，トラ，サイ，カバ，トナカイ，ヘラジカ，クマ，ハイエナ，そしてオオカミなど，これらすべては表層堆積物の中で発見された大量の骨が充分に証明しているように，われわれが大ブリテン島と呼ぶこの土地の土着の住人であり，長期間この国に多数生存していた。［……］

シドナムのクリスタル・パレス公園において，絶滅動物の復元を首尾よく行なったことで著名なウォーターハウス・ホーキンズ氏は，「生存競争」と呼ばれるこの絵［図69］の中で，日照りが続く日々の夕刻に，巨大なマンモス，大きな角のあるヘラジカ，トナカイ，さまざまなウシ科の動物が，湖や川の淀みのほとりにごく自然に向かうとき，頻繁に起こっていたに違いない出会いの一つを表現しようとした。わが国のある種の山岳石灰岩地帯のような場所は，オオカミ，ハイエナ，そしてもっと大きな肉食動物の無数の群にとって，巣穴や住みかとして利用できる亀裂や洞穴に富んでいた。それらの動物は食物を得るためには，水場を探しているうちに天敵の巣の近くへ迷い込んでしまう，大型草食動物への攻撃を成功させねばならなかった。

したがってわれわれは貪欲なオオカミの一団が，ヘラジカとシカの群全体や，もっと大きなウシを一頭ずつ追

→ p.166

図69　『太古のイギリスの動物たちの生存競争』。ウォーターハウス・ホーキンズによって石版印刷されたポスター（本書には再録されていない）の解説図となるスケッチ（1860）。動物たちの身元は次のように記されている。1 マンモス（Elephas primigenius），2 剣歯ライオン（Machairodus latidens），3 ホラアナトラ（Felis spelaea），4 オオカバ（Hippopotamus major），5 二角サイ（Rhinoceros tichorhinus），6 アイルランドヘラジカ（Megaceros Hibernicus），7 ジャコウウシ（Ovibos muschatus），8 オオカミ（Canis lupus），9 ホラアナグマ（Ursus spelaeus），10 化石オーロックス（Bison priscus），11 化石ウシ（Bos primigenius），12 長額ウシ（Bos longifrons），13 ホラアナハイエナ（Hyaena spelaea），14 トナカイ（Cervus tarandus），15 アカシカ（Cervus [Strongyloceros] spelaeus），16 イノシシ（Sus scrofa），17 化石ウマ（Equus plicidens），18 化石ロバ（Asinus fossilis），19 子ゾウ（Elephas primigenius），20 カワウソ（Lutra vulgaris）。

図70 『地球の歴史の第二紀に生息していたエナリオサウリアすなわち海生トカゲ』。ウォーターハウス・ホーキンズが「科学芸術局」のために制作した六枚組ポスターのうちの第一 (1862頃)。

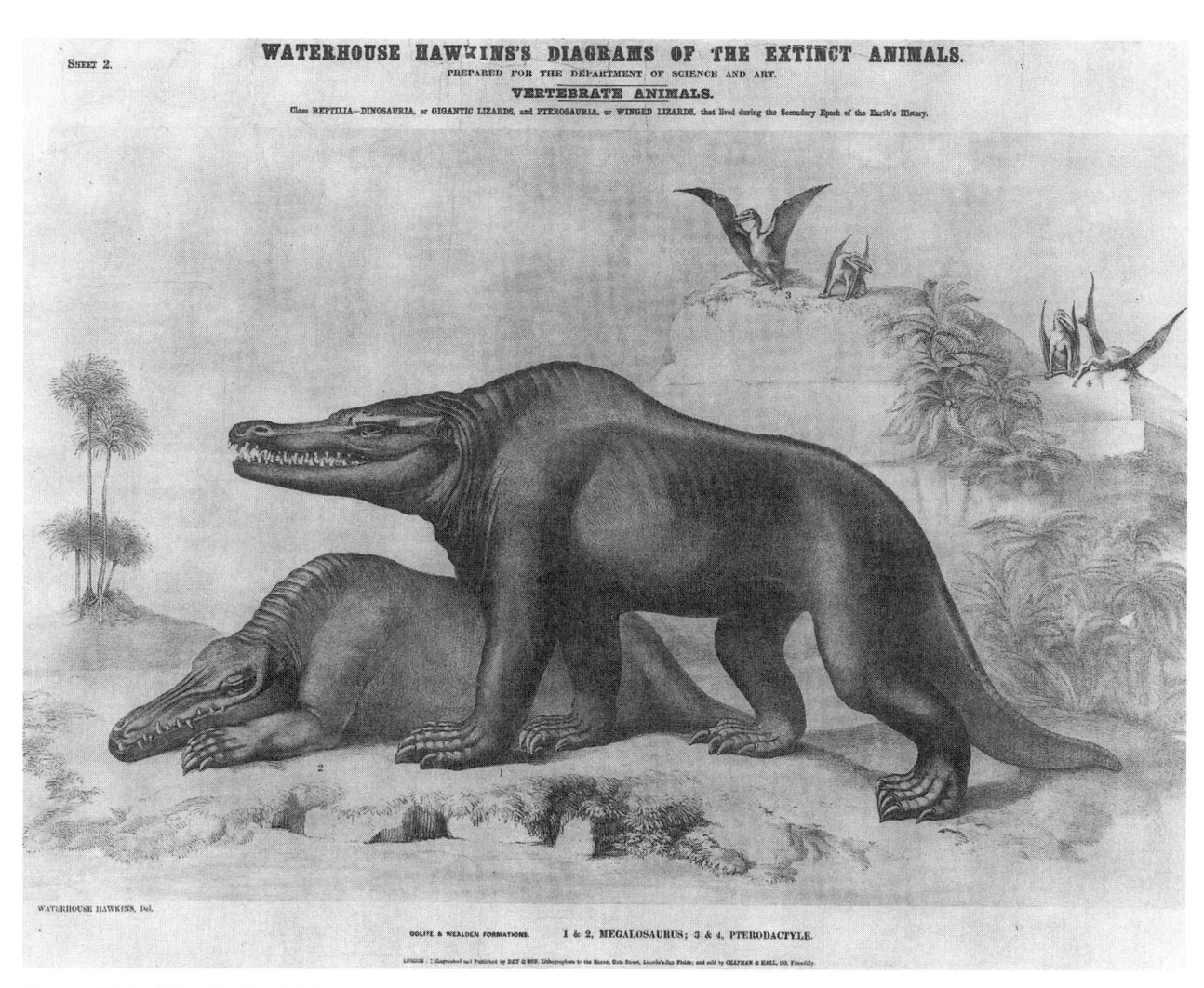

図71 『地球の歴史の第二紀に生息していたディノサウリアすなわち巨大トカゲと，プテロサウリアすなわち有翼トカゲ』。ウォーターハウス・ホーキンズの六枚組ポスターのうちの第二。

図72 『地球の歴史の第二紀に生息していたディノサウリアすなわち巨大トカゲ』。ウォーターハウス・ホーキンズの六枚組ポスターのうちの第三。

図73 『地球の歴史の第三紀に生息していた厚皮類』。ウォーターハウス・ホーキンズの六枚組ポスターのうちの第四。

図74 『地球の歴史の第三紀に生息していた貧歯類』。ウォーターハウス・ホーキンズの六枚組ポスターのうちの第五。

図75　『地球の歴史の第三紀以後に生息していた厚皮類と食肉類』。ウォーターハウス・ホーキンズの六枚組ポスターのうちの最後。

代には人類はまだ存在しなかったという仮定である。しかしホーキンズがこれらの光景を描いた頃までに，その仮定こそますます疑わしい，少なくとも議論の余地のあるものになっていた。当時の呼び方に従うなら「人間の古さ」に関する論争は，パリで最も活発に，というよりむしろ激烈に行なわれた。その地では死後にまで残るキュヴィエの権威が，人類化石を発見したとするすべての主張の上に長い間懐疑の影を投げかけ続けた。だが初期人類が，キュヴィエの復元した大型絶滅哺乳類群と共存していたのではないかという疑念は，科学界の守旧派が否認したにもかかわらず存続した。実際にはその疑念が増大したのは，とくにジャック・ブーシェ・ド・ペルト（1788-1868）が北フランスのアブヴィルの生家近くで，ソム川の「洪積」砂礫を長期にわたって研究したためであった。税関の官吏にしてアマチュアの先史学者であったブーシェ・ド・ペルトは，マンモスなど絶滅哺乳類のよく知られた骨や歯とともに，人間が加工したと思われる，削られたフリントの道具を発見したと以前から主張していた。しかし彼はその主張を，非常に風変わりな先史人類論——イザベラ・ダンカンの理論にいくらか類似した——の文脈の中で述べていたので，それはすぐに葬り去られてしまった。1860年頃になってようやく，パリの守旧派はブーシェ・ド・ペルトの主張を真剣に取りあげ始めた[19]）。

このような主張は，『人類以前のパリ』（1861）と題された大衆書の中で初めて絵画的表現を与えられた。これはフランスの植物学者かつ地質学者であったピエール・ボワタール（1789-1859）の遺作である。読者に太古の観念を伝えるために，ボワタールはあからさまな魔術的もしくはお伽噺的登場人物という文学的手法を採用する。彼はル・サージュの古典小説『びっこの悪魔』（1707）から借用した，「びっこの悪魔」（ル・ディアブル・ボワトゥー——フランス語では彼の名前とうまく語呂が合っている）のアスモデを呼びだし，冒険へ連れていってもらう。冒頭の挿絵の一つ（本書には再録されていない）では，まる

いかけ，巨大なマンモスの通り道さえ横切るため，マンモスは「騒ぎ」に巻き込まれ，あわてふためき，四方から攻撃され，たやすくホラアナライオンやサーベルタイガーの牙の餌食になってしまうという事態も容易に想像できるであろう。

緩慢だが力の強いクマと，獰猛でたくましいハイエナは，敏捷な狩人の戦利品の分け前にあずかろうとしてそばに控え，力と本能によって横取りした死骸の一部を，自分の巣へ引きずり込む。犠牲者のあちこちかじられた骨と，洞穴のすり減らされた隅は，古代のハイエナとその同時代の動物に，洞穴に住む習性のあったことを証明している。このような全体的な争いに助けられて，より大きく力の強いネコ科の動物（ライオンとトラ）は，巨大なマンモスやサイやカバを圧倒することに成功したであろう——こうした皮膚の厚い動物は，恐るべき食肉類の攻撃にも傷つくことがないと想像されるにもかかわらず，ある種の食肉類には，マカイロドゥス〈Machairodus，サーベルタイガーとして有名なスミロドンの先祖型）の剣歯によって代表されるような，巨獣の皮膚を突き破る特殊な武器が備わっていた。そのマカイロドゥスはマンモスの鼻の強力なとぐろの中でもがく姿がここに描かれているが，オオカバに対しては，もっと効果的な攻撃が同じ種の別の個体によってなされている。

沼にはまりこんだり，交戦する群の中でもみくしゃにされた無防備なウマや臆病なシカは，容易に餌食になり，すべての種の弱者や子供とともに，峡谷や沼地を死骸の山でいっぱいにすることも多かっただろう。こうしてわれわれは大量の骨が詰め込まれた洞穴の土や角礫岩を頻繁に目にするが，それらはかつて生きていた多くの動物の砕けた遺骸を化石の状態で示しているのである。

ジェイムズ・テナントによる，ウォーターハウス・ホーキンズの大型石版画の宣伝パンフレット（1860）。テナントがこのパンフレットの作者とされているが，テキストはホーキンズによって書かれたのであろう。

🎵 テキスト 58

　わたしは前代のシダを再び目にし，水中に根を張ったその木のもっとそばへ行こうとした。すでに手を伸ばし，パリの自然史博物館植物標本室へもっていくつもりで葉をむしろうとしていたが，そのときヒューという鋭い威嚇するような音が近くで聞こえた。きらめく目でわたしを見つめる，身の毛もよだつ爬虫類の鱗に覆われた頭を見て，わたしは恐怖に襲われ後ずさりした。鋭い歯をのぞかせる大きく開けた口が，二叉に分かれた毒針でわたしを脅した。その首は太綱のように，あるいはむしろ巨大なヘビのように驚くほど長かった。黄色がかった大きな鱗で覆われたどっしりした胴体は，むしろ巨魚のようだった。だがそれは四本の短い足をもち，指は厚い膜に覆われていたため，ウミガメの指にいくらか似ていた。ワニの尾のような短い頑丈な尾が舵の役目を果たしていた。

　「これはプレシオサウルスだ」と魔神がいった。

　——これは奇妙な怪物であり，その形はとても風変わりなので，もし自分の二つの目で見たのでなかったら，自然が作りだしたものというより，詩人の狂った想像力の産物と思ってしまっただろう。

ピエール・ボワタール『人類以前のパリ』(1861)

図76　『プレシオサウルス』。ピエール・ボワタール『人類以前のパリ』(1861) の最初の太古の光景。話者は相棒である「びっこの悪魔」の魔法により，ライアス期爬虫類の時代へ連れていかれた。これとこの本の中の他の挿絵は，ボワタール自身が作画し，モローが彫版した。

でパリの乗合馬車に乗ったかのように大きな隕石の上に心地よく座った二人が，まるで大宇宙を旅するかのように太古を旅するさまが示されている[20]。

　したがってボワタールの真の太古の光景の最初のものは，バックランドが絶滅ハイエナの巣の中の役者だったように（図17），この二人の——人間的および魔術的——登場人物を光景そのものの中の役者として描いている。時代物の衣装をまとった悪魔と，優雅に着飾ったパリっ子が，魔法によって太古のプレシオサウルスの世界へ運ばれる（図76，テキスト58）。その爬虫類の二叉に分かれた舌と，黄色がかった鱗

5　怪物たちを飼い慣らす　167

状の外皮という，根拠のない細部によって誇張されたこの出会いの悪夢的な恐怖が，太古の世界に必要と考えられた奇怪な雰囲気を醸成している。魔術的時間旅行の原則がこのようにして確立されると，のちの光景ではボワタールはわざわざ自分を登場させたりはしなくなる。

だが口絵は非常に重要である。それは洞窟の入口で，見えない敵に向かって石斧を振りかざし，同じくサルのような姿の連れ合いと子供を守っている，モンキーに似た「化石人」を飾り気なしに描いたものである（図77）。この絵は，人類の起源論争においてボワタールがど

◆テキスト59
「恐いのか」と悪魔がわたしに聞いた。
——ここまでの道中で出会ったものより，もっとおぞましい動物にこれから遭遇するだろうとわたしは考えた。

だが魔神が皮肉に満ちた視線をわたしに投げかけてきたので，わたしは自分の弱さを恥じ，決然とした足取りで洞穴に入った。［……］少しずつわたしの瞳は広がり，はじめはほんやりとだが，まわりのものが見えるようになった。斧で頭を叩かれたかのように，頭蓋骨の割れたハイエナがわれわれの足もとに横たわり，半分食べられたクマの肉片が数個，ひどい悪臭を放ちながら地面のあちこちに散らばっていた。［……］しかしわたしを最も驚かせたのは，焼いたのではなく日干ししただけの，非常に粗末なつくりの，そしてまだ温かいハイエナの血で半分満たされた，粘土でできた一種の壺であった。壺の縁には，その中の胸のむかつくような液体を飲んだことを示す，血で描かれた唇の跡があることを魔神は指摘した。壺の横に，先細の斧の形にぞんざいに削られ，棒の先端につけられ，クマの皮の細長い帯で固く結わえられたフリントの破片をわたしは見つけた。この道具はカナダの未開人の戦斧にとてもよく似ていた。［……］

魔神は指を口に当て，音を立てずに，注意して進むようわたしに合図した。それから彼はクマの皮を静かにもち上げ，これまで見た中で最も身の毛のよだつ奇妙な動物をわたしに示した。そこには二匹の大きな動物と，この不快な種族の子供と思われる一匹の小さな動物がいた。［……］その体はむしろオランウータンの形をしていたが，頑丈でずんぐりしひどく筋肉質だったので，敏捷そうでも優美でもなかった。［……］
ピエール・ボワタール『人類以前のパリ』（1861）

図77 『化石人類』。ピエール・ボワタール『人類以前のパリ』（1861）の口絵。

図78 『人類期，最後の古生物時代，人類の出現』。ピエール・ボワタール『人類以前のパリ』(1861) の最後の光景。

のような位置に立っていたかを読者に直截に示しており，これに対応する物語の部分（テキスト59）は読者の祖先の獣性を強調している。この作品の掉尾では，最後の光景が「人類期」と彼の名づけた時代を描き，かろうじて人間と呼べる存在を絶滅哺乳類の風景の中に明確に配置している（図78）。

　ボワタールの貧弱な挿絵——彼自身のデッサンをもとにして彫られた——と，おそらく人類の祖先に関する彼の露骨な論争的態度が，もう一人のパリの科学普及家に，自分ならもっとうまくやれると確信させたのであろう。その作家に同種の作品を書かせるにいたったもう一つの要因は，ウンガーの連続画を先に述べた増補版の中で発見したことだったと思われる。彼はクリスタル・パレス訪問によって（少なく

5　怪物たちを飼い慣らす　169

ともフランスの新聞の記事と,そこに掲載されていた展示物の挿絵によって)か,あるいはホーキンズのひと揃いの大判壁掛け図によって,明らかにホーキンズの仕事も知っていた。絵画的源泉のこの合流が,一連の太古の光景を発表させることになったが,それはこのジャンルの将来に大きな影響を与えたので,ウンガーの初版の連続画と同様に,一章を丸ごとそれに当てる必要がある。

　ウンガーのために制作されたクヴァセクの連続的光景は,当初はあまり知られていなかったため,世紀中葉の地質学に関する多くの大衆書は,「太古の世界」全体を特徴づけるとされていたライアス期(ジュラ紀)爬虫類を通常は中心とする,単一の光景だけを提示し続けた。時間的変化や進歩の感覚を伝えようとする構図はわずかしか存在しなかった。ダンカンの「アダム以前の人間」論を彩る挿絵——例外の一つ——は,現在の世界とそれに先立つ世界との完全な不連続を明示していた。以前と同じくここにも,太古の光景というジャンルはきわめて柔軟であり,さまざまな理論的メッセージに適用可能であることが例示されている。

　クリスタル・パレスのホーキンズの展示物にオーウェンが注入しようとした反ラマルク的メッセージは,復元された巨大爬虫類を眺めにきた群衆にはほとんど解読されなかったであろう。模型の空間的配置に込められた時間的連続のメッセージでさえ,見逃されていたと思われる。あとに残されたのは,悪夢に似つかわしい「怪物」的な生物が住まう,単一の「大洪水以前の」世界の印象だけであった。しかしクリスタル・パレスの展示物は,地質学の「驚異」を語る多くの大衆書に登場するのが慣例になっていた,定型化した単一の光景の単なる引き伸ばしではなかった。実物大で作られた立体的復元像の衝撃は,どれほど高く評価しても足りないであろう。それらは一般人にとっても,

ロンドン中央の動物園に展示されている風変わりな現生動物とほとんど同じくらい，その存在を信じることができる生物であった。ホーキンズの展示物は，科学者が考える太古の現実の姿を，初めて大勢の大衆が想像力によってとらえられるものにし，しかもそこにはその後恐竜の展示とは切り離せなくなった興行的要素が随伴していた。小さな模型の販売と，ロンドンから遠く離れた教室や講堂をも飾る大判の壁掛け図によって，展示物が動かないことにともなう限界は緩和され，この興行の実質的観客はなおいっそう増大した。

絶滅爬虫類の住まう「太古の世界」をこれほど化け物じみた異質のものにしていたのは，なによりもそこには人間がまったく存在しないという事実であった。実際にはいわゆる大洪水期の動物たち——現在ではある種の氷河期の動物と通常考えられている——が生活していたもっとずっと新しい世界でさえ，完全に人類以前の世界であると一般に受け取られていた。だがそのような仮定は真剣に疑われ始め，人類も「太古の世界」の住人であった可能性はもはや捨て去ることができなかった。他の点では平凡なボワタールの大衆書は，このように人間を自然の歴史の中にはめ込むことが何を意味するかを，初めて——生き生きとした太古の光景の形で——目に見えるものにした。

ボワタールの書は，すべての太古の光景に必然的にともなうもの，すなわち時間旅行のある種の原則を明瞭にしたという点でも重要である。その旅行によって人間が実際には目撃できない光景の中へ，現代人は少なくとも想像の中で運搬される。しかし彼以前の光景がお伽噺や夢という手段を示唆していたように，ボワタールも自身の文学的教養から伝統的方策を引きだしながら，その時間旅行をあからさまに魔術的なものにしていたことは注目に値する。列車によって可能になった，以前には思いもよらなかった素早い旅行がなによりも象徴している，テクノロジーの比類のない進歩の時代に彼は生きていた。それでもボワタールは，人類以前の歴史の中へ旅行する虚構の手段としてさ

5 　怪物たちを飼い慣らす　　171

え，タイム・マシンはまったく思いつくことができなかった——あるいは読者にはそれを想像することができないと考えた。太古の復元は，科学の「驚異」の一つとして歓迎されていたにもかかわらず，一般大衆にとって理解可能な説得力のあるものになるためには，依然としてきわめて伝統的な方策に頼らざるを得なかったのである。

6 確立したジャンル

ギヨーム・ルイ・フィギエ（1819-94）はモンペリエで医師としての訓練を受け，資格を得た。その後パリで化学の研究を続け，1853年にその地の薬学学校で教授の職に就いた。その頃までに，彼はその才能を科学の普及に向け始めていた。彼の『近代科学の大発見の解説と歴史』(1851)は好評を博したので，当時フランス科学界の高名な長老であったフランソワ・アラゴは，その種の著述に専念するよう彼に勧めた。フィギエはたとえば4巻からなる『現代の驚異の物語』(1860)を著わすことによってその忠告に応えた[1]。すでに述べたように，翌年出版された生命の歴史に関するボワタールの遺作が，同じテーマについて自分自身の本を書こうとフィギエに決心させたのであろう。1863年に発表されるとただちに成功を収めた『大洪水以前の地球』は，この頃に書き始められたと思われる[2]。

フィギエのすべての大衆書と同様に，この本も挿絵をふんだんに含んでいた。挿絵のほとんどは尊敬すべき学問的教科書，すなわちキュヴィエの施設たるパリの自然史博物館で死ぬまで古生物学教授をつとめた，アルシッド・ドルビニー（1802-57）の『古生物学と層序地質学の初等講義』2巻（1849-52）から借りられていた。フィギエは半世紀前にキュヴィエが先鞭をつけたような（図13），推測した体の輪郭

173

のついた復元骨格を少数含む，およそ 300 の化石の版画をドルビニーの著作から得ていた。しかしドルビニーの本からとるべき太古の光景はなかった[3]。

そのような光景は，もし芸術的および科学的にボワタールの光景よりすぐれているなら，一般大衆と，とりわけ本来の対象である年若い読者に対し，本の魅力を大いに増大させるであろうとフィギエは判断した[4]。とくにフィギエはクヴァセクがウンガーのために制作した見事な連続的光景を知っており，明らかにそれを手本として採用した。そこで彼はこの計画のために，パリの若き風景画家・挿絵画家であるエドゥアール・リュー（1833-1900）の助力を仰ぐことにした。リューはフィギエのために，ほとんどは太古の光景からなる，ページいっぱいの挿絵を二ダース以上描いた。それらは本の売れ行きにとって重要だったので，彼の芸術的貢献は本の扉の目立つ場所で言及されている（同じ頃，リューは当時のフランスにおけるもう一人の偉大な科学の普及家，ジュール・ヴェルヌの作品の挿絵も描き始めた）[5]。

ウンガーは第 2 版に二つの新たな図版（図 67, 68）を付け加えたとき，彼の連続的光景をさらに太古の時代へと拡大していた。フィギエは連続画を，知られている最初の生物ではなく，生命が誕生する以前の時代（図 79，テキスト 60）から始めることによりこの傾向を継承した。フィギエの第一の光景は完全に憶測によったものだが，地球はその長い歴史を空間に浮かぶ白熱した球として始めたという，当時の標準的な地質学理論にもとづいている。リューが描いたのは，まだ熱かった地球が，原初の大気から水蒸気を凝結させるほどには冷却したため，豪雨が原始の海に降り注いでいる情景である。

第二の光景によって生命が初めて登場する（図 80，テキスト 61）。リューのシルル紀の描写は，ウンガーの新しい光景の第一のもの（図 67）に明らかに影響を受けている。太陽がまだ厚い大気からかろうじて顔をのぞかせている。少数の島が浮上したが，陸上に生命は存在しない。

→ p.178

◈ テキスト 60

少し冷却した地球に液体の状態で降り注いだ最初の水は，地表が高温だったためすぐに再び蒸気に変えられた。周囲の大気より軽くなったこの蒸気は，大気の上限まで上昇し，そこで冷えて空間の極寒の領域へ放散し，再び凝結して液体の状態で地表に降り，また蒸気となって地を離れ，再度凝結して降り注いだ。しかし水の物理的状態のこのような変化は，地表がかなり熱いときにだけ維持されるのであり，この連続的な往復運動は地表の冷却を大いに促進した。地表の熱はこうして徐々に失われ，天空へ消え去っていった。

この現象は大気中に存在する水蒸気全体に次第に広がったので，ますます多くの水が地球を覆うようになった。また液体が蒸気に転換する際には電気の顕著な遊離が引き起こされるため，これほど大量の水の蒸気への転換からは必然的に大量の電気流体が生じた。したがって雷鳴，稲妻のまばゆい光が，こうした元素間の途方もない争いにともなっていた［図 79］。

ルイ・フィギエ『大洪水以前の地球』（1863）

図79　『原始の地球の凝結と降雨』。ルイ・フィギエ『大洪水以前の地球』(1863)におけるエドゥアール・リュー彫版による光景の最初のもの。

6　確立したジャンル

図80 『シルル紀の地球の理想的光景』。
ルイ・フィギエ『大洪水以前の地球』(1863)
より。

☙テキスト61
　この図［80］はシルル紀の地球の理想的光景を描いている。広大な浅海が，藻に覆われ，さまざまな軟体動物と関節動物［三葉虫］の蝟集する水中の礁を，あちらこちらで露出させている。原始の世界の重い大気をようやく貫いてきた青白い日の光が，創造者の手から離れた最初の生物を照らしている。それらは初歩的な体制をしていることが多いが，ある場合にはより完全な生物への前進を暗示するほどに進歩している。
ルイ・フィギエ『大洪水以前の地球』(1863)

テキスト62

　いくつかの小島の点在する広大な海が，デヴォン紀の地球の理想的光景を構成している。岩礁の上に，この時代特有の関節動物と軟体動物が乗っている［図81］。岸に打ち上げられたものの中には，奇妙な形の甲冑魚が見える。低木（アステロフィリテス・コロナタ）の集団が，真のコケはもっとのちまで出現しないとはいえコケによく似たほぼ草本の植物とともに，小島の一つを覆っている。ウミユリとリトゥイテス〈Lituites, オウムガイ亜綱の一属〉が前景左手の岩を占領している。
　森林樹は完全に欠けていたので，植物の発達はまだ慎

➡ p.178

図81　『デヴォン紀の地球の理想的光景』。ルイ・フィギエ『大洪水以前の地球』（1863）より。

なかでは三葉虫のひときわ目立つ海生生物が、海岸に打ち上げられた姿という慣例的な手法で描かれている。

だがフィギエの第三の光景は、彼がウンガーに盲従してはいなかったことを明示している。リューのデヴォン紀の絵（図81, テキスト62）は、ウンガーの第二の新しい光景（図68）とは異なり、植物ばかりでなく動物も提示している。それでも動物は暴風雨にもてあそばれた残骸というよりは、博物館の陳列棚の中の標本のように、岩だらけの海岸にきちんと並べられている。しかしそれらは少なくともその時代の豊かな化石動物相を伝えている。前景の甲冑魚は、脊椎動物の最初の出現を表わしている（このような化石が産出する旧赤色砂岩は、当時は海成堆積物と考えられていた）。ウンガーの光景に描かれていたものに似た原始的な植物は、ここでは場所は中景の突きでた陸地に格下げされているものの、生命がいまや陸上にまで広がったことを告げている点で重要である。

次の主要な累層、すなわち石炭紀石灰岩の時代を描写する光景には、絵画的に非常に異なった二つの版が存在する。リューははじめ海岸線の光景を描き、そこでは豊かな海生動物相が、岸辺に打ち上げられたいつも通りの方法で示され、少しのちの石炭期に見られるような樹木と他の植物にすっかり影を薄くさせられていた（図82, テキスト63）。だが2年後の第4版で、フィギエはこれを明らかに水槽の眺めに範を得た光景に置き換えた（図83, テキスト64）。30年以上前のデ・ラ・ビーチの新機軸（図19）は、すぐれた連続画の中の少なくとも一つの光景においてようやく採用されたのである。海水槽への熱狂が最高潮に達すると、こうした眺めはフィギエの著作のような大衆書の読者にとっても親しいものになった。水槽の眺めのような構図は動物を寄せ集めて大写しにするが、不自然な密集を強いるものでもあり、この時代の植物はいまや後景に追いやられている。

だが石炭期を扱う次の光景では、植物がほぼ舞台全体を占めている。ましいものである。単純な低木アステロフィリテスだけが、すらりとした細長い茎を空へ向かって伸ばしている。大気がなかば不透明なので光はまだ青白く、そのもとでは基本的に多孔性で目の粗い維管束植物だけが生育している。現在のキノコによっておおよその観念は得ることのできる隠花植物が、この原始の植生の大部分だったであろう。だが組織が柔らかく、硬度が不足し、木部繊維が欠けているため、この最初の植物の痕跡はこんにちまで残されていない。

ルイ・フィギエ『大洪水以前の地球』(1863)

テキスト63

［図82］は、いわば理想的に集合させられた、石炭紀石灰岩亜紀のさまざまな自然の要素を示している。穏やかな海の上に浮上した、この時代特有の植物に覆われた一連の島が見える。

左手でこの風景を閉じているがっしりした幹はシギラリアのものである。地上にはこの大きな植物の、鱗模様の長い耳の形をした実が落ちている。シギラリアの幹の近くに、葉を茂らせたレピデンドロンがあり、その根もとに草本性のシダが見える。右手の小島の二本のカラミテスの間に、枝が羽製のはたきに似たロマトフロイオスの茎が立っている。

潮が変わるときに浜辺では、この時代特有の軟体動物や甲殻類や植虫があらわになる。後景には、ガスと蒸気の噴出をともなった土地の隆起という、地球の進化におけるこの遠い過去には頻繁に起きていた、地質現象が望見される。

ルイ・フィギエ『大洪水以前の地球』(1863)

図82 『石炭紀石灰岩期の地球の理想的光景』。ルイ・フィギエ『大洪水以前の地球』(1863) より。

リューがはじめ描いた光景（本書には再録されていない）は，「石炭期の沼地」と題されていたにもかかわらず，どちらかといえばサヴァンナに似たものであり，草本サイズの植物が生えた地面に，コール・メジャーズを構成する典型的な樹木が点在していた。しかしこれはすぐに樹木に密に覆われた薄暗い沼地という，よりふさわしい光景に置き換えられた（図84，テキスト65）。この光景は，小型の鋼版画には大型の石版画の細密さや雰囲気の微妙さが欠けているものの，クヴァセクの同様の光景（図44）に明らかにもとづいている。数匹の魚が前景の澄んだ水の中を泳いでいて，ゴルトフスの光景（図40）の魚を思い起こさせる。だが新たな発見のおかげで，リューは同じように水中を泳ぐ最初期の爬虫類アルケゴサウルスを付け加えることができた（まだ頭部しか知られていなかったので，その場所の水は都合のよいことに透き通っていない）。

リューのペルム紀の光景（図85，テキスト66）は，クヴァセクがウンガーのために描いた初版の石版画（図46）の影響をより明瞭に示している。ヨーロッパの数箇所で知られているこの時期の火山活動が，ここでも特徴的な風景の原因とされており，後景の噴火が局所的な嵐の光景を作りだしている。前景には，全体の感じはウンガーのものに似た樹木や他の植物が置かれている。しかしリューは，陳列するという伝統的手法に戻ってしまったとはいえ，海生生物のサンプルを追加している。

三畳紀前期を表現するフィギエの次の光景（図86，テキスト67）のために，リューはウンガーの連続画の中にある，一つは陸一つは海という二つの光景（図47，48）を巧妙に組み合わせた。左にはムッシェルカルク期の暴風雨に見舞われた海があり，その石灰岩に特徴的に含まれる茎のあるウミユリや他の無脊椎動物が，いつものように岩の上に投げ上げられている。右には陸地の端があり，やや古いブンター砂岩中の植物化石から復元した樹木が描かれている。この両半分は，それ

➡ p.184

テキスト64

［図83］は――理想的水槽のようなものを工夫したおかげで――石炭紀石灰岩の時代の海に住んでいた，いくつかの主要な種を表現している。右手には，まぶしい白色に光るポリプ母体の一族がいる。描かれている種は端から順にラスモキアッス〈Lasmocyathus〉，カエティトゥス〈Chaetitus〉，そしてプトリポラ〈Ptlypora〉である。サーベルの形をした細長い円錐形の管の末端を占めている軟体動物アプロケラス〈Aploceras, 頭足類に属す〉は，アンモナイトの到来を準備しているように思われる。というのもこの細長い殻がとぐろを巻けばアンモナイトやオウムガイに近づくからである。前景の中央には，ベレロフォン・フイルクス〈Bellerophon huilcus, 腹足類の一種〉，ナウティルス・コニンキイ〈Nautilus Koninckii, オウムガイ属の一種〉，殻の内と外から多くの棘がでているプロダクタスが見える。

左手には別のポリプ母体がいる。小さな棘を備えた横長のコネーテス〈Chonetes, 現在の分類では腕足類〉と，まっすぐな円筒形の茎をもつキアトフィルムである。ウミユリのキアトクリヌス〈Cyathocrinus〉とプラティクリヌス〈Platycrinus〉が木の幹に巻きついたり，曲がりくねった茎を水中に漂わせたりしている。またほとんどは植物のように，その上で成長してきた岩にはりついて動かないこれら生物の間を，アムブリプテルス〈Amblypterus〉という魚が数匹泳ぎまわっている。

この図版の残りの部分は，穏やかな海の上に浮上した一連の小島をわれわれに示す。そのうちの一つは森に占領され，そこに生育するこの時代の大型植物の全体の形が遠くから眺められる。

ルイ・フィギエ『大洪水以前の地球』第4版（1865）における改訂版

テキスト65

［図84］は石炭期の沼地と森を表現する試みである。ここには草本性シダとトクサからなる，芝生のような丈の低い密な植生が見える。数種の森林樹がこの湖水植物の上に頭を高くあげている。描かれている種は正確には次の通り。

左手にはレピデンドロンとシギラリアの裸の幹と，その二つの幹の間に立つ樹木状のシダが見える。これらの

大木の根もとには，草本性シダとスティグマリアが登場しており，後者は生殖胞子を備えた長い根の分枝を水中に伸ばしている。右手には，その葉はまだ知られていないもう一つのシギラリアの裸の幹と，スフェノフィルムと，球果植物がある。この球果植物の種を明確にすることは難しいが，その痕跡は当然ながら炭層の中におびただしく残っている。

　この集団の前に，分解されつつある植物の堆積に混じった，レピドデンドロンとシギラリアの折れて倒れた二つの幹が見える。それらはやがて肥沃な腐植土を形成し，その上で新しい世代の植物がすぐに育つであろう。いくつかの草本性シダとカラミテスの芽が沼の水から外にでて

➡ p.182

図83　『石炭紀石灰岩期の海生動物』。ルイ・フィギエ『大洪水以前の地球』第4版（1865）における改訂版。

図84 『石炭期の森と沼地の光景』。ルイ・フィギエ『大洪水以前の地球』第4版（1865）における改訂版。

いる。

　この時代特有の数匹の魚が水面を泳ぎ，水生爬虫類アルケゴサウルス〈Archegosaurus, 現在の分類では両生類〉が，発見されている唯一の部分である長いとがった頭部を見せている。前景で可憐なアステロフィリテスが，細かく分岐した茎を水の上に立てている。

　レピドデンドロンとカラミテスからなる森が，この絵の後景を構成している。

ルイ・フィギエ『大洪水以前の地球』第4版（1865）における改訂版

テキスト66

　ペルム紀の地球の理想的光景を表現している［図85］の後景には，まだ煙をだしほとんど固化していない物質に由来する，水面から柱状に上昇する水蒸気の塊が見える。前景の右手には，前代の木生シダであるレピドデンドロンと，ヴァルキア〈Walchia，球果植物〉の集団が立っている。海辺には，引き潮によってむきだしにされたこの時代の軟体動物と植虫——プロダクタス，スピリファー，ウミユリ——がいる。可憐な小さな草，石炭紀のアステロフィリテスが岸からさほど離れていない水辺に生えている。蒸気の柱は冷たい大気の充満する一定の高さにたどりつくと凝結し，ついに滝のような雨となっ

➡ p.184

図85　『ペルム紀の地球の理想的光景』。ルイ・フィギエ『大洪水以前の地球』(1863) より。

ぞれウンガーの光景から借用した，二頭の爬虫類の対決によって劇的に結び合わされている。一方は砂の上に足跡を残している陸のラビリントドン，他方は実質的にクヴァセクの真に迫ったポーズを模写した海のノトサウルスである（製版の過程で鏡像のように反転させられているが）。

　ラビリントドンとその足跡を描いたもっと大きな独立した絵（本書には再録されていない）は，この著作のあとの部分でますます頻繁に登場する類の挿絵の最初の例である。フィギエは視覚的証拠の連鎖をすべて示すことにより，ページ全体を使ったリューの光景の基盤にある推論の過程を繰り返し説明する。その視覚的証拠は化石葉，貝殻，骨といった単純な標本から，体の輪郭がついていたりいなかったりする復元骨格にまで及んでいる。次にそれらは生きているように描かれた，欠けたところのない個々の動植物として示される。最後に，そのような個々の生物のいくつかが，完全な風景的光景の中に集められ，互いに関連づけられる。

　ラビリントドンは，コイパー砂岩とその広範囲にわたる塩類堆積物が形成された，三畳紀後期を表わす次の光景（図87，テキスト68）にも登場する。有名な足跡をつけているこの動物と，樹木サイズの植物は，クヴァセクがウンガーのために描いた対応する光景（図49）に明らかに由来する。陸の風景はここでも光景の半分に圧縮されている。しかし今回は他の半分に水生生物は描かれておらず，代わりにそれは塩類堆積物の起源を説明するために使用されている。したがって前景では，蒸発によって塩の層が閉じられた潟に堆積したことを示すために，この光景は地質断面図の構成と組み合わされている。

　それに対しページ全体を使った次の版画は生物だけを描いているので，形の上では真の風景的光景と，先ほど述べたような動植物の体の単なる復元との中間にあたる。それでもこの光景はかかわりをもつ二頭の動物を描写しているため，これまでの連続画に含めるのが妥当で

て降り注ぐ。これほど大量の水の蒸発には，電気流体の法外な遊離が必然的にともなうので，原始の世界のこの薄暗い光景は，雷鳴の反響音を随伴する明るい稲妻によって一瞬照らしだされる。
ルイ・フィギエ『大洪水以前の地球』（1863）

🎔 テキスト67
　添えられた版画［図86］は，貝殻亜紀〈ムッシェルカルク期のこと〉［三畳紀］特有の動植物の全体を，理想化された絵において示している。この太古の世界の光景は，強風や一時的な嵐によって大波が引き起こされた瞬間の海岸へ，われわれを運んでくれる。引き潮が，長い曲がりくねった茎をもつ美しいウミユリ，イガイ〈二枚貝類〉，チョウチンガイ〈腕足類〉のような水生動物をむきだしにしている。岩礁の上に乗り，獲物に襲いかかろうとしている巨大な爬虫類はノトサウルスである。そのそばに，それと同属だがより小さな種の別の爬虫類がいる。岸辺の砂丘に貝殻期に特有の壮麗な樹木，すなわち太い幹と傾いた枝や葉群をもち，現在のヒマラヤスギによっておおよその姿を知ることができるハイディンゲラ〈球果植物〉が立っている。この緑のカーテンの奥には優美なボルチア〈球果植物〉が見える。この原始の森に生息し，それに風変わりな趣を付与している爬虫類は，砂浜に奇妙な足跡を残しながら，海に向かって降りていくラビリントドン〈現在の分類では両生類〉によって代表されている。その足跡は，科学の疑問に答えようとするかのように，不思議なことに現在まで残されている。
ルイ・フィギエ『大洪水以前の地球』（1863）

図86　『貝殻亜紀の地球の理想的光景（三畳紀）』。ルイ・フィギエ『大洪水以前の地球』（1863）より。

6　確立したジャンル　185

あろう（図88, テキスト69）。イクチオサウルスとプレシオサウルスの対決はその頃すでに視覚的定型であったとはいえ，リューのデッサンはたしかに力強い。クジラのように潮を吹くイクチオサウルスは，デ・ラ・ビーチの『太古のドーセット』（図19）に慎ましく登場していたが，リューはこの潮吹きを驚くほどの規模にまで拡大している。付随するテキストは，月並みな流れに沿って復元の手順を詳細に述べたあと，このような異質の生物に「怪物」の名を付与することを，きっぱり拒絶するという結論を下している。この議論は生物の発展に関するほぼ進化論的な言辞と，伝統的な自然神学の再確認を，その時代に特有の方法で結び合わせたものである。

ライアス期の海生爬虫類を，それら自身の光景のスターにしたあとで，フィギエはリューの二番目のライアス期の版画を，もっぱら陸上の，主に植物の光景に当てることができた（図89, テキスト70）。それでも巨大なトンボに襲いかかるプテロダクティルスに強い光が当てられている。この爬虫類が鳥のように飛べたという説に疑念が増大していたため，フィギエはその滑空の習慣に明確に言及している。

もともとはウーライトの時代，すなわちジュラ紀後期を描写するためのものであったリューの次の光景（図90, テキスト71）は，製版の過程につきものの鏡像的反転をいつものように考慮するなら，クヴァセクの対応する光景（図50）に直接由来している。動植物は，浜に乗り上げたイクチオサウルスの骨格や，遠くのハクチョウに似たプレシオサウルスのようなものまで，クヴァセクのそれと非常に類似した方法で描かれている。しかしいつも通り，リューはたとえばワニ，飛翔するプテロダクティルス，漂うアンモナイトなどを付け加えながら（あとの二つは本書の複製では消えてしまうほどに小さいが），クヴァセクより動物を強調している。もっと重要な追加は，袋からでた子を背中にしがみつかせ，タコノキの根を登っているオポッサムに似た有袋類である。これは知られていた最初の化石哺乳類を記録したものであ

→ p.190

🔖 テキスト68
［図87］は含塩期［三畳紀］の地球の絵画的光景であると同時に，二次岩層の中の岩塩の起源を説明する図解でもある。前景の土壌の理論的断面図は，先ほど分析した地質学的メカニズムによって形成された塩の層を表わしている。この層は堆積したあとの地殻の変動により，斜めに傾いている。

含塩亜紀の動物については，特にいうべきことは何もない。この時代の累層を構成する岩塩と粘土の層には，化石動物の遺骸は混じっていない。この頃の海辺に住んでいた動物は，貝殻亜紀の動物と同じであった。この海に住んでいた動物は——繰り返すなら——この時期の塩と鉱物の層では発見されないので，われわれは遺骸がこの累層の基部で見つかるラビリントドンだけを提示しておいた。
ルイ・フィギエ『大洪水以前の地球』（1863）

🔖 テキスト69
［図88］にわれわれはライアス期の二つの大型海生爬虫類，イクチオサウルスとプレシオサウルスを集合させている。プレシオサウルスについてキュヴィエは「この動物は太古の世界の種族の間で遭遇する特徴の，最も怪物的な部分を寄せ集めている」と述べているが，この表現を文字通り受け取る必要はない。自然界に怪物はいないし，いかなる現生の動物種においても，体制の一般的法則は決して破られてはいない。したがってジュラ紀の海に住んでいた巨大な爬虫類を，「怪物」と規定するのは不当な仕打ちである。きわめて特殊な体制の中に，すなわち現在の動物の構造とは明らかに異なる構造の中にむしろ見るべきなのは，類型の単なる拡大や，ときにはそれら生物の起源や連続的完成なのである。太古の動物の奇妙な系列を見渡してみると，体制と生理的機能は絶えず改善され，人間の登場に先行する絶滅属のそれぞれの器官は，常に向上するべく変化してきたことがわかる。デヴォン紀の海の魚のひれは，イクチオサウルスとプレシオサウルスのひれ状の足に，それはやがてプテロダクティルスの膜状の足と鳥の翼になった。次いで陸生哺乳類の関節のある前足が現われ，それが類人猿の手において驚くべき完成の域に達したあと，最終的に人間の腕と手に

→ p.188

図87 『含塩亜紀の地球の理想的光景（三畳紀）』。ルイ・フィギエ『大洪水以前の地球』（1863）より。

なったのである。それは，理性という神的な属性によって啓蒙され変貌させられた存在が所有する，繊細さと力を備えた見事な道具である。したがってわれわれの精神を迷わす怪物性などという観念は注意して遠ざけよう。大洪水以前の生物を自然界の誤謬とか逸脱などと見なさないようにしよう。嫌悪の念でわれわれの目をそらすことなどなしにしよう。それどころか彼らの体制という成果の中に，崇高なる万物の創造主が引いた設計図を，賛嘆の念をもって読むことを学ぼうではないか。

ルイ・フィギエ『大洪水以前の地球』(1863)

図88　『イクチオサウルスとプレシオサウルス（ライアス期）』。ルイ・フィギエ『大洪水以前の地球』(1863) より。

テキスト70

　[図89]はライアス期の陸上の風景を描いている。この時代に特徴的な高木と低木は，絵の左端に登場している優美なプテロフィルムと，太く短い幹とそこから扇のように放射する葉によって見分けのつくザミテスである。この時期の大きなトクサが，木生シダに混じっている。さらに現在のイトスギに近縁の球果植物が見える。動物では，プテロダクティルスがとくに目立つように描かれている。この爬虫類の一匹はしゃがんだ姿勢で休息している。他の一匹は鳥のようには飛ばず，翅のある昆虫の優美なトンボ〈Libellulae〉をつかまえるために，岩の上から飛びかかっている。

ルイ・フィギエ『大洪水以前の地球』(1863)

図89　『ライアス期の風景』。ルイ・フィギエ『大洪水以前の地球』(1863)より。

る。生命の歴史におけるその重要性は，リューがその動物を非常に誇張された大きさで描くという芸術的自由を，露骨に行使したことに表われている。

　この本の初版がでたあと，フィギエは最近の研究を反映した二つの光景をリューに追加させることにより，ウーライト期の範囲を拡大した。その第一のものはウーライト期中期を表現し，テレオサウルスとヒラエオサウルスという二つの注目すべき爬虫類を登場させている（図91，テキスト72）。テレオサウルスのうちの一頭はイカを食べているが，もう一頭はリューが腹部を描けるよう仰向けになって死んでいる。ヒラエオサウルスは，クリスタル・パレスのホーキンズの模型があからさまに借用されている。

　ウーライト期後期の化石にもとづいた，追加された光景の第二のものは，その時代の植物に当てられている（図92，テキスト73）。そこには知られている中では最古の鳥，新たに発見されたアルカエオプテリクスと，奇妙なランフォリンクスの復元図も描かれている。

　次の光景も二頭の動物を主人公にしているが，今度はウィールド期，すなわち白亜紀前期が対象である（図93，テキスト74）。闘う爬虫類のポーズは，四半世紀前マーティンがマンテルのために描いた，見るからに恐ろしい怪物のポーズ（図35）を思い起こさせる。だがこの絵の雰囲気はまったくマーティン的ではなく，背景の植物はウンガーの書の中の光景（図51）に漠然ともとづいている。しかしその絵とは異なり，このイグアノドンは，クリスタル・パレスのホーキンズの模型に依拠していると思われる，別の爬虫類メガロサウルスを攻撃し（そして攻撃され）ている。

　第二紀全体の最後の光景は白亜紀後期を描写する（図94，テキスト75）。リューは芸術的にはずっと粗雑だが，科学的にはやや多くの情報を盛り込んだ形で，クヴァセクの対応する光景（図52）を自由に脚色している。チョークの形成された条件がよりよく理解されたため，

→ p.194

テキスト71

　[図90]にはウーライト期前期の地球の理想的光景が描かれている。岸辺にはこの時期の植物を代表するものが生育している。すなわち扇のように葉を広げた太く低い幹をもち，形態が現在の熱帯のザミア〈ソテツ科〉に似ているザミテス。基部から頂部まで，細かく分岐した枝に覆われた茎をもつプテロフィルム。現在のイトスギによく似た球果植物，そして樹木状のシダ。この風景をライアス亜紀の風景から分かつのは，気根と長い葉と球状の実によって注目される堂々とした木，タコノキの集団である。

　一本のタコノキの根の上に，現在のオポッサムにかなりよく似たファスコロテリウム〈Phascolotherium〉が見える。それは太古の世界に生気を与える最初の哺乳類であった。ここで画家はその形を明確にするため，この動物の大きさを誇張しなければならなかった。ネコよりさほど大きくはないので，読者は頭の中でこの哺乳類の寸法を5ないし6分の1に縮小していただきたい。

　ワニと，イクチオサウルスの骨格が，爬虫類はまだこの時代の動物界で重要な位置を占めていたことを思い出させる。また数匹の昆虫，とくにトンボが空中を飛びまわっている。海ではアンモナイトと，巨大なハクチョウのような恐るべきプレシオサウルスが泳いでいる。太古のポリプが作りだした円形のサンゴ礁が，大洋の環礁の原型をなしている。太古の世界のポリプがきわめて活発にサンゴ礁や小島を作りあげたのは，このジュラ紀であった。

ルイ・フィギエ『大洪水以前の地球』（1863）

図90 『ウーライト期前期の地球の理想的光景』。ルイ・フィギエ『大洪水以前の地球』(1863) より。

❧テキスト72

[図91] はウードゥ゠デロンシャン氏 (1) のスケッチにもとづき, ウーライト期の一種のヤリイカであるゲオテウチス〈Geoteuthis〉を海からつかまえてきた, テレオサウルス・カドメンシス〈Teleosaurus cadomensis, ワニ目の一属〉を描いている。この動物は背と腹の両側を骨板に覆われているという, 奇妙な特徴を有していた。この特徴を明示するために, 生きた個体は岸辺にいるところが, 死んだ個体は腹側の骨板をむきだしにして, 浅瀬で仰向けに浮いているところが描かれている。

テレオサウルス・カドメンシスのうしろには, 白亜紀において再度出会うことになるもう一つのトカゲ類, ヒラエオサウルスが見えている。われわれはここでは, シドナムのクリスタル・パレスにおいて, ウォーターハウス・ホーキンズ氏によって巧みに復元された姿を採用している。
ルイ・フィギエ『大洪水以前の地球』第4版 (1865)

●注　(1)「ウードゥ゠デロンシャン氏」: ウジェーヌ・ウードゥ゠デロンシャン (1830-89) は, ジュラ紀の爬虫類の研究によってよく知られていたフランスの古生物学者。

図91　『テレオサウルスとヒラエオサウルス (ウーライト期中期)』。ルイ・フィギエ『大洪水以前の地球』第4版 (1865) より。

◆テキスト73

　ウーライト期後期の地球の光景を描いた［図92］は，ジュラ紀の植物の性格を明らかにすることを主な目的としている。木生シダの間のスフェノフィルムがこの植生においては卓越している。数本のタコノキ，少数のザミテス，多くの球果植物が生育しているが，ヤシの木は見られない。オセアニアの環礁の形にいくぶん似たサンゴ礁が海からでており，ジュラ紀にはその形成が盛んであったことを示している。描かれている動物は，ジュルダンが命名したクロコディレイムス〈Crocodileimus，ワニの一属〉と，通ったあとに特徴的な足跡を残しているランフォリンクス〈Ramphorynchus，長尾型の翼竜〉と，アステリアス〈Asterias，ヒトデの一属〉，コマトゥラス〈Comatulas，ウミシダの一属〉，ヘミキダリス〈Hemicidaris，ウニの一属〉，プテロケロス〈Pteroceros〉のようなこの時代のいくつかの無脊椎動物である。空高くには，骨が未発見の頭部を除き，骨格から復元されたゾルンホーフェンの鳥アルカエオプテリクス〈Archaeopteryx〉が舞っている。
ルイ・フィギエ『大洪水以前の地球』第4版（1865）

図92　『ウーライト期後期の地球の光景』。ルイ・フィギエ『大洪水以前の地球』第4版（1865）より。

ここにあるのは嵐に激しく打たれる山の多い海岸線ではなく，大きく穏やかな海の低く横たわる浜辺である。海岸に打ち上げられているのは，いつものようにきれいに並べられた海生生物の抜粋である。その向こうには，この時代の樹木の同じような抜粋がある。ウンガーのシナリオに対する唯一の主要な追加は，化石頭骨がキュヴィエの時代以前から広く知られていた巨大な海のトカゲ，モササウルスである[6]。

リューの第三紀の光景の最初のものは，始新世を描いている（図95，テキスト76）。フィギエはパリ周辺の地層が形成された時期に対し，30年前にライエルが提案したその用語をここで採用している。この光景はウンガーの書の中の光景（図53）を忠実に模している。借用した要素の中には，牧歌的風景という舞台装置や，岩の上に止まって警戒を怠らないでいる渉禽類のような細部がある。しかしいつも通り動物がもっと目立つように配置され，キュヴィエが初めて復元した哺乳類は前方の日のあたる場所で強調されている。

リューの次の時代の光景，すなわちライエルのいう中新世の光景は，哺乳類をもっとはっきりと主役にしている（図96，テキスト77）。ウンガーの書の中の光景（図54）とは対照的に，密な植生は単なる背景であり，フィギエのテキストにおいてもまったく言及されていない。反対に，クヴァセクの構図の後景に潜んでいたマストドンは前面にもってこられ，近くのサイと同様人目を引く存在になっている。しかし舞台中央はディノテリウムに占領され，この動物は30年ほど前にカウプが初めて復元したとき（図30）とまったく同じポーズで，小さな池の端に静かに坐っている。それほど目立たないが同じく重要な一頭の新顔は，もっと最近の発見を反映している。木の枝の間にいるのが，比較的太古の時代に人間に似た哺乳類が生存したことを初めて証明した，霊長類のドリオピテクスである。

フィギエの初版では，次の二つの光景はライエルが定義した第三紀の三番目の時期，すなわち鮮新世を描いている。ここではフィギエと

→ p.198

テキスト74

白亜紀前期の森の中で繰り広げられた，イグアノドンとメガロサウルスの格闘を示す［図93］は，この時代の植生についても理解を可能にしてくれる。ここには異国的であると同時に温帯的な植生，すなわち熱帯の植生と，われわれの周囲にあるような植物相が集められている。左手には，現在の森の双子葉植物に似た木の集団が見られる。そこにある優美なクレドネリアは，樹木状の尾状花植物なので，双子葉植物に属すると考えられてきたが，実が発見されていないため植物学上の位置はまだ確定していない。シダとザミテスからなる別の木の集団が後景にある。遠くに霞んではいるが数本のヤシの木も見える。この絵には，ハンノキ，セイヨウハルニレ，カエデ，クルミの木など，現在の種によく似た種も認められる。

ルイ・フィギエ『大洪水以前の地球』（1863）

図93 『イグアノドンとメガロサウルス（白亜紀前期）』。ルイ・フィギエ『大洪水以前の地球』（1863）より。

図94　『白亜紀後期の地球の理想的光景』。ルイ・フィギエ『大洪水以前の地球』(1863) より。

テキスト75

［図94］には白亜紀後期の地球の理想的光景が描かれている。海ではモササウルス〈Mosasaurus〉が泳いでいる。この時代特有の軟体動物や植虫などが岸辺に見える。植生は現在のものに近づいているように思われる。シダとプテロフィルムに，ヤシの木，ヤナギ，われわれの時代のものに類似した若干の双子葉植物が混じっている。当時非常に豊富だった海藻が，海辺の植物を構成している。
ルイ・フィギエ『大洪水以前の地球』(1863)

◈テキスト76

　[図95]には始新世の理想的風景が示されている。その植生の中には，化石種と現生種が混在している。ハンノキ，セイヨウハルニレ，イトスギに，絶滅種のヤシの木であるフラベラリアが混じっている。一羽の大きな渉禽類ズグロコウが，右手の岩の突端に乗っている。川ではスイレンなどの水生植物の間に，スッポンが浮かんでいる。他方でパレオテリウム，アノプロテリウム，クシフォドン〈Xiphodon，偶蹄目の一属〉の群が，この静かな憩いの場である野生の草地で穏やかに草を食んでいる。
ルイ・フィギエ『大洪水以前の地球』(1863)

図95　『始新世の理想的風景』。ルイ・フィギエ『大洪水以前の地球』(1863)より。

6　確立したジャンル　　197

リューはウンガーに範を仰がず，自力でことを進めている。フィギエは初めて旧世界と新世界を地理的に区別したので，ここには二つの光景が存在する。ヨーロッパの鮮新世の風景（図97，テキスト78）は，種々の哺乳類に妥当な生息環境を提供するための牧歌的な前景と，ヨーロッパの数箇所でこの時期に起きたことが知られている火山活動をほのめかす，火山の後景を組み合わせている。まっすぐな牙をもつマストドンのようないくつかの動物は，かなり完全な化石証拠から復元されたとはいえ，ウマのような他の動物は，もっと断片的な化石遺骸をもとに，現生の動物から類推したにすぎないことをフィギエは認めている（カウプの画家たちもかつて同様の近道をした）。

　鮮新世のアメリカ大陸の生命の光景（本書には再録されていない）は，新世界とくに南アメリカで化石として発見された，珍しい哺乳類を描こうとするものであった。その風景はヨーロッパの光景によく似ている。だが本が出版されたあと，フィギエはそれらの哺乳類が鮮新世のものではなく，もっと新しい時代のものであることを知らされたか，確信させられたのであろう。そこで第4版では，この光景は撤回され，その居住者は新たに制作された更新世の南アメリカの絵の中に移されている。

　実際には，フィギエは更新世（ライエルが区分した第三紀の四番目にして最後の時期）という用語を使わず，この地質時代の最も新しい部分に対し，ほぼ同義の用語である「第四紀」を採用している。第4版では，先ほど述べた変更の結果，地理的に区別された二つの光景をもつのは鮮新世ではなく第四紀である。リューは一時的に暇がなかったのであろう，アメリカ大陸の第四紀は，はじめは明らかに質の劣る無署名の光景（本書には再録されていない）によって表現されていた。しかし第6版（1867）で，リューはそれよりずっと印象的な光景（図98，テキスト79）をもって復帰した。この絵の中の，奇妙なことに形が不明確な最大の哺乳類は，その骨格が約70年前に，キュヴィエの

➡ p.202

🎼 テキスト77
［図96］に示された中新世の理想的風景は，沼地の草の中に坐っているディノテリウムと，サイと，マストドンと，木の枝につかまっている大型の類人猿ドリオピテクス〈Dryopithecus〉を描いている。
ルイ・フィギエ『大洪水以前の地球』（1863）

図 96 『中新世の地球の理想的光景』。ルイ・フィギエ『大洪水以前の地球』(1863) より。

図97　『鮮新世のヨーロッパの理想的光景』。ルイ・フィギエ『大洪水以前の地球』(1863) より。

🙥テキスト78

　[図97]には鮮新世の理想的風景がヨーロッパの緯度において示されている。この絵の奥の最近押し上げられた山は，この時代には頻繁に地殻の変動があり，そのとき大地は乱され，覆され，現在の山の一部が出現したことをわれわれに想起させる。植物は現在のものとほとんど同じである。前景にはこの時代のより重要な動物が集められている——化石種は発見された遺骸をもとに，子孫が現存する場合はそれをもとに復元されている。
ルイ・フィギエ『大洪水以前の地球』(1863)

テキスト79

　[図98] には，第四紀にアメリカにだけ住んでいた大型の貧歯類，すなわちグリプトドン〈Glyptodon〉，メガテリウム，ミロドン〈Mylodon〉が集められ，それにマストドンが付け加えられている。中新世にすでに出現していた小型のオナガザル，オレオピテクス〈Oreopithecus〉が木にぶらさがっている。この風景における植物は，現在の赤道アメリカ地域のものに類似している。

ルイ・フィギエ『大洪水以前の地球』第4版（1865）

図98　『第四紀の［南］アメリカの理想的光景』。ルイ・フィギエ『大洪水以前の地球』第6版（1867）より。

関心を初めて化石の分析へ向けさせるきっかけになったメガテリウムである（図12）。ミロドンすなわち巨大なナマケモノが木にしがみつき，マストドンが再登場している。そして前景で脚光を浴びているのが，巨大なアルマジロのグリプトドンと，小型霊長類のオレオピテクスである。

　一方北ヨーロッパでは，第四紀の生活ははるかに厳しかった（図99, テキスト80）。ここでもリューの光景は，芸術的に劣るとはいえ，全体としてクヴァセクの光景（図55）にもとづいている。マンモスというご馳走を楽しんでいるホラアナグマが，ここではバックランドのホラアナハイエナの一頭に挑まれているものの，やはり前景を占めている。中景では，生態学的にはウンガーの光景より説得力はないが，更新世の哺乳類がもっと広く選択されている。そして後景には，差し迫った氷河期あるいは「氷河時代」を予告する，氷に覆われた山がそびえている。ウンガーの連続画におけると同様，これもまだ人類以前の世界である。

　ウンガーはクヴァセクの光景を「洪積期」の絵と呼んでいた。しかし彼はその用語を専門的な意味で用い，たとえば氷湖の決壊によって生じた厳密に局所的な小規模の洪水以外には，どんな洪水も存在しなかったと考えていた。他方でフィギエは自分の書を『大洪水以前の地球』と題することにより，「大洪水以前の世界」の通俗的な意味を有効に利用していた。どこかの時点で，彼は小さな局所的災害以上のものを記述することにより，この約束手形を決済しなければならなかったであろう。だが彼はバックランドが40年ほど前に仮定したような世界的な激変はむろんのこと，広範囲の激変の可能性についても，地質学者たちがここ久しく懐疑的であることをよく知っていた。フィギエは，1860年代の地質学界の少なくとも一部からは是認されるような一手段を講じることで，このジレンマを解決した。彼は性格がはっきりと異なる二つの大洪水を区別した。どちらも世界的規模ではな

テキスト80

［図99］では，いま記述した時代のヨーロッパの景観を描くことが試みられている。クマが巣の入口に坐っている——その生活様式とウルスス・スペラエウス〈ホラアナグマ〉という名前の起源を思い出させるこの洞窟の前で，それはゾウの骨をかじっている。洞窟の上ではヒアエナ・スペラエア〈Hyaena spelaea, ホラアナハイエナ〉が，恐るべきライバルからその遺骸を横取りできるときがくるのを，獰猛な目をして待ちかまえている。オオツノジカ〈アイルランドヘラジカ〉とこの時代の他の大型動物が，小さな湖の遠くの岸を占領している。そこではこの時期の高木と低木に覆われた谷から，小山が盛り上がっている。氷雪のマントに包まれた，遠い地平線にそびえる最近隆起した山は，氷河期が近づいていることを思い起こさせる。氷河期は予期せぬ仕方で地球の一部を凍らせることにより，マンモスとリノケロス・ティコリヌス〈Rhinoceros tichorhinus, ケサイ〉の急激な絶滅の原因となり，それらの種族を地表から消し去ってしまうであろう。

ルイ・フィギエ『大洪水以前の地球』（1863）

図99 『第四紀の地球の理想的光景（ヨーロッパ）』。ルイ・フィギエ『大洪水以前の地球』（1863）より。

かったが，両者とも広範な影響をもたらした。だが非常に重要なのは，一つは人類以前のものであり，もう一つは人類の歴史に含まれるものだったということである（テキスト81）。

フィギエは先に起きた出来事を「北ヨーロッパの大洪水」と名づけ，リューはその挿絵としてそれにふさわしい激烈な光景を描いた（図100）。洪水の原因と推測されたのは，スカンディナヴィアの山の隆起であった。たいていの地質学者は，隆起は地殻の一部が突然ゆがんだために起きたと依然として考えていた。この想像上の出来事の結果は，同様に突然で激しいが一時的な，流氷を運ぶ奔流によって北ヨーロッパが水没させられたというものであった。この説は「洪積層」あるいは「漂積物」と呼ばれていた，非常に特殊な堆積物の分布を説明するのに役立った。たとえばスカンディナヴィアの広大な地域，北ドイツ平原，そして低地ブリテン島の大部分は，数十あるいは数百マイル北に源があるとしか考えられない「迷子石」を含む，巨礫粘土や氷礫土に覆われていたのである。

アガシの「氷河時代」説は，アルプスにあるような氷河がかつて広範囲に広がっていたことを説明する理論として，慎ましい形でしか発展していなかった。「洪積層」の特徴はまったく別の問題を提起するように見え，多くの地質学者はそれがヨーロッパのいかなる氷河よりも，はるかに大きな氷床に起因するという考えに疑念を抱いていた。そこでリューが描いた「ヨーロッパの大洪水」は，性質の点では巨大で激しく（流されずに残った球果植物がその規模を物語っている），気候の点ではほぼ氷河期のものであった。しかしそれは北ヨーロッパに限られ，人間の出現に先行していた。

人間の創造はフィギエの最高の美文を生みだした（テキスト82）。この偉大な出来事は伝統的な有神論的用語によって記述され，その事件の自然学的本性はうまい具合に曖昧なままにされている。もっと重要なのは，この本がこれまでに記述してきた広大な歴史の到達点として

テキスト81

第四紀に北半球で，二種類の大洪水が相次いで生じたという明白な証拠がある。一つは二度のヨーロッパの大洪水，もう一つはアジアの大洪水として区別される。二度のヨーロッパの大洪水は人間の登場以前，アジアの大洪水はそれ以後に起きた。したがって誕生して間もない頃の人類が，一度の大洪水を経験したのは間違いない。本章では，われわれは第四紀にヨーロッパを襲った二度の大変動だけを扱うことにする。

第一の大洪水はヨーロッパ北部で猛威を振るったが，それはノルウェーの山の隆起によるものであった。スカンディナヴィアで始まった波浪が広がり，現在スウェーデン，ノルウェー，ヨーロッパ・ロシア，ドイツ北部を構成する地域を破壊し，ゆるんだ土壌を押し流し，スカンディナヴィア全体——北ヨーロッパのすべての平野と窪地——を，移動する土壌のマントでくるんだ。中心でこの山の隆起が起きた地域は，極に近く高地であるため——この広大な地域を取り囲む海と同様に——部分的に凍結し，氷に覆われており，したがってこの地方をなめ尽くした波浪は巨大な氷塊を運んでいた。固い氷塊の衝突は，［図100］に描かれているように，この大変動によって引き起こされた破壊の度合と範囲を増大させることに貢献した。

ルイ・フィギエ『大洪水以前の地球』（1863）

図100 『北ヨーロッパの大洪水』。ルイ・フィギエ『大洪水以前の地球』（1863）より。

それが語られることである。ウンガーにとってと同様，人間の出現はドラマ全体がめざしてきた目標なのである。

　ここまでは，19世紀中葉においては完全に慣例通りである。だがフィギエが1860年代に，人類の起源と古さに関する当時の論争を，少しもほのめかさずに人間の出現を描くようリューに指示したのは，驚くべきことと言わざるをえない。フィギエの本の初期の版に載せられている光景（図101）は，ウンガーのために制作されたクヴァセクの最後の光景（図56）と性格の点で似ている。最初の人間の家族は，クヴァセクの風景と同じくアルカディア的な風景の前景で強調されている。飼い慣らされるのをまって近くで草を食んでいる動物を集めるために，男はここでも杖のみをもっている。遠くのシカだけが，飼われるより狩られる必要があると思われる野生の自然を暗示している。これまでの光景を支配していた敵意をもつ大型の動物は，氷河期と人類以前の大洪水のために消滅させられてしまった。男の慎ましい腰布は，エデンの物語のイチジクの葉をほのめかしているのだろうが，これは懊悩と重労働の世界ではないし，このアダムの額に汗は存在しない。彼と彼の妻も，クヴァセクの光景におけると同様，まぎれもなく白人でヨーロッパ人，近代的かつ上品な人間である。実際に注釈（テキスト82）の中で，フィギエは同業のパリ人ボワタールが2年前に提示した（図77，テキスト59），最初の人類の品のないおぞましい姿を断固として拒否している。

　フィギエにとっては不運だったが，人間の古さに関する論争は，彼の本が出版された頃に新しい決定的な局面を迎えていた。ブーシェ・ド・ペルトが，長い間調査を続けてきたソム川の砂利の中で，人間の顎骨を見つけたのである。同じ堆積物から発見されたフリントの斧など人間の加工品らしきものという，これまでの証拠に付け加えられたこの顎骨は，最初の人間はキュヴィエが半世紀前に蘇らせた絶滅動物相と共存していたと主張する者たちにとって，議論を有利な方向へ導

◈テキスト82
　氷河期が終わり，地球が正常な気温を取り戻したときにようやく人間が創造された。だがそれはどこから来たのか。
　シルル紀の海の焼けた岩の上に生えた最初の草の芽がやってきたところから，人間はやってきた。地球の上でときおり入れ替わりながら，完成への階梯を徐々に登ってきたさまざまな動物種がやってきたところから，人間は出現した。宇宙を構成する諸世界の作者の至高の意志によって人間は生みだされた。

［……］

　第三紀が終わる頃，大陸と大洋は現在示されているようなおのおのの境界を受け入れた。大地の擾乱，地殻の破砕，そしてそれらの結果である火山の噴火は，いまや稀にしか起こらず，局地的な限られた災害しかもたらさなかった。大気は完全に晴朗であった。大小の川は穏やかな堤の間を流れ，生物はこんにちのものと変わりがなかった。いまや気候帯が存在することによって多様化した豊富な植物が大地を飾り，多数の動物が海陸空に住みついていた。にもかかわらず創造の御業はまだ完成していなかった。このような驚異を理解し，崇高な作品を賛美することができる存在──創造者を崇め，それに感謝する魂が欠けていた。
　神は人間を創造した。

［……］

　人類の単一性の問題，すなわち人間が創造された場所は数多くあったのか，それともわれわれの種の祖先は唯一なのかという問題については，あまたのことが語られてきた。われわれは多くのナチュラリストとともに，人類の祖先は唯一であり，黒人，黄色人などの人種は身体に対する気候の影響の結果にすぎないと考えている。われわれは，人類は創造の方法については永遠にうかがい知ることのできない，神的な謎をもって初めて登場したと見なしている。最古の民族の伝承が教えているように，アジアの豊かな平原で，ユーフラテス川のさわやかな堤で──この肥沃で力強い自然のただ中で，明るい気候のもとで，アジアの晴れやかな空の下で，甘美な香りによって大気をかぐわしくする，鬱蒼と茂った緑の草木の陰で，最初の人間が神の懐から出でたと考えることをわれわれ

➡ p.208

図101 『人間の出現』。ルイ・フィギエ『大洪水以前の地球』(1863) より。

6 確立したジャンル

くものだったと思われる[7]。

　フィギエはブーシェ・ド・ペルトの新たな発見以前に、人間の出現を第四紀に設定していたと主張する自己弁護の脚注（テキスト83）を次の版で付け加えた。しかし第6版（1867）において、彼は避けがたい事実に屈服し、もとのアルカディア的風景に代わる完全に新しい光景（図102）をリューに描かせた。借用したとはむろん述べられていないが、この構図はボワタールの洞窟に住む原始人の絵（図78）を想起させる。リューの光景は芸術的にも科学的にもそれより質が高いが、どちらの光景でも洞窟の外にいる人間は、人間の世界と人間以外の世界とを象徴的に分かつ防御の溝をはさんで、敵意をもつ自然と対峙している。

　フィギエはテキストを（脚注以外は）変更しなかったので、最初の人間に洞窟に住む習慣がなかったという彼の説は、リューの新しい光景と矛盾することになった。のちにイギリスとアメリカで刊行されたいくつかの英語版の出版者たちは、相反する両者の一致を図ろうとした。英語版ではこの光景の第一の版は本の口絵として――保守的な気質の購入者を安堵させただろうが――残され、第二の版は末尾近くの本来の位置に挿入されたのである。

　リューの新たな人間は、もとの光景の中の人間と同様に、依然として顔つきは近代的で、白人かつヨーロッパ人である。ここには、ボワタールが魔術的な時間旅行で目撃した獣性（テキスト59）は暗示されていない。だが原初の核家族の代わりに、リューはより大きな部族集団を描き、そこにはブルジョア読者を安堵させるような、性による機能の明確な分化が見られる。エデンの園の男がもっていた牧歌的な杖は、ボワタールのものと同様の先端にフリントがついた頑丈な斧によって、またイチジクの葉は、ボワタールの類人猿的生物を覆っていたものに似た獣皮によって置き換えられている。だが溝の向こう側から人間を威嚇する更新世の哺乳類、とりわけホラアナハイエナとホラ

は好むのである。

　したがってわれわれは、種として存在しはじめた頃の人間を、醜悪な顔をし、全身毛に覆われ、クマやライオンのように洞窟に住み、獰猛な動物の残忍な本能を分有する、一種のサルと見なすナチュラリストたちとは意見を同じくしない。原初の人間がある時期、生きるために凶暴な獣と闘い、摂理によって定められた通り、森やサヴァンナで野生の生活を送らねばならなかったことは確かであろう。しかしこの見習いの期間は長くは続かず、高度に社会的な存在であった人間は、同じ欲望と関心に促されて形成した集団によって、動物を手なずけ、自然の力に打ち勝ち、無数の危険に備え、大地の他の住人をおのれの支配下に置く手段をすぐに発見したのであった。
ルイ・フィギエ『大洪水以前の地球』（1863）

🎜テキスト83
　アブヴィル近郊のムーラン＝キニョンの第四紀地層の中から、1863年4月にブーシェ・ド・ペルト氏によって化石人類の顎骨が発見された。同じ地層の中に、フリントの斧や炉の痕跡や石器の破片のような人間の工作物の残骸が存在することを明らかにしていた、既知の多くの事実に付け加えられたこの発見は、人間が第四紀のアジアの大洪水以前に生存していたことを、いとも鮮やかな方法で証明した。本作の初期の版でわれわれが人類の誕生を第四紀に置いていたのは、以前から知られていた事実に照らしてのことであった。したがって1863年にブーシェ・ド・ペルト氏によってなされた化石人類の発見は、1862年の本書において（1）すでに表明されていた見解を確認するにすぎない。
ルイ・フィギエ『大洪水以前の地球』第4版（1865）で追加された注

●注　（1）1862年への言及は、初版の発行年の都合のよい記憶違いか、（もっと寛大に考えて）フィギエが原稿を執筆していた時期に関連してのものである。いずれにせよ、こうして無事に彼の主張は、ブーシェ・ド・ペルトの1863年の発見より前になされていたということになった。

図102 『人間の出現』。ルイ・フィギエ『大洪水以前の地球』第6版（1867）における改訂版。

アナグマ，そのうしろにいるマンモスとサイは，ボワタールのものよりはるかに説得力に富んでいる。単独のシカだけが，第一の版と同様に野生ではあるが敵意をもたない自然を，またこの場にふさわしくないサラブレッドのウマだけが，人間が手なずけうるかもしれない自然を示唆している。寒い北ヨーロッパの動物と不調和に組み合わされた，一見して明らかな亜熱帯の植生は，フィギエのテキストが明確に言及している，人類の故郷が南方のアジアにあったという伝統的観念をほのめかしている。

首尾よく版を重ねていた途中でフィギエが行なった，光景の劇的な変更は，地球における生命の歴史の視覚的パノラマの中に，人類が完全な形で取り入れられた歴史的瞬間をものの見事に伝えている。「人間の出現」のこの改訂版によって，生命の歴史の頂点をなすその出来事は，より古い太古の時代の光景とまったく同じ絵画的スタイルで初めて表現されたのである。

この光景のどちらの版でも，人間の出現によって，フィギエはウンガーと同じく自分の叙述の仕事は完結したと考えるのが当然だったであろう。しかし彼の備忘録には一つの項目が残されていた。彼の本の題名にもなっている大洪水は，これまでは多くの読者が期待したものではない出来事として説明されてきた。それは明らかに人類以前の出来事なので，『創世記』と他の古代人の記録の中にも残されている──と広く信じられていた──大洪水ではありえなかった。そこでフィギエはリューに，この壮大な連続的光景を，のちに人間が経験した激変を表現する光景によって締めくくらせた。これこそ彼が以前に言及していた二つの大洪水の二番目のものであり，彼はそれを「アジアの大洪水」として最初のものと区別した（図103，テキスト84）。

この最後の光景が，いまや40年も前のものだが，イギリスでもフランスでも相変わらず人気を保っていた，ジョン・マーティンの有名な大洪水の版画（図10）にヒントを得ていたことは確かである。そこ

◈テキスト84

人類が中央アジアのユーフラテス川のほとりで誕生したとする考えは，人間の歴史においてきわめて重要なある出来事によって確証が得られている。その出来事は，さまざまな民族において保存されている多数の伝承が，一致して同じ場所で起きたとしている。それがすなわちアジアの大洪水である。

聖史がその記憶をわれわれに伝えているアジアの大洪水は，カフカス山脈に続く長い山脈の一部が隆起したために生じた。冷却の不可避の結果である割れ目の一つで大地が裂けると，火山物質が巨大な火口から噴出した。大量の水蒸気が，地球の内部から吐きだされた溶岩にともなっていた。この水蒸気は凝結すると，雨となって降り注ぎ，平原は火山泥流に呑み込まれた。非常に広範囲の平原の浸水はこの隆起の一時的な結果であり，アララト山の形成はこの隆起の永続的な結末である。この出来事は『創世記』第7章で詳しく述べられている。

［……］

『創世記』の記述にしたがい，アジアの大洪水を，神が示した道を外れた，誕生して間もない頃の人類を罰するために，神が採用した手段と見なすことを妨げるものは何もない。立証されると思われるのは，カフカス山脈の麓から発する地方，現在ペルシアの一部を構成する地方で，人類が誕生したということである。確実なのは，火山の噴火に続く山脈の隆起であり，泥流が広大な平原からなるこの地域を呑み込んだことである。したがって聖書が語る大洪水は現実のものである。しかもさまざまな民族がその伝承を保持している。

［……］繰り返すなら，聖書に記された大洪水［図103］は現実のものである。ただそれはこの種のすべての現象と同様に局地的であり，西アジアの山の隆起がもたらしたものであった。

ルイ・フィギエ『大洪水以前の地球』（1863）

図103 『アジアの大洪水』。ルイ・フィギエ『大洪水以前の地球』(1863)より。

には同様の闇と光の劇的なコントラスト，同様の逆巻く水の巨大な渦，同様の豪雨と電光がある。しかし人間の存在は，絶望のポーズをとる男女の群ではなく，遠くに見える大洪水以前の架空の都市だけによって暗示されている。だがこのような細部でさえ，大洪水の絵ではなく『バビロンの陥落』などの幻想的な構成にではあるが，マーティンの作品に由来している。ここでは自然界に対する脅威も，増大する水に押し流されそうな大声で啼く二頭のゾウと，数本のスギの木だけで示されている。

　ノアの洪水を表現するという長い芸術的伝統に属する光景としては，箱船の不在は一見したところ驚くべきことに感じられる。マーティンの構図にあった遠くのおぼろげな船さえ消え去っている。しかしフィギエのテキストは，彼が聖書直解主義からどれほど離れていたかを明らかにしている。この時代の多くの者にとってと同様彼にとっても，「アジアの大洪水」はメソポタミアにだけ起こった出来事であった。フィギエにとってその原因はもっぱら自然的なものであった。以前のヨーロッパの大洪水のように，それは遠くの山岳，すなわち今回はカフカス山脈，とくに箱船の伝統的な漂着地であるアララト火山周辺の山岳が，突然隆起したために生じたのであった。だがこの自然的原因は，神の意図とむろん完全に両立しうる。そこでフィギエは聖書の中の大洪水を局所的出来事と解釈しても——これは聖書解釈の新機軸ではなかったが——その宗教的な意味に変化はないと結論することができた。

　この結論が，生命の歴史の解釈においてフィギエが使用し続けた慣習的な有神論的言辞と同じく，この本の受容性と大衆性に貢献したことは間違いがない。フランス語版がただちに版を重ねたことはすでに述べた。初版からたった2年後の第4版（1865）までに2万5000部が販売されたが，これはフランスにおける硬いノンフィクション作品の当時の売れ行きとしては驚くべき数字であった。同年第4版が——

テキスト85

　人間の本性の奥に，地球の出現と発展を詳しく理解したいという渇望が潜んでいる。またその結果として，われわれの惑星の原始の時代に進行した，謎に包まれた過程を推測したいという抑えきれない衝動がある。この衝動は何世紀もの間しばしば抑圧されてきたが，次第に顕在化するようになり，現在では科学は民衆の意識の中に深く入り込んでいる。

　現代では，人類の歴史が委ねられるべき教養人には，われわれが住む惑星の歴史にも通暁することが求められている。各人は，その世界は一滴の水にすぎない単細胞生物から，最も完全な被造物である人間まで，地球における不可思議な生命とその活動に対する見識を備えていなければならない。

　たしかに創造の光景は，聖書の中で精彩に富む描写がなされているので，こんにちでさえ，これまでの永の年月においてと同様，独自の新鮮さによってわれわれの感覚を虜にする。だが知識の進歩にともない，その光景は聖書における創造の歴史の汚れなき報告を——いわんや永遠なる創造の計画において自己をあらわにする神の栄光を——曖昧にするような方法ではなく，それにより鮮明な光を与える方法で説明されねばならない。

　残念ながら地球史の科学はしばしば悪評にさらされてきた。というのも多くの虚構が真実として差しだされ，空想の産物が真摯な探究や冷静な観察の結果と誤認されてきたからである。本作では，知られている限りの真実が何よりも導きの糸であり，作者はこの精神にもとづき，学問的探究の最新の成果が，教養人にとって信頼できる理解可能なものになるよう努めてきた。読者はこの惑星とすべての生物との内的関係の場に案内され，計り知れない年月をかけて結晶から人間へと進化してきた，生物の発展の様子を目撃することになる。

　世界の三つの時代において，地球の単純な物体はより多様な生物へと進化し，ついに偉大な作品が完成し人間が創造された。しかし本作の表題にもなっている大洪水があったからこそ，人間を迎える地球の最後の準備は整ったのであった。大洪水は現在の世界と原始の世界を分かつ境界石である。大洪水とともに，地表の現在の状態と，神の創造の計画の頂点にある人類の発展は開始されたの

である。
オスカー・フラース『大洪水以前へ！』(1866)の「内容紹介」

ロンドン地質学会のあるメンバーによって——翻訳され，最初の英語版（1865）となった。次いで2年後に，この英語版は新しい「人間の出現」の図を，フランス語の第6版（1867）からすばやく転載するために改訂された[8]。英訳は北アメリカ市場のためにフィラデルフィアでも刊行され，スペイン語版がラテン・アメリカ市場のためにメキシコで出版された。デンマーク語版さえ存在しており，おそらく他の言語にも訳されているのだろう。

　世界的な普及をこのように概観してみてすぐに気づかされるのは，この頃科学を扱う主要な国際的言語としてはフランス語を追い抜いていた，ドイツ語の版が欠けていることである。だがこれはほとんど同じ題名をもつドイツ語の大衆書が，ほぼ同時期に出現していたことによって容易に説明がつく。『大洪水以前へ！』（1866）は，シュトゥットガルト自然史博物館の地質学部門長であった，ドイツの地質学者オスカー・フリードリヒ・フォン・フラース（1824-97）の手になるものである。この書の内容紹介によれば，フランスにおけるフィギエの本の成功が，フラースに同様の著作を書かせたということである。しかしフィギエと彼の出版者は，リューのほとんどの光景の再使用をフラースに許可したのだから，これは真の競合の例ではない[9]。フラースが思い描いた太古は，フィギエのものと同じく，人間をめざす生命の上昇に具体化された，神の意図の観点から構成されていた。それでもフラースは，科学的証拠にもとづいているとは主張できないという理由によるのであろうが，リューの『人間の出現』のエデン的光景（図101）を再録することはためらったように思われる。だがやはりフィギエと同じく，フラースは書名の「大洪水」を，人類以前と人類とを分かつ，すなわち「原始の世界」と現在の世界とを分かつ決定的境界と見なし（テキスト85），リューのマーティン的光景『アジアの大洪水』（図103）を口絵として用いさえしている[10]。

　フラースのテキストは，地球とそこに住む生命の時間的発展を，最

も遠い過去から現在におけるその到達点である人間世界へとたどる点で，フィギエのテキストのパターンを踏襲している。だが販売促進のため，フラース——あるいは少なくともシュトゥットガルトのこの本の出版者——は，この複雑な物語を「大洪水以前の」単一の世界へ圧縮してしまうことに，良心の呵責を感じていなかった。ペーパーバックによる各分冊の表紙を飾る絵（図104）は，明らかにフィギエの本の中の光景，とくに潮を吹くイクチオサウルス，死闘を演じるイグアノドンとメガロサウルス（図88，93）から借用している。だがむしろミルナーの初期の装飾的構図（図41）のように，それは三葉虫とイクチオサウルスとマンモスを，一つの光景の中に混在させている。これは依然として，購入者の注意を引くためには許容できる方策だったと思われる。そこでリューの光景とともに本文の記述が，分化されていない「大洪水以前の」世界という大衆的な観念を，きわめて多様な過去というもっと豊かな概念へと拡張することを期待されていた。

　教育的であると同時に娯楽的なフィギエの『大洪水以前の地球』は，子供への格好のクリスマス・プレゼントとして，中産階級の大人たちに広く支持されていたであろう。フィギエは序文において，子供に与えられる想像力の糧としては，自然誌に関する大衆書が，伝統的なお伽噺や神話にとって代わるべきであると主張していた（テキスト86）。その熱心な提案は，1868年の「ボクシング・デイ」——クリスマスの翌日，つまりヴィクトリア朝の子供たちが，もらったプレゼントを自由に楽しめる日——発行の『パンチ』において，太古の光景が想像の世界で可塑性をもつことを，いま一度例示するようなやり方で揶揄された（図105）。『パンチ』におけるジョン・リーチの後継者であるジョージ・デュ・モーリア（1834-96）の戯画が，ジョン・マーティン的想像力（図35，36）による恐るべき生き物を描いている。それはクリスマスのプディングを食べ過ぎたために誘発されたと思われる少年の悪夢の中で，驚くほどフロイト的な怪物に変身させられている。

テキスト86
　わたしは奇妙な命題と受けとられかねないことを主張しようと思う。
　知識への最初の段階を過ぎ，読むことができるようになった子供が手にとる最初の本は，自然誌に関するものでなければならないとわたしは考える。イソップやラ・フォンテーヌの寓話，「長靴を履いた猫」「巨人殺しのジャック」「シンデレラ」「美女と野獣」さらには「アラジンと魔法のランプ」といったお伽噺，およびその種の純粋に想像力の産物によって若い精神の感嘆する能力を目覚めさせる代わりに，彼らの驚きや関心を自然の単純な光景に，すなわち木の構造，花の構成，動物の器官，鉱物の結晶の形の完全さ，とりわけ地球——われわれの住みか——の歴史，地層の配列，そしてわれわれの足もとの岩石から集められた，多くの激変の痕跡によって語られる地球の誕生の物語などに向けさせる方がよいだろう。
　多くの読者はこのような提案に反対するかもしれない。お伽噺や寓話や神話伝説は，子供に差しだされる最初の知的食物であり続けてきたのではないか，それは子供を楽しませ気晴らしを与える自然な手段ではないか，と彼らは言うだろう。
　社会はそれでうまくやってきた，と彼らは付け加えるかもしれない。
　読者の注意を喚起したいのはここなのだ。わたしは反対に，われわれの社会の害毒は，部分的にはそれが原因なのかもしれないと考えている。われわれが社会を噓というこの危険な食物で育てたので，現在の人々はこれほど多くの誤った，脆弱な，優柔不断の精神をもち，軽信に陥りやすく，神秘主義に傾きがちで——あらゆる架空の観念と突飛な体系に前もって改宗してしまうのである。
　われわれの知性が形成されるやいなや，人々は急いでそれをねじ曲げ，退化させ，最初の一歩から，狂気と不可能と不条理の小道へ連れだしてしまう。子供の考えを偽りの，理性に反する観念に集中させながら，良識をいわば卵のうちに押しつぶしてしまう。子供たちは神，半神，異教の英雄が雑然と動きまわり，それらに妖精，小鬼，空気の精，さらに良いあるいは悪い精霊，魔法使い，妖術師，悪魔，小悪魔，悪霊などが入り混じった空想の世界で生きることを余儀なくされる。しかも人々は生まれたての
　　　　　　　　　　　　　　　　　　　　→ p.216

図 104　オスカー・フラース『大洪水以前へ！』（1866）ペーパーバック版分冊の表紙の絵。ルイ・フィギエ『大洪水以前の地球』を飾るリューの挿絵の多くが組み入れられている。

雪に覆われた郊外の通りで，巨大なケナガマンモスが恐れおののく子供を追跡し，それを定型通りに泰然自若としたイギリスの警官が見守っている。雪のこびりついた少年の足の夢のような重苦しい感覚が，マンモスの見るからに恐ろしい変容と調和している。その鼻は年若い犠牲者をむさぼり食わんとする，開いた顎と獰猛な歯をもった恐るべき第二の頭部を発達させている。フィギエの作品のこのような神話形成的な使用法は，その後恐竜が深遠な心理学的・文化的目的を満たしながら，どのように機能してきたかを如実に示す初期の例になっている。人類以前の世界の凶悪な怪物はまだ生きていて，すべての自然史博物館で待ち伏せしているのである。

　リューがフィギエのために描いた連続画は，その研究が復元のための材料を提供した科学者にとってだけでなく，西欧世界の教養ある多くの大衆にとっても，太古の光景というジャンルを確立するものであった。それ以前のさまざまな手本から，とくにクヴァセクがウンガーのために描いた光景から借用しているとはいえ，フィギエの本は地球における生命の長い歴史を，以前のものより詳細かつ明確に提示し，ウンガーの豪華本におけるよりはるかに容易に親しめるものにした。各構成要素の特徴がその後の研究によってどれほど修正され，変更さえされたとしても，リューの挿絵はのちのすべての太古の光景，とりわけ現代の博物館やテレビ番組の中の太古の光景にとって，絵画的先例の役割を果たし，視覚言語を確立してくれたのである。

理性が，常識を破壊する多くの考えに常にさらされていることの危険性に，気づいている様子がまったくないのである。
ルイ・フィギエ『大洪水以前の地球』(1863) の序文の「命題」

図105 『ささやかなクリスマスの夢』。『パンチ』に掲載されたジョージ・デュ・モーリアの風刺漫画（1868）。

A LITTLE CHRISTMAS DREAM.

6 確立したジャンル

7 すべてのことを解き明かす

フィギエのためのリューの連続画は，西欧世界全体において太古の光景というジャンルを確立した。19世紀後半に制作された同種の光景は，明らかにリューのものを手本としており，その影響は間接的で意識されることがなかったにせよ，20世紀を通じて存続した[1]。リューの絵自身も，それ以前のウンガーのためのクヴァセクの連続画や，デ・ラ・ビーチの革新的な光景『太古のドーセット』にまでつながる他の先例を模範としていた。だがそのような原型でさえ，19世紀初頭のキュヴィエにまでさかのぼる動物復元図や，さらに古い自然誌の挿絵の伝統に依拠していた。他方で連続的光景を描くという着想は，これも古くからある聖書挿絵の伝統の中に先例を見ることができる。太古の光景というジャンルの起源，出現，統合の足跡をたどってきたわれわれは，いまやこれまでの叙述が提起するもっと全体的な問題を熟考すべき立場にある。

フィギエのためのリューの絵は，現代の科学者でも太古の遺物をもとにした信頼の置ける推論と認めるような，多くの事柄に形を与えている。現在描かれる光景がリューの光景と異なる場合，その変化を少なくとも部分的には，その後の科学知識の発展のせいにするのも理に合わないことではない。たしかに古生物学のような科学においては

——そして太古の光景は，化石から推論された生物の世界を描写することに常々支配されてきたが——知識の発展の中に漸進的改良をもたらす要素が間違いなくある。科学者は後知恵の奢りをもって，先人たちが理論に関しときどき重大な誤りを犯したと批判するかもしれない。しかし科学者であろうとなかろうと，われわれの博物館に保管されている，絶えず増大する標本の山に最もよく反映されているような，単純な蓄積という要素をむげに否定できる者はいないだろう。ただ単に，のちの時代の科学者は，先人たちより多くの（そしてしばしばよりよい）標本を——現代の用語でいえばより大きなデータベースを——入手できるという特権をもっているのである。（標本が失われたり破壊されたりして，例外的にその逆の事態が起きる場合には，当然ながら大いに嘆き悲しまなければならないが）。

　このような明白な点は強調されねばならない。というのも単純な解釈では，太古の光景というジャンルが出現したのは，重要な遺物が蓄積したため，以前には不可能であった復元がある時期に可能になったからにすぎないとされるからである。同様に，同じ太古の光景を描く相次ぐ試みの中に見ることができる変化は，その復元に関係する標本がより多く，よりよい状態で発見されたからにすぎないともされる。むろんこの種の議論の中にもたくさんの真実はある。たとえば二本足で立った現在のイグアノドンの肖像は，マーティンがマンテルのために描いた巨大トカゲ（**図 35**）や，のちにホーキンズがオーウェンの指示にもとづきクリスタル・パレスに制作したサイのような怪物（**図 60**）とは，驚くほど異なっている。また現在のイクチオサウルスの復元像は，コニベアが最初に組み立てた生物より圧倒的にイルカに似たものになっている[2]。いずれの場合も，この変更の直接の原因は，19世紀中葉の科学者と画家が手にしていた標本よりはるかに完全な標本が，のちに発見されたことにあると主張することはたやすい。もっと一般的に，19世紀以前に真の太古の光景が存在しなかった一つの理

由は，そのような光景の中に登場し，その光景を現在の生命の光景とは明らかに異なったものにすることのできる絶滅生物が，19世紀まで復元されなかったからであると主張することは容易である。

　歴史的物語のこうした合理的解釈は，観察不可能な人類以前の過去の復元を，徐々に大胆な——といっても充分に根拠のある——ものにさせていく，表現の「カスケード」〈階段状の滝〉という観点から再説することもできるであろう 3)。どのような生物についても，復元は観察されたものから推論されたものへ，特殊で偶然のものから一般的で理想化されたものへと，必然的に進行すると論じることは可能だろう。脊椎動物を例にとるなら——そしてそれらは太古の光景の制作において常にペースメーカーだったのだが——「カスケード」は，特定の個体の部分的骨格として同定され組み立てられうる化石骨の特定の標本から始まる。次にそれは一般に多くの個体の遺骸にもとづいた，種を代表する完全な骨格の復元へと進む。次いで関連する現生種からの解剖学的類推に部分的にもとづいた，その動物の保存されていない筋肉など「軟部」についての推論や，したがって一般化された完全な個体の体の復元へと続く。次の段階は，解剖学的構造の機能分析と，関連する現生種からの生理学的類推に部分的に依拠した，その動物の生活や習性の動的様式についての推論になるだろう。最後に，地球史の特定の時期に共存していた多くの生物についての同様の復元を集約した，完全な光景の想像による復元が登場する。この総合は，現在の生息環境からの生態学的類推に部分的にもとづいており，無機的環境の痕跡から同様に推論した背景の中に置かれるであろう。

　本書のこれまでの章で語られた物語は，ある部分ではこの理想化されたモデルによく合致している。キュヴィエは新しい厳密な比較解剖学によって，数種の化石哺乳類について完全に復元された体を組み立てたという点では（図15），「カスケード」の最初の段階に沿って進むことができた。食習慣の具体的証拠によって補完された，ジュラ紀爬

虫類の同様の復元は，のちにデ・ラ・ビーチの最初の真の太古の光景に対し，必要不可欠の材料を提供した。そこでは「太古のドーセット」の環境の一般化された描写の中で，いくつかの生物が生態学的かかわりをもって提示されている（つまり食べていたり食べられていたりしている）（図19）。同様の「カスケード」はのちの多くの光景の背後に，暗黙のうちにあるいはあからさまに存在している。たとえばフィギエは，推論の連続的段階を繰り返し例示するという教育的配慮を怠らず，それがリューの光景に科学的妥当性を与えていた。

推論の「カスケード」というモデルは，物語の中の最大の「誤り」を説明するために作られたりもする。たとえば先ほど言及したイグアノドンの初期の復元は——それまでになされた他のすべての復元とは異なり——数本の歯と孤立した骨だけにもとづいていたことが欠陥とされる。同様にプテロダクティルス（現在の名前で呼ぶならプテロサウルス）に力強い飛翔ができたという初期の仮説は，現生の鳥とコウモリの生理が適切に理解されなかったため提唱されたとされるのである。

だがこの種の合理的な過去の再現には，太古の光景は科学的発見の過程を，視覚的に表現するにすぎないということが含意されている。まるで人類以前の自然界は，消滅した現実の唯一の真の表現に，よりよい標本のおかげで漸近的に近づけるようになるまでは，一時的にだけ曖昧な名辞で自己を開示するとでもいうように。しかし本書のこれまでの章で分析された例は，太古の光景を人間の構築物と見なした方が，問題の解明に役立つことを確実に示唆している。それは一定の時代に入手できる自然の証拠に拘束されていないわけではないが，化石骨や貝殻以外にも多くの情報を取り込んだ表現においてその証拠を使用しているのである。このような光景を発見の単なる記録と解することは，ある種の科学者や，人間の構築物としての科学という概念を唾棄すべきものと考える他の人々にとっては快適であるかもしれない。

だが構築物というカテゴリーを回避することは，太古の光景が人類以前の世界を表現する方法として確立していくその歴史によって提起される，最も重要な問題に答えないでおくこと，実際にはそれを問わないでおくことにほかならない。本章の残りの部分は，そのような問題のいくつかを提起し，少なくともいくつかの可能な答えを示唆することに当てられるであろう。

　だが解釈について，プロクルステス流の〈無理に規準に合わせようとする〉「理論的枠組み」を強制することはわたしの意図ではない。単一の──科学的あるいは政治的に「正しい」──意味を押しつけながら，ただ一つの許可された順序で陳列品を見るように参観者をせき立てたり脅したりする，現在の博物館の展示のスタイルと同様に，そのような強制は素材の驚くべき多義性に対して不誠実であろう。それとは反対に，わたしは説得力に富むと思われる，あるいは少なくとも好奇心をそそり，さらなる探索に値すると思われる解釈の方向を示しながらも，読者がこれらの光景を望むままに，自由に「読んで」くださることを──よりリベラルな，むしろ民主主義的な気持で──願っている。

　それでもまず初めに，これまでの章で足跡をたどってきた歴史的経緯を，目に見える形で要約しておくのは有用だろう（**図106**）。その名に値するすべての歴史の場合と同様，ここでも年代の順序に細心の注意を払うことは──たとえ「単なる」事件史，事件の「単なる」年代記と当世風にそしられようとも──それ自体意味のある行為である。図106 は本書に再録されそこで記述されたほとんどの光景を，二次元の時間尺度の場に配列したものである。横軸には，19世紀中葉の数十年間が目盛られている。縦軸には，現代の科学が当時の地質学者たちから受け継いだ最大の遺産であると思われる，地球史の量化されていない相対的時間尺度がとられている（この時間尺度は19世紀の名称によって示されているが，そのほとんどは現代の地質学者にも見覚

図106　太古の光景の初期の歴史の要約

　正方形の記号は絵画による光景を，菱形の記号は風景的光景の中に組み入れられていない個々の生物の復元図を示す。歴史的に重要な一組の言葉による光景は小さな円で表わされている。絵画による光景の視覚的効果は絶対的サイズに密接に関連しているので，その大きさは記号のサイズによって表示されている（四つ折り判以上のもの，八つ折り判に相当するもの，それより小さなものの三つに分かれている）。黒く塗られた記号は，以前には表現されていなかった地球史のある時期や生物を描いているか，新しいやり方でそれを描いているため革新的である光景や復元図を，白地の記号はその形式と内容のほとんどを何らかの先例から得ている光景を表わしている。記号と記号を結んでいる矢印のついた破線は，後代の著述家（あるいは画家）が以前の光景から借用をし，その借用が率直に認められているか，内的証拠によって充分に推測できる場合を表示している（なおウンガーの最初の連続画が完成年によっている以外，光景は発行年によって配置されている）。

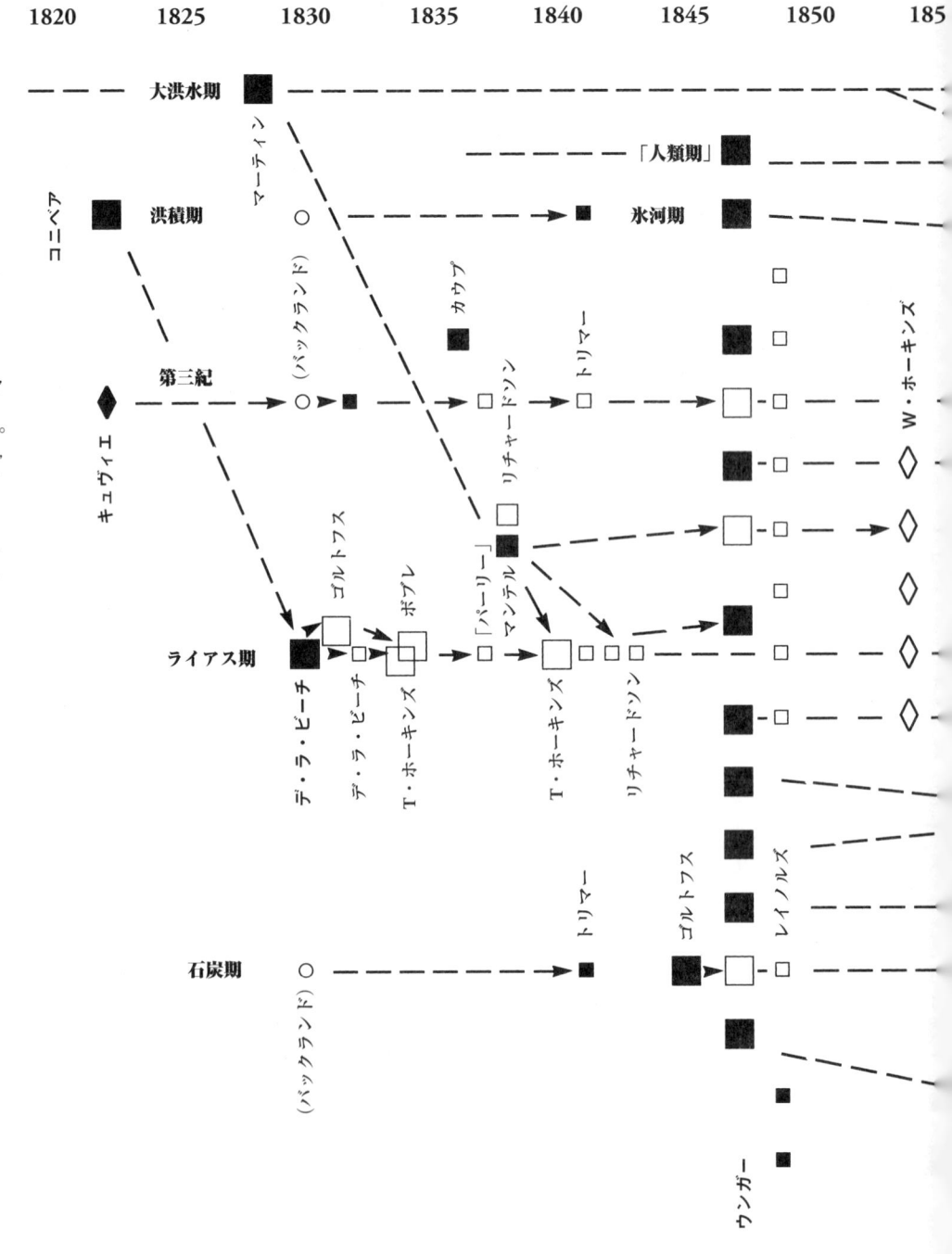

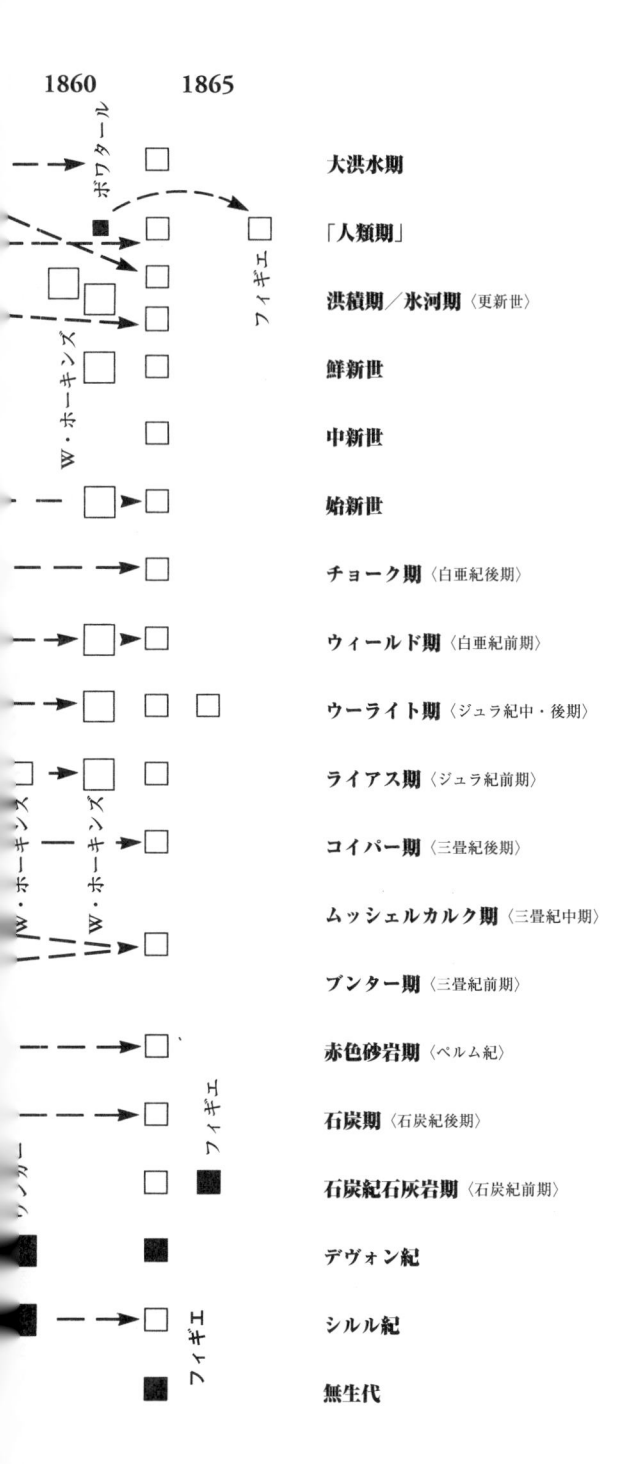

えがあるだろう)。

　驚くべきことではないが，この図表は物語の累積的性格をただちに浮かび上がらせる。人間史の時間尺度のちょうど中央に置かれたウンガーの偉大な連続画以前には，それよりはるかに断片的な絵画的経験が記されている。地球史の時間尺度のほぼ中央にある，デ・ラ・ビーチのきわめて革新的なライアス期の生命の光景は，最も顕著な初期の系列の出発点に位置している。縦軸に示された地球史の時期との関連ではきわめてランダムなリストだが，ライアス期の光景には次々に，キュヴィエによる始新世哺乳類の体の初期の復元，やや新しい第三紀の地層からでたディノテリウム，「洪積期の」哺乳類，石炭期の化石植物群などにもとづく光景が加わった。その後ウンガーの植物を主体とする連続画は，ホーキンズによる第二紀爬虫類の実物大模型や，ウンガー自身が制作した，化石をまったく含まない最古の地層の時代の補足的光景によって敷衍された。最後に——本書が扱う範囲では——これらすべての初期の源泉は，フィギエのより完全な連続的光景に統合された。

　このような累積的な歴史の記録は，本書第6章までの叙述的章において，「最初の」という言葉が繰り返されたことのもっともな理由になっている。特殊な光景の最初の例は，その後他の光景にも利用される絵画的源泉のレパートリーを大いに拡大したため，ただ単に歴史の記述としていくぶん強調して取りあげられた。それらにフィギエや他の任意の作品に見られるある種の完成へと向かう——本書の叙述をフィギエによって終了した理由は本章の最後で検討するが——また明確に真実であるか「写実的」である太古の描き方を志向する，目的論的な方向性や「進歩」の不可避の道程がともなっていたわけでは決してない。反対にこの光景の歴史には，人間の構築物であるための偶然性があらゆる段階で浸透している。すべての細部と，より大きな特色のほとんどにおいて，この物語は別の展開をたどることもできたであ

ろう[4]｡

　だがある程度の必然性が主張されるかもしれないのは，太古の光景の発展と，その光景が依拠しなければならなかった，層序地質学および古生物学の並行的発展との関係である。地層の記録は地球の歴史において実際に生起した，一連の出来事のおおむね信頼できる——問題がないわけではないとしても——記録であることを疑うのは，最も極端な懐疑論者だけであろう。しかしここでも，光景そのものと，その基盤にある科学との関係は単純ではない。

　層序学的「連続」や，「累層」の系列の大部分は，それに対応する光景が初めて制作されるずっと以前に（この物語に関連する程度の細部は）すでに確立していた。むろん19世紀初頭の地質学者は，累層の系列が連続する時代の記録であることは原則としてはよく承知していた。しかし実際には，彼らはそれを時間的に連続する地球史の出来事というより，三次元の岩塊の構造的な堆積と見なすことが多かった。1820年代ともなると，太古の充分な歴史的再現というまったく斬新な考えは，たとえばバックランドが「大洪水以前の」ハイエナの巣を言葉によって復元したことを賞賛する，コニベアの戯画と「へぼ詩」の中に生き生きと表現されている（図17, テキスト10）。さらにウンガーがもっと古い時代を網羅するためもとの連続的光景を拡張したときまでに（図67, 68），それに対応する地層であるシルルとデヴォンの「系」は定義され（主にマーチソンによって），ほぼ20年にわたって国際的に認められていた[5]｡関連する地層とそこから産出する化石の記載は，対応する「光景」の制作にとって明らかに必要条件である。だが同様に明らかに，それは十分条件ではなかった。世界の任意の絵画的光景が，その制作時に——文字通り——懐胎されるためには，巧みにハンマーで叩かれた岩の露頭や，巧みに処理された化石標本の箱以上の何かが必要なのであった。

　この点では，われわれが太古の光景に慣れ親しんでいることが，そ

れを着想することの斬新さと蓋然的性格をかえって見えにくくしている。最初のそのような光景は，自然誌と聖書（もっと一般的には歴史）に関する挿絵の中の，絵画的先例から多くのことを借用していた。だがそのような芸術的伝統は，新種の絵の源泉としていかに有用であれ，ある決定的な点で役に立たなかった。自然な生息環境にいる現在の動植物の光景は，ナチュラリストが目撃したもの，あるいは少なくとも，異国の適当な場所へおもむけば，目撃できると彼らが信じているものであった[6]。したがってそのような光景――風景画や地勢図の絵画的先例を利用してもいる――に通常備わっている人間の視点は，もし自分自身で観察することができれば，動植物は画家が描いた通りに見えるという暗黙の了解を反映していた。同様に聖なる歴史や世俗の歴史の光景は，もとの著述者たち（少なくとも彼らが典拠とした者たち）が実際に目撃した出来事の，確かな報告であると画家の信じるテキストにもとづいていた。ここでも慣例となっている人間の視点は，その出来事はそれに参加していた者にとっては実際に，ほぼ画家が描いた通りに見えたという暗黙の了解を反映していた。いずれの場合も，人間の視点をもつ絵画的光景の制作は，人間によって目撃された，あるいは目撃できた現実世界の光景と関連づけることで認識論的に正当化されていた。

　それに対し太古の光景は，どんな人間も目撃したことがなく，また決して目撃できないものであった。定義からして，それは人類以前のものであるため完全に人間を欠いた世界において，人間の視点を表現することを求めていた。ここで重要なのは，役に立つかもしれない唯一の先例は，19世紀の多くの「科学人」〈men of science〉がかかわりをもちたがらないものだったということである。伝統的な聖書の挿絵は，描かれた出来事を記録する人間が登場する以前の，時の始まりの光景を常に含んでいた。たとえばショイヒツァーの書の中の光景は，天地創造の「日々」を，のちの時期の光景，たとえば人間の目撃者が実際

にいたと考えられていた大洪水の光景（図7）（その視点が示されている箱船の外部の目撃者は，生き残って物語を語ることはできなかったにせよ）と，同様の人間の視点によって描いていた（図1-6）。

　だがそのようなアダム以前の人間の視点は，それが「一日の涼しい時間に庭園を歩いている」擬人化されたヤハウェの視点や，予示的に述べるなら，「肉となり，われわれの間に宿っている」ロゴスの視点である場合を除けば，神の視点ではなかった。真の創造者の視点が必要なときには，たとえばケルビムを見物人としてもつ，地球の過去と現在と未来の状態を描いたバーネット〈1635?-1715, イギリスの神学者・地質学者〉の有名な口絵におけるように，天からの（現代の用語では宇宙からの）眺めという確立した慣例が常に存在した[7]。したがって人間の視点をもつ人類以前の光景に役立つ唯一の先例は，天地創造物語を彩る聖書の挿絵の光景であった。この事実こそが，たとえ聖書の句ではなく地質学の新しい証拠にもとづいていても，「科学人」がその種の光景を制作したがらなかったように見える事情を説明している。逆にその事実によって，なぜ——同時代の観察者がしばしば指摘していたように——宗教の実践が科学の実践に対立するとは見なされていなかったヨーロッパのある大国において，この逡巡が初めて克服され，科学に依拠した光景が初めて制作されたのかが説明されるだろう。たとえばバックランドとコニベアは英国国教会の叙階された聖職者であった。またデ・ラ・ビーチは態度においては反教権的だったとしても，彼が属する社会階級の文化の宗教的特性に影響されないでいることはできなかった。

　しかし特定の文化的背景が，人類以前の時代の光景を着想しやすくしていたとしても，人間の視点というパラドックスは依然として残っていた。その視点は科学的教養のあるすべての人々に受け入れられるような世俗の言葉で，正当化され説明される必要があった。そのためには航海や遠征にでるナチュラリストの実際の空間的旅行に似た，あ

る方式の架空の時間旅行が発明されねばならなかった。ここでもわれわれがそのようなアイデアに——H・G・ウェルズ以前から，ドクター・フーやそれ以後にまで広がる小説の伝統のおかげで——慣れていることが，それが初めて科学的に具体化されたとき必要であった，驚くほどの斬新さを見えにくくしている。当時感じられたその斬新さも，バックランドのハイエナの巣をめぐる，コニベアの視覚と言葉による冗談の中によく表現されている（図17，テキスト10）。バックランドは時間の中に入り込み，1820年代の人間世界から，大洪水以前のヨークシャーという人類以前の世界へ運ばれる者として描かれている。洞窟の物理的に狭い入口は，太古への認識論的に狭い通路と受け取られていた。許容される詩的誇張をもってコニベアが述べていたように，「時間の誕生以前に何が起こったかを，もう一つのこうした穴を通して視くことができるだろう」。

　視くという行為は，むろん暗黙のうちに人間の視点にもとづいていた。コニベアの戯画では，まるで彼自身がバックランドより先に洞窟の中にいて，同僚の到着の瞬間を記録するためにハイエナの間で待っていたかのようになっている。人間が不在であるかに思える荒野の写真の背後に，見えざるアンセル・アダムズ〈1902-84，アメリカの風景写真家〉が控えているように，見えざる画家の目が暗黙のうちに人間の存在を伝えている。さらにのちの光景の大部分は風景画の形式をとっていた。すなわち人類以前の光景は，クヴァセクのような風景画家が，生国オーストリアの田舎の代わりに，石炭林や恐竜の間に画架を立てたようにして描かれているのである（図44，51）。

　このような絵画的慣例によって，通常の風景画の伝統との明白なつながりが説明される。しかしここでも，太古の光景のほとんどは——コニベアの戯画は例外であるが——特殊な場所ではなく，特定の時代の理想化された風景を表現すると主張するため，その伝統の応用は見た目ほど単純ではない。それでも風景画の中には，クヴァセクやリュー

のような画家が明確な「理想的風景」の源泉として利用することのできた，すでに確立し当時もまだ生命力を保っていた伝統が存在した。架空の風景は長い間，古典的神話や聖書物語の中の光景の慣例的背景を形づくってきた。そのような主題から離れたときでさえ，特定の場所にもとづかない風景画は，「単なる」地勢図的な目的をもつ風景画より美術界では高く評価され続けた[8]。したがって「理想的」な風景，たとえば白亜紀のそれの描写は，科学的には困難な作業だったとしても，すでに確立した芸術的先例を有していたのである。

　だが太古の光景が最も密なつながりをもっていた芸術的伝統は，そこにおいては「光景」という語が「舞台」という演劇的意味を担うものであった。すなわち「ただの」風景ではなく，形象を含んだ風景，あるいは特定の事件が進行している光景であった。さらにそれらは「形象的」内容より，「言説的」内容の方がまさる絵であった[9]。その特徴として，描かれた事件の筋や概要が広く知られている場合でも，その光景は自明のものとは見なされなかったということがある。たとえばジョン・マーティンは，『創世記』の物語は読者全員にとって親しいものであったにもかかわらず，大洪水の絵を説明するために小冊子を出版した（図10，テキスト7）。絵をなじみのある物語の中に閉じ込める形象的要素は，場所を明示し身元を確認されねばならなかった（非常に小さく遠くに描かれていたからにすぎないが，ノアの箱船でさえそうであった）。マーティンが読者に提供したのは，テキストによる必要不可欠な説明と結びついた視覚表現であった。この種の結びつきは，大洪水より古い時代の光景をのちに制作したほとんどの者によっても変わりなく採用された。本書では図とテキストを密に関連させることにより，そのことが注意深く再現されている。新しい絵画のジャンルを「読む」ことを学ぶ読者は，常々そうしていたように，テキストによる説明と関連させながらそれを行なった。一方が他方に「寄生」していたのではない。それにふさわしい生物学的隠喩は「共生」とい

うものであろう。

　こうして暗黙のうちの人間の視点という慣例が採用されると，太古の光景は視覚と言葉による表現が密に結合したものとして，きわめて容易に理解されるようになった。しかしその視点はある深刻な問題を含んでいた。古生物学者たちは，化石の大部分は海において，しかも完全に水中で生活していた生物の遺骸であることを認めていた。したがって太古の適切な視覚表現は，水中の世界を描くなんらかの方法を備えていなければならなかった。そのような生物に近縁の現在の生物でさえ，シュノーケリングやスキューバ・ダイビングが出現する以前には，自然な生息環境で見ることは簡単ではなかった。そこで人類以前の世界を描写する問題は，水中であるためやはり人間が存在しない世界を描くという問題とないまぜになっていた。

　だがほとんどの場合，この問題は単に回避されていた。本書で扱われる時代の大部分の太古の光景は，通常の海生生物を岸に打ち上げられたものとして，明らかに人間の視点で見られた風景の前景に描いていた（その例は図 **40，52**）。この点では，それらはたとえば聖書の大洪水を題材とする，ショイヒツァーやパーキンソンの初期の光景（図 **8，9**）が表現していた，すでに確立した絵画的慣例を踏襲しているにすぎなかった。結果としてほとんどの化石が由来する水の世界は，外部からのみ，時間旅行をした人間の観察者にとって近づきやすいとされている，地表の世界からのみ描かれていた。

　だが最初の真の太古の光景は，根本的な代案を提起していた。デ・ラ・ビーチの『太古のドーセット』（図 **19**）は，地表の世界と水中の世界双方の眺めを——ある種の魚の二焦点の視野のように——提供する，ちょうど海面に設定した絵画的視点によって制作されていた。この創意に富む方式は，時代が早すぎたため，水槽の正面のガラス越しに覗くという経験にもとづくものではなかったが，おそらくドーセットの海岸でボートに乗ったり潮だまりをぶらぶらしたりした習慣や，

水中の難破船を引き上げるための同時代の潜水の慣行に由来するのであろう。いずれにせよ，重要なのはフィギエの本の中の一つの変則的な例（図83）を除いて，本書に再録されたのちのいかなる光景においても，それが完全に採用されることはなかったという点である。しかもフィギエの例でさえ，もっと月並みであった以前の絵（図82）をのちの版で変更した，あとからの思いつきであった。このことは，これらすべての光景の受け手であった大衆にとって，またおそらくほとんどの地質学者にとっても，単に人類以前であるだけでなく，水中のでもある視点を想像することは——少なくとも，水槽の有名な大流行によって，水中の世界が初めて一般人に親しいものになった世紀なかばまでは——非常に困難であったことを示唆している。

　任意の時代の水中の世界を表現するという問題によってさらに深刻になった，人類以前の太古の世界を表現するときにつきまとう根本的問題が，19世紀はじめの地質学者がこの想像力の実践を，通常の科学的出版物の中では行ないたがらなかったように見えることを部分的に説明すると思われる。絵画的光景の思弁的性格に対する疑念が，地質学という自意識過剰の新科学に対する社会的圧力と混じり合っていた。この科学はありのままの事実にもとづいていることを公に強調し例示することにより，その科学的信頼性と政治的健全さを証明しなければならなかった。地層や累層の記載と秩序づけ，動植物化石の同定と分類——これらが科学の名に値する活動と目されていた。観察を行なう人間が出現するずっと以前に，人間の観察者に世界がどのように見えたかを想像力によって復元すること——この行為には地球の探索に悪評をもたらした，前代の羽目をはずした空想の趣があまりにも濃厚であるように思えた。

　したがって最初期の太古の光景は，明らかに周縁的なものとして科学的言説の中に導入された。世紀後半の古生物学にとって模範となった，化石脊椎動物についてのキュヴィエの数巻の書物は，体の輪郭の

絵画的復元をたった一組しか含んでいない（図16）。その素描でさえ彼ではなく，彼の助手の手になるものであった。それらは同じ哺乳類についてキュヴィエ自身が描いた未発表の復元図（図15）にはるかに劣り，予想される外観と習性の言葉による復元（テキスト8）より有益ではなかった。またそれらはいかなる種類の風景的光景の中にも決して統合されなかった。さらにバックランドは「大洪水直前の」世界を言葉によって生き生きと描写したが（テキスト9），それはコニベアの冗談めかした戯画（図17）の中でしか視覚表現がなされなかった。のちの「ブリッジウォーター論文」——他の点では科学の高級な通俗化の傑作であるが——の中に，バックランドはちっぽけな一つの光景（図29）しか含めず，しかもそれはゴルトフスからの借用であった。この種の光景に対するゴルトフスの最初の試みは，化石骨を描いた慣例的挿絵の余白に文字通り押しやられていた（図21）。彼も最後には，化石無脊椎動物に関する素晴らしいモノグラフの中に二つの主要な光景（図22, 40）を挿入したが，どちらもその著作の残りの部分とは明確な関連をもっていなかった。デ・ラ・ビーチはライアス期ドーセットの光景（図19）を，貧窮した職業的化石収集家を援助するため，私的に配布されるなかばおどけた余興として創造した。だがまじめな出版物の中では，彼はその印象的な構成と非常に革新的な構想を放棄し，はるかに臆病で非現実的な小さな挿絵（図23-25）を採用したのだった。カウプは当時知られていた最大の陸生動物の，完全な復元を可能にする驚くべき新標本を発見したとき，その動物を予想される生息環境の中で示す見事な光景（図30）を描かせた。しかし彼はそれをモノグラフ本体の中には置かず，表紙の装飾的挿絵にしたのだった。また彼がその光景と対をなすものとして配置したのは，この絶滅動物の亡霊を戯れに登場させる発掘の光景（図31）であった。数年後，連続する絵画的光景にのみ捧げられた最初のまじめな科学的著作においても，ウンガーはまだその試みの思弁的性格について弁明しなければならない

と感じていた（テキスト31）。

　これらすべての著述家たちが，太古の光景に周縁的地位以上のものを与えたがらなかったのは，描かれた作品を完全には掌握できないという思いをもっていたからでもあろう。多少の美術的能力をもつことが，教育を受けたあかしの一つとされる文化の中で生活していたとはいえ，彼らの大部分は頭の中に描いた言葉による太古のイメージを，発表するにふさわしい視覚的形態に変える才能を欠いていた。最もすぐれた初期の光景が，かなりの美術的才能をもつ地質学者（デ・ラ・ビーチ）によって制作されたこと，またこの点では彼の唯一のライバル（キュヴィエ）が，傑出した動物画家であったことは偶然の一致ではないだろう。このような例を除けば，太古の光景を制作しようと望む者は，必要不可欠な美術的才能を有する誰かにそれを依頼しなければならなかった。だがそうすると，着想や成果を言葉で述べていたときには享受していた，題材に対する完全な掌握は断念せざるをえなくなるのである。

　初期の太古の光景のほとんどは，実際には職業的画家——通常は風景画家や挿絵画家——によって描かれたが，一般に彼らはそのような仕事に慣例となっている以上の謝辞を受けることはなかった。彼らの名前は彫版師や石版師の名前とともに版画の下部に慎ましく記され，それで終わりだった。たとえばトマス・ホーキンズが光景を「デザイン」し——おそらくラフ・スケッチだろうが，文字や口頭による示唆にすぎなかったかもしれない——テンプルトンが彼のために描いた（図28）という覚え書きのような手がかりを超えて，その共同作業がどのようなものであったかを推測するのは困難である。

　このような場合，古今の科学において他の技術者が一般にそうであるように，画家はほとんど姿を現わさない[10]。少数の場合でのみ，地質学者は自分が思い描いた太古の像を具体化してくれた，画家に対する恩義に快く感謝の言葉を述べる。このような例外の中に，リチャー

ドソンによるニッブズの評価，トリマーによるウィッチェロの評価がある（テキスト27, 28）。マンテルとトマス・ホーキンズがジョン・マーティンの功績を認めていたのは（テキスト25, 26），特別の事例に属する。というのもこの場合，これほど著名かつ傑出した画家が参画してくれたことを強調しなかったら，自分で自分の首を絞めるような――そして売れ行きに響く――ことになったろうから。たとえマーティンが仕事の報酬を受け取っていたとしても（むろん受け取っていただろうが），実際には彼が庇護者たちに名誉を与えていたのであり，逆ではなかったのである。

　ウンガーと風景画家クヴァセクの共同作業によって，このような試みにおける対等な者同士の協力と呼べるものが初めて確立した。ここでも画家は仕事の報酬を受け取っていただろうが，ウンガーが書き留めた画家の貢献に対する賛辞と，共同作業についての記述は心からのものであるように見える（テキスト31）。ここでも，この植物学者の頭の中にあった言葉による像が，画家の努力によって満足のいく形で具体化されるまでの，二人の協力者の長期にわたる対話を暗示させるもの以外には，共同作業がどのように行なわれたかを示す証拠はほとんどない。この種の対等な者同士の協力は，のちにウンガーの例を目の当たりにしたフィギエが，リューを引き入れて光景を描かせ，彼の作品を同様に著名にしたとき繰り返されることになった。このような科学者と画家――またしばしば他の多くの技術者――との共同作業は，現代の太古の光景，とくに現在の博物館を飾る技術的に複雑な三次元のジオラマの制作においても，むろん重要であり続けている。

　初期の太古の光景の大部分は，著者の同業者たちを対象としたものであった。それらは他の「プロの科学者〈scientists〉」――この現代の用語は，本書で扱われる時代が終了するまではひどく時代錯誤的であるが――や，少なくとも真摯な「アマチュア」化石収集家と，他の紳士階級の「科学人」〈men of science〉（女性もわずかにいたが）のために

作られていた。しかしこの光景にとってのそのような本来の観衆は，もっと広範かつ大衆的な読者層，というより観客層によってすぐに補完され，まもなく取って代わられた。何人かの指導的「科学人」は，直接的にではなくても，少なくとも大衆的な著述家や画家の相談役としてこのジャンルに貢献し続けた。クリスタル・パレスの展示物に関し，オーウェンがウォーターハウス・ホーキンズの相談役をつとめたことはその顕著な例である（図61）。たしかに他の多くの者が大衆的著作で発表される光景を検討し，評定し，批判し続けた。だがこのジャンルの活動の中心は，専門家の文献からもっと大衆的な経路へと間違いなく移動し，それ以来そこにとどまっている。専門家の論述においては，太古についての科学者の解釈を伝え合うには，一般大衆には非常に魅力のある「写実的」光景より，抽象的・図式的表現の方が役に立つと考えられるようになっている[11]。

　以前「科学の大衆化」は，科学の権威者がその秘教的な発見を，途中で内容の減損や歪曲が起きるのは避けられないながらも，より近づきやすい言語に翻訳する——あるいは他人が翻訳することを許す——上から下への，完全に一方通行の過程と考えられていた。だが最近では，その過程は「科学者」の側からと同じくらい「大衆」の側から，供給の側からと同じくらい需要の側から始められると見られるようになった。たとえ供給の側から始められても，科学の公平無私の性格と思われているものとはほとんど無関係な，社会的目的のために使用されることにより，「知」は途中で大きく——しばしば意図的に——改変される[12]。

　だが大衆科学の検討より問題の解明に役立つのは，画家と庇護者の間に経済の点だけでなく，視覚的慣例を共有し視覚的応答を交わしたという点でも，共生が存在したことに注意を向けてきた美術史的研究である[13]。これまで太古の光景というジャンルの発展は，「科学人」とその画家が手にしうる視覚的源泉のレパートリーを拡大した，絵画

的先例の観点から記述されてきた。しかしそれだけでは，そのような源泉の使用が，太古の光景を見る者とその制作者とが同じ視覚言語を共有するに至った過程の一部でもあったことを，言わずにすませてしまうことになる。画家はその光景を理解可能なものにするために，見る者にとってすでになじみのある慣例を使用しなければならなかった。したがって自然誌や聖書の挿絵から絵画の手本をとることは，なじみのない主題を適切に表現する方法だっただけではない。それは太古の光景を，それを熟視する者に理解されるようにすることでもあった。この観点からすると，「科学人」から一般大衆へという観客層の拡大は，それまでの慣行に際立った断絶はなく，光景をますます広範囲の観衆に理解されるようにする，一組の視覚的慣例の発展という同一の過程の連続でしかないのである。

　デ・ラ・ビーチによるライアス期ドーセットの革新的描写（図19）が，なかば私的な形態ではあったが広く配布され，さらにゴルトフスによる敷衍された版（図22）がドイツで出版されると，より広範囲の大衆にとってその種の光景に潜在的魅力があることは，すぐに正しく認識された。また改変された版（図26, 27）が，予約購入によって頒布されるイギリスとフランスの出版物の中にまもなく登場し，前者においてはまさしく大量の大衆の手にわたった。だがいずれの場合も，著者（それぞれフィリップスとボブレ）はジャーナリストや出版業者——現在の言葉でいえば「サイエンス・ライター」——ではなく，おのれの力で相当の科学的名声を築いた地質学者であった。出版業者は独力では決して知ることがなかったと思われる，この種の挿絵の大衆的魅力に気づいたのは彼らであった。他方では，フィリップスとボブレがその絵をより多くの大衆のためのものにしようと考えたのは，むろんそれぞれの販路が要求する教育的・商業的理由のためであった。単に商業的理由のため，あるいは均一の形式を保持するためだったとしても，それらの光景はその出版物の中の他の挿絵の体裁（それぞれ白黒

の木版画と，彩色した鋼版画）に合わせなければならなかった。しかしより散文的な他の挿絵と組み合わされた結果，太古の光景にはまぎれもない「普通さ」が付与されることにもなった。こうして発端はのちに科学者〈scientists〉と呼ばれる人々に由来していたものの，最初期の太古の光景はすでによく成長していた大衆科学の文化の中に，とりわけ自然誌の大衆的流行の中にすぐに同化した[14]。

　その後まもなく，このジャンルは大衆科学のある重要な部門，すなわち子供向けの科学によって流用された。ピーター・パーリーによる二つの慎ましいが想像力豊かな光景（図32, 33）は，先ほど触れたものと同様に，その光景を他のもっと疑問の余地のない絵と同じ形式で描くことにより，太古の「普通さ」をほのめかしていた。これ以後，子供は太古の光景の主要な観客になり，この事態はあからさまに子供を対象とした，パーリーやフィギエの書のような場合だけにとどまらなかった。たしかにクリスタル・パレスの展示物やフィギエの本が生みだした戯画（図64, 105）は，太古の光景の若々しい魅力——たとえそれが恐怖に魅せられることだったとしても——が，年長者の心の中にだけあるのではないことを示唆していた。そしてむろんこの魅力はそれ以来，このジャンルの特徴となり続けている。

　それでもおそらく，このような光景が大衆科学の文化の中に取り入れられる際の最も重要な媒体は，通常の地質学入門書であった。19世紀中葉には，その種の書物は驚くほどたくさんあった。当時この科学はそれ以前にはなかったほど，またおそらくそれ以後にもないほど（最近の恐竜ブームを地質学に属すると考えないならばだが）絶大な人気を得ていた。少なくとも，たいていはジュラ紀の爬虫類を中心に据えた単一の太古の光景が，このような大衆書ではほとんど定番となっていた。本書に再録したわずかな数の見本の中では，リチャードソン，ツィマーマン，ブルーワーのもの（図38, 57, 58）がこの一般的形式の例になっている。普通は口絵——19世紀には現在の本のカ

バーに相当した——として置かれたこれらの光景は,「地質学の驚異」を思わせぶりにかいま見させることにより, 潜在的購読者の食指を動かすことに役立っていたが, それは本の残りの部分の無味乾燥な内容によっては, 実現することがしばしば困難な事柄であった。形式と内容の点では, それらは一般に, そして当然ながら他の作品から派生したものであった。だが全体として, それらはちょうどこの時期に姿を現わしつつあった, 読み書きのできる大衆の間に太古の「驚異」の生き生きとした感覚を呼び覚ました。同じ大衆が人間の歴史の「ロマン」, とりわけ中世の「異質さ」に気づき始めていたのも偶然ではない[15]。

　太古の光景の広範な観衆は, 国と言葉の境界や, 少なくともある程度は社会階級という 19 世紀のもっと堅固な障壁をも乗り超えた。このジャンルは文化の境界を横断してもほとんど変化を示さなかった。こんにちテレビ番組が, 適当な吹き替えをしたり字幕をつけたりしただけで国や言葉の境界を超えるときと同様に, これらの絵は経済的動機さえあれば, 異なる言語の版や異なる観衆のための出版物において再利用された。デ・ラ・ビーチやマンテルのもののような標準的なテキストの翻訳は, それぞれの光景を英語圏の観衆からフランス語圏やドイツ語圏の観衆へ伝えた。ウンガーの独仏二カ国語のテキストは, その見事な連続的光景をほとんどの科学者がただちに——実際にではなくても原則的には——利用できるものにし, 他方でハイリーの海賊版とおぼしきものはその光景をすぐに狭量な英語圏にも運び入れた。ホーキンズが制作した絶滅爬虫類の実物大模型は, クリスタル・パレスに押し寄せる多国籍の大衆によって間近に, また展示物に関する無数の新聞記事と挿絵によって間接的に目撃された。フィギエの書の中のリューの版画は, フランス語のテキストが他の言語に翻訳されたときただ単に繰り返し使用された。またそれらはフラースによって, ドイツ語圏の市場に向けた同種の本のために——おそらく商業協約を結んで——借用された。

これらの作品では，異なる国の文化に適応させるため，光景に変更を加えたり，それを説明するテキストに重大な修正を施したりする必要があるとは，まったく考えられていなかった。むろんそのことは，これらの作品のほとんどが主たる対象としていた中産階級の読者が，西欧世界においては文化的同質性をもっていたという事実を，単に反映していると見なすことができるし，そう見なさなければならないであろう。しかし『ペニー・マガジン』のためのフィリップスの光景（図26）は，社会階層を少なくとも読み書きのできる職人階級にまで広げた多数の観衆に対してさえ，脚色が必要だとは考えられていなかったことを示唆している。さらにクリスタル・パレスにおけるウォーターハウス・ホーキンズの爬虫類は，ロンドン動物園にいるそれに対応した現生の動物を見る者たちより，はるかに広い範囲の社会階級の人間によって見学されたのである。

多くの大衆的な地質学入門書を飾った単一の光景でさえ，当時は読者が太古の消滅した現実について，なんらかの感覚を作りあげるのに貢献した。すでに述べた通り，最初期の光景のいくつかは，ただ単に現在の世界を描いた挿絵と同じ形式や体裁で提供されたため，太古に疑問の余地のない「普通さ」を付与する傾向があった。だが付随するテキストは，その光景を描いたり依頼したりした「科学人」の多くが，太古の住人はきわめて異質であると見なしていたり，少なくとも彼らが読者に伝えたいと願っていたのはそのような印象であったことを明らかにしている。ボブレにとって，ジュラ紀の爬虫類は「病んだ想像力」（テキスト17）の産物であるように思えた。ゴルトフスは飛翔するプテロダクティルスと「中国の画家の際限のない空想」（テキスト14）を結びつけ，バックランドはそれをミルトンの架空の「魔王」（テキスト19）になぞらえた。こうした事実に照らしてみると，「無人の，太陽も月もない無気味な世界」（テキスト18）という記述における，トマス・ホーキンズの奇妙な感情の吐露は，当初そう見えたほど主流の科学か

ら外れてはいないのである。

　このようなロマン主義的，あるいは「ゴシック的」想像力を背景にして考えると，視覚に強く訴える太古の光景を作りだすために，マンテルがジョン・マーティンを味方に引き入れた戦略も（テキスト24），マーティンの様式が示唆するほどの革新ではなかった。マンテル——彼もみずからの力でなった「科学人」であったが——は，マーティンによる口絵は彼の大衆書の売れ行きを助けるのみならず，地質学によって明らかにされた，消滅した世界の異質さについての広く普及した感覚を，適切な視覚言語で表現するだろうということも正しく理解していた。その世界が異質と感じられていたのは，そこに住む動物が完全に絶滅していたからであった。さらにその動物のいくつかは，専門的な意味で「怪物」である（現在では別の綱のものとされる形質をあわせもっている）だけでなく，日常的な意味でもそう見えるためであったが，なによりもその世界には人間がまったく欠如しているからであった。マンテルとホーキンズのために制作したマーティンの絵の中の不吉な闇（図35, 36）や，化石爬虫類が変質させられた悪夢のような竜は，マーティンの以前の大洪水の絵（図10）における宇宙的なカオスと同様に，太古を現在とはきわめて異なった世界として示していた。連想により，「イグアノドンの国」は，以前無数に描かれた『聖ジョージと竜』の中の神話的風景と同一視されていた。

　そうした純粋な形では，太古の光景というジャンルに対するマーティンの影響は短命であった。たとえばリチャードソンは，その入門書ののちの版では，元同僚マンテルがマーティンを起用する以前に自身が用いていた種類の光景に戻ってしまったが（図34, 38），それはマーティンによるマンテルの光景が，自分用のもの（図37）よりはるかに優れていたからだけではないだろう。一般には，マーティン的様式のメロドラマ的魅力と，地質学は具体的事実からの健全な帰納にもとづいた科学でなければならないという，もっと散文的な要求との間には

避けがたい緊張が存在した。マーティンは，爬虫類＝竜の解剖学的構造に対してずさんであったが，それはマンテルとホーキンズ以外の著述家なら逆効果と感じるようなものであった。したがってその後のほとんどの光景は，それよりはるかに毒々しくない，同時代の牧歌的な風景画にはるかに近いスタイルに回帰したのであった。
　にもかかわらずマーティンの様式のある種の痕跡は，ウンガーのためのクヴァセクの連続画における嵐の光景や，相争うジュラ紀大型爬虫類の光景のような（図48，51），のちの多くの構図の中に依然として見ることができる。実のところそれは太古を悪夢のような恐怖と醜悪な「先史時代の怪物」の王国とする，大衆の——そしてとくに子供の——感覚の中にこんにちも存続しているように思われる。ウォーターハウス・ホーキンズの実物大の模型と，フィギエの書の中の形象に対する風刺漫画家たちの反応（図64，65，105）は，彼らの子供の（またおそらく彼ら自身の）経験になんらかの基礎を置いていないわけはないだろう。太古の世界に対するこの情動的な反応が存続しているということによって，相も変わらぬ恐竜の人気，むしろますますカルト的になる恐竜への熱中は部分的に説明されると思われる。このことに，隠れた機能——文化的あるいは深層心理学的な——があったのか，そして現在もあるのか，またそれがどのようなものであるのかは，本書を本来の守備範囲の外へ，筆者を能力の及ばないところへ連れだす問題である。
　マーティンをめぐる過渡的な挿話のもう一つの永続的な遺産は，それが驚くべき視覚言語によって，単一の異質な太古の世界という感覚を強化したことである。地質学者はそれぞれが特徴的なひと揃いの動植物化石をもつ，多くの連続的な岩層の「系」を区別するために研究に励んでいた。しかし一般大衆の間では，地層の中に埋められた単一の分化されていない世界という旧来の観念はなかなか消滅しなかった。使い古された単数の句——「太古の世界」，the ancient world, Die

Urwelt, l'ancien monde——は，地質学者の著作の表題においてさえ命脈を保ち続けた。全体が連続的光景に捧げられた最初のものであるウンガーの書は，単数であることが「さまざまな形成期」に言及することでただちに緩和されていたとはいえ，*Die Urwelt* と題されていた。フィギエのベストセラー本も連続する種々の光景が含まれていることを喧伝していたが，表題は *La terre avant le Déluge* であった〈La は女性単数名詞につく定冠詞〉。フラースによる類書の表紙のデザインは，すべての異なる時期の生物が，単一の光景の中に集合させられたものであった（図 104）。

　大衆が太古を単一の分化されていない世界と見なし続けたので，そのような結論を後押しする市場戦略は抜け目のないものであった。ウォーターハウス・ホーキンズは大衆に別のことを教示しようとしていたのだが（図 63），クリスタル・パレスにおける彼の壮大な展示は，風刺漫画家たち——そしておそらくその漫画を楽しんだ人々——には単に例の「大洪水以前の世界」の復活，あるいはその悪夢のような空想（図 64, 65）と受け取られた。全体としてクリスタル・パレスの展示を特徴づけていた「大英帝国の称揚」という文脈からすると，この異質な王国の科学的復元は，異国の猛獣をリージェント・パークの動物園の檻に収容したことと同様，首尾よくなされた征服を表現するものでもあった[16]。

　「先史時代の怪物」がひしめく単一の消滅した世界という大衆の観念——これはこんにちまで広く存続しているが——は，人間の過去を分化されていない「昔日」ととらえる通俗的観念に酷似しているが，現在「国民の遺産」的展示や歴史についての「テーマパーク」は，その「昔日」に媒介なしに，直接近づくことを可能にすると暗に主張している[17]。それらが，住み慣れた現在と，すべての前代に具現されている「歴史」とを峻別するのと同様に，太古はなによりも人間が存在していないのだから，現在の世界とははっきり異なると考えられた。

まるでそこに居合わせたかのように，地質学者が地球の歴史の最遠の過去までも描写できると主張したことは，むろん一般大衆にとっては非常に驚くべきことであった。そこで初期の光景のいくつかには，バックランドのハイエナの巣をめぐるコニベアの戯画（図17）に見られるようにお伽噺の香りが，マンテルとトマス・ホーキンズのためのマーティンの光景（図35, 36）に見られるように悪夢の雰囲気が漂っているのも不思議ではない。このような時間旅行は，ほとんど信じることのできない，基本的に不自然なものであることが繰り返し問題になった。たとえばボワタールの大衆書では，時間旅行は19世紀の著者（隕石に坐った）をプレシオサウルスの時代へ案内する，ル・サージュの「びっこの悪魔」による魔術をあからさまにともなっている（図76, テキスト58）。20世紀のSFになってようやく，すべての太古の光景に含意されていた時間旅行の手段は，科学技術の充満する時代にふさわしく，タイム・マシンという実用新案小道具へともう一度変身させられることになった。

　ところで時間旅行は，途中で宿駅を経る旅になる可能性を必然的にもっている。だが初期の太古の光景は，少数の例外を除き互いに孤立したままであった。それらは地質学的連続のさまざまな部分にもとづいた単一の光景であり，地球の歴史の各時期を代表するものとして意識的に選ばれたのではなかった。むしろその選択は，光景の基盤をなす特定の化石の発見という偶然によって行なわれていた。「一連の光景を」というバックランドの提案（テキスト15）に従う者はなかった。またトリマーのためにウィッチェロが描いた積み重ねられた光景（図39）や，レイノルズのためにエムズリーが描いた工夫に富んだ連続的パノラマ（図42）のような，時間の広がり全体を巧みな形式によって描写する革新的実験も，ほとんど影響をもたらさなかったように見える。ウンガーがクヴァセクに作品を依頼して初めて，光景の根拠となる適切な証拠が存在するすべての時期を，真の地球史の順序で描写す

る本格的な試みがなされたのである（図 43-56）。

したがって分離した光景の連続という形式は、バックランドによって示唆され、トリマーによって慎ましく試されたが、ウンガーのためのクヴァセクの壮大な連作の中でようやく決定的な例が提示された。その後は、とくにフィギエが（明らかにウンガーの影響のもとで）採用したため、それは19世紀の残りと20世紀全体においてこのジャンルの規範的形式となった。現在でももっともらしい推論の域にとどまっているのは、そのジャンルと聖書の挿絵というずっと以前に確立したジャンルがよく似ているのは、偶然の一致ではないとする見解である。ウンガー自身がきわめてカトリック的な文化の申し子であり、頂点をなす光景に添えられたテキスト（テキスト46）には、力強い聖書的イメージが含まれている。だがもっと重要なのは、彼の連続的光景が、直線的な歴史的発展という観念のまわりに組み立てられていることであり、そこでは太古の連続する時期はその絶頂を、またおそらくその完成を、現在の人間世界の中に見出しているのである。

地球の歴史と生命の歴史に、はっきりとした方向性があるというそのような目的論的感覚は、慣例として人間の物語の前に置かれる短い序幕（『創世記』第1章の中の）を含む、人間の歴史の伝統的なユダヤ・キリスト教的解釈にたしかによく似ている。この観点からすると、ウンガーのためのクヴァセクの連続的光景（図 43-56）と、1世紀以上前に作られたショイヒツァーのためのプフェッフェルの連続的光景（図 1-6）との間に、非常な絵画的類似性があるという事実はなんら驚くべきことではない。むろんウンガーは、ショイヒツァーが当然のごとく採用した、宇宙の歴史の伝統的な短時間尺度を共有してはいない。同時代のすべての地質学者と同様に、ウンガーは地層の累重が、人間の歴史全体をも取るに足りないものにしてしまう、想像を絶するほどの期間を示していることにはっきりと気づいていた。にもかかわらず彼は——ここでも同時代のほとんどの地質学者と同様に——知られてい

る最初の生命から人間世界にまで続く，明確な目的のある直線的発展の感覚を保持していた。

　単一の光景の描写は，また連続的な光景の描写でさえも，太古が長大なものであるという地質学者の感覚に同意することを，厳しく強制はしなかった。実のところ，これは科学的見解と大衆的信念とが乖離する最も重要な点の一つであった。満足のいく証拠を示すのは難しいが，大衆は長い間伝統的な短時間尺度を当然のものと考え続けてきたように思われる。一般大衆の多くは——とくに英語圏では，また19世紀前半には——宇宙の歴史を依然として教会において，あるいは家庭用聖書から学んでいた。おそらくこのことが，地質学によって明らかにされた過去の全体を，単一の「原始の世界」と見なす傾向を助長したのであろう。とくに「大洪水以前」という伝統的な用語が使用され続け，フィギエの『大洪水以前の地球』のような表題が魅力を保ち続けたごとく，太古と人間世界を分かつ象徴的境界として大洪水のイメージが存続したことは，このことによって説明されるであろう。むろん大洪水以前の世界は厳密には人類以前の世界ではないが，『創世記』のはじめの数章で語られるすべての出来事——天地創造からアダムを経てノアまで——が謎に包まれたものであるため，地質学者の提示する同じく謎に包まれた「驚異」には，大洪水のような伝統的な物語がふさわしいと考えられたのである。

　だが完全な連続画が広く普及する以前でさえ，太古の光景は地質学者の提唱する想像を絶するほどの長時間尺度を，広範な大衆に真実であると確信させうる強力な視覚的修辞の形式になっていた。マンテルはイグアノドンの時代から経過した「無数の年月」と「数えきれないほどの歳月」を強調し（テキスト25），ツィマーマンは自身の同様の光景に言及しながら，人間の歴史全体も地球の年齢に比べたら「単なるゼロ」にすぎないと述べていた（テキスト47）。ウォーターハウス・ホーキンズの実物大の模型がクリスタル・パレスで公開されるときまでに，

この時間尺度の感覚はごく一般的なものになっていたと思われる。というのもこの展示のことを記した一人のジャーナリストは，知られている限りでは最古の人間の歴史も，絶滅爬虫類の世界に比較すれば「つい昨日のものである」と結論しているのだから（テキスト 51）。

　地質学者たちの光景によって表現された長大な時間尺度の感覚が，次第に大衆のものになったのは，その際『創世記』説話の伝統的な宗教的意味と断絶する必要がなかったためであろう。聖書批判の緩やかな広まりによって入手できるようになった聖書の言葉の新しい解釈を，大衆は単に採用するだけでよかった。「アダム以前の──混沌から抜けでたばかりの──地球」の光景を説明するトマス・ホーキンズのように，人間には計り知れないこの期間も，いまや人類以前の長大な期間と解されるようになった天地創造の「日々」と結びつけることで，容易に理解されたのである（テキスト 18）。

　こうして太古の光景は，地質学者たちの時間尺度を受け入れるよう求めなかったにもかかわらず，大衆にその正しさを納得させる強力な修辞的手段となった。同様に生命世界の時間的発展を例示する連続的光景の形式も，生命の歴史に進化論的解釈が与えられることを要求したり，その歴史が滑らかに連続することを暗示したりはしなかった。というのも連続的光景は，どちらにも偏することなく二つの方法によって解釈することができたからである。実際にそれは映画から切り取られたスチール写真や，ビデオを一時停止したときの静止画像のように（19 世紀には一連の静止画によって，動く光景を錯覚させる玩具が流行したので，このような比喩もこんにちと同様なじみやすいものであった），滑らかに変化する連続的パノラマからもぎ取られた，一連の試供品的瞬間と見なすことが可能であった。しかしこれに対し，それは光景の不意の（おそらく不自然でさえある）変化によって互いに切り離された，演劇的な意味での一連の分離した「場」と見ることも可能であった。

他方では連続的光景の形式が，生命の歴史を進化論的に解釈する可能性をもたらすことも確かであった。進化の理論がその説明を与えると主張する変化の階梯をあざやかに示すことで，それは進化論的解釈を促進したであろう。たとえばウンガーは器官の変化についてある種の自然的過程を仮定していたようだし，フィギエのテキストは進化論的な言いまわしに満ちている。だがいずれにせよ，のちにこのジャンルは進化論に奉仕する視覚的修辞の強力かつ明確な形式になった。そしてそれは20世紀を通じ，大衆科学書，テレビ番組，博物館の展示において，その目的のために使用され続けているのである。

　最古の人間の生活を，さらに大きな太古という視覚的文脈の中に置いたと初めて主張できる光景は，当然ではあるがクヴァセクがウンガーのために描いた連続的光景の最後のもの（図56）であった。エデンの園のアダムの光景が，ショイヒツァーの天地創造説話のために制作されたプフェッフェルの連続画の頂点（図6）をなしていたように，ウンガーにとって人類の登場は，地質学によって明らかにされた，プフェッフェルのものに類似してはいるがそれより限りなく長い物語の頂点を明示していた。クヴァセクの構図はまぎれもなくエデン的な雰囲気を有し，たしかに現代的ではないものの，人間の存在が描かれているゆえウンガーはそれに「現在の世界」という表題を与えた。この点では，それは人類以前の「原始の世界」を描いた，それより前に置かれたすべての光景と明確に異なっていた。だが同時に，それは先行するすべての光景と様式の点では似ていたため，長大な歴史のもっともらしい頂点のように思えた。実のところ人間的なものと人類以前的なものとの緊張は，絵画的には人間の家族が人間とは無縁の後景と鋭く対立していることに反映されている。

　エデンの園に似た，あるいは少なくともアルカディア的な光景は，人間の歴史は実は自然界の歴史の中に完全に包含されるのではないかという，当時増大していた疑念と蓄積していた証拠を意図的に無視し

ているのであろう。正確に言えば，ウンガーの時代に最初の人類は，古生物学が復活させた驚くべき絶滅動物の最後期のものと同時代の存在であったことが主張されていた。ボワタールの遺作が同種の書物に手を染めることをフィギエに促した頃には，その問題に関する論争はたけなわで，二人の作家はきわめて対照的な内容の光景において対立する意見を表明した。フィギエはクヴァセクのものに類似したアルカディア的な光景（図101）をリューに描かせることにより，新しく登場した考え方に反対した。これは肉体的には類人猿に似ているが，習性の点ではそれよりさらに獣的な，ボワタールの悪夢のようなわれわれの祖先の像（図77）に対抗することを暗に意図していた。だがのちの版では，専門家たちの合意が高まったことを受け，フィギエは若干の譲歩を余儀なくされた。そこでリューのその版の光景は，ボワタールの光景と同じく最初の人類を，獣皮をまとい，石斧で武装し，敵意をもつ野生の動物と対峙する穴居人として示していた（図102；図78と比較されたし）。

　しかしここでさえリューの人間は，クヴァセクの絵とリュー自身の以前の構図の中の家族と同様に，依然として白人，ヨーロッパ人であり，物腰は文明人であった。科学技術的にではなくても，道徳的には，それらはフィギエの読者である西欧の広範な中産階級の人間に，親しみと安心をもたらすものであった。乳搾りの女に変装したマリー・アントワネットと同じく説得力には欠けるものの，それらは原始人に変装した彼ら自身であった。この点では，太古の光景というジャンルは，「野蛮人」の肖像を長い間特徴づけてきたものと同様に，社会的および人種的でさえある目的に露骨に奉仕させられている。しかし公平であろうとするなら，非難は対称的であらねばならない。同種の社会的利益は，意図するところは逆であっても，ボワタールがへつらいなしに描いたわれわれの遠い祖先の姿によっても，同じように満たされるのである。

これらの光景が教えてくれるのは，人間の存在は，人間と自然界，自然と人間性との関係に関する，暗黙のメッセージを伝える道具となることなしに，太古の物語の中に視覚的に同化されることはないということである。このジャンルそのものは，そこに反映されている時間尺度や，そこに提示されている変化の進化論的説明においてそうであるように，中立を保ったままであった。だがどちらの場合でも，自己の見解を広範な大衆に強制しようとする者にとっては，それは強力な視覚的修辞であることが判明した。太古の光景を結局は政治的に利用するそのような例は，クヴァセクとボワタールとリューの最古の人類の描写の中に，初めてはっきりと見ることができる。それは衰えることなく，むしろおそらく力を増しながら，現在の博物館やテレビ番組の中に残っているのである[18]。

　最後に，本書が初期の太古の光景だけを扱っていることにはもう少し説明が必要であろう。むろん一つの実際的な理由は，このジャンルの発展を1860年代以降や現在までたどろうとすると，本のサイズと値段が，また同様に重要なことだが調査のために必要な時間が，三倍あるいはそれ以上ではないとしても，二倍にはなるというものである。太古の光景は地球の歴史を提示し表現する，非常に効果的かつ大衆的な方法になったので，過去130年間におけるその使用法を網羅する叙述と分析は，うわべだけにとどまらないものであろうとするなら，少なくともそのくらいの時間と紙面は要するであろう。だがその後の光景を適切に取り扱うにはもう一冊別の本が必要だというのは，ページ数と挿絵と調査期間の点からだけではない。
　本書と，予想しうる続編との違いの焦点は「ジャンル」の概念にある。すこぶる貴重な，翻訳不可能な，まだ完全には英語化されていないこの言葉は，これまでの叙述の多くの箇所から明らかであるように，本書全体で提示される歴史的解釈の中心に位置している。本書の論点

は，太古の光景は歴史の特定の時期に，特定の状況下で発展した，新しい種類の絵であるというものであった。全体として，本書で分析された（また本書に再録されなかった他の多くの）光景は，風景画や小説やオペラがジャンルであるというのと同じ意味でジャンルを構成する。各ジャンルは歴史の特定の時期に出現し，他の種類の先在する文化的源泉を利用また改変し，特定の実践者によって決定的あるいは規範的な形式へと発展させられた。だがひとたび発展すると，各ジャンルは多種多様で矛盾しさえする内容を，同じく多種多様な様式によって伝達できることが判明した。言い換えれば，ジャンルという概念に内在するのは，その起源の歴史と，あとに続くその使用の歴史との区別なのである。あるジャンルがどの時点で成熟期を迎えたのか――たとえばプーサン〈1594-1665, フランスの画家〉それともコンスタブル〈1776-1837, イギリスの風景画家〉によってか，オースティン〈1775-1817, イギリスの小説家〉もしくはディケンズ〈1812-70, イギリスの小説家〉によってか，モンテヴェルディ〈1567-1643, イタリアの作曲家〉あるいはグルック〈1714-87, ドイツのオペラ作曲家〉によってか――についての見解は，人によって異なるだろう。実践の過程で根本的に変化したため，もはや同じジャンルとは見なせなくなる時点がいつなのかについても同様である。にもかかわらず，成熟した姿で歴史の舞台に登場したことを示す例については，ある種の合意が得られるであろう。

　そこで本書は太古の光景というジャンルの起源，出現，成熟への発展を記述し分析してきた。本書は新しいジャンルの創造に対し，源泉として役立った先在するジャンルの一つ，すなわち聖書挿絵の古い伝統を概観することから始められた。次に自然誌の挿絵というもう一つのすでに確立していた伝統へと目を転じ，それが化石と，化石をその断片的遺骸とする生物を取り扱うことに適用されていく足跡をたどった。後者の伝統は多くの復元された生物を，暗黙のうちに人間の視点から見られた風景の中へ配置したため「真の」と定義される，最初の

真の太古の光景に直接通じている。誕生してまもないこのような光景のジャンルは，次いで専門的な読者＝観衆から，より広範な大衆へと急速に広がった。それ以前の聖書挿絵の伝統は，さまざまな孤立した光景が，ややのちに地球における生命の歴史全体を例示する一連の絵の中にまとめられたとき，完全に同化された。次いで太古の住人たちは，三次元の実物大のものとして初めて復元されたとき，紙の制約から解放された（そのことによっておそらく別の派生的ジャンルが創始された）。最後に——本書が扱う範囲では——これらすべての例は，こんにちも利用され続ける絵画的慣例を具現した，より完全な連続的光景の中に統合された。

　たとえばデ・ラ・ビーチ，ウンガー，フィギエのうちの誰がこのジャンルの「創始者」，あるいはその成熟を示す人物と見なされるのかという問題は重要ではない。わたしの主張，そして本書をフィギエで終了させた理由は，単にもっと以前でないとすれば彼の時代までに，このジャンルが確立したということにある。1860年代までに，それは生命の起源から人類の起源にまで及ぶ，地球の歴史の計り知れない広がりに関する科学者たちの洞察を，広範な大衆が理解できる用語によって伝えられるようになっていた。逆にそれは科学者の黙認があるかないかにかかわらず，社会的目的，および政治的目的のためにさえ，大衆のレベルで使用できるようにもなっていた。そのとき以来，このジャンルは，その後の研究によって大幅に拡大され豊かにされた科学者の洞察を伝えることや，より広範な社会的目的に奉仕することを続けている。いずれにせよ，それはますます増大する大衆に対し，太古の世界を提示し表現するために用いられている。大衆——そしてとくに若い彼ら——は，いまや恐竜に関する大衆書を買い求め，テレビ番組を視聴し，架空の復活を遂げて得意満面の恐竜を見るために，博物館に押し寄せるのである。

注

■序文

1）この場にぴったりの語"deep time"（太古）は，John McPhee, *Basin and Range* (1981) の中の，現代の地質学者の世界が見事に喚起されている箇所から借用した。天文学者の"deep space"（深宇宙）との類推により，この語は人類以前あるいは先史時代の時間尺度の想像を絶する大きさを表現している。

2）Rudwick, "Visual Language" (1976).

3）たとえば Latour and Noblet, *Les "vues" de l'esprit* (1983); Lynch, "Discipline and the Form of Images" (1985); Latour, "Visualisation and Cognition" (1986); Lynch and Woolgar, *Representation in Scientific Practice* (1988); および Fyfe and Law, *Picturing Power* (1988).

4）Hacking, *Representing and Intervening* (1983), p.138.

5）Rudwick, "Encounters with Adam" (1989).

■1 天地創造と大洪水

1）「仮想の目撃者」という用語は Shapin and Schaffer, *Leviathan and the Air Pump* (1985) から借りている。そこでは，この用語はロバート・ボイルのような初期の近代的自然哲学者が，実験が行なわれたとき読者もその場に居合わせたように感じさせ，自分の記述している現象が現実のものであることを読者に納得させようとした，「文学的技法」を示すために用いられている。本書でわたしはこの用語の意味を拡大し，科学者でさえ実際には目撃できなかった光景を，同様に「現実のものにする」ことを示すために用いている。二つの文脈に共通するのは，どちらの場合も仮想の目撃者を著者の盟友とすることにより，文字や視覚による表現の中に具現されている，著者の主張が権威づけられるということである。

2）むろん古代史に関しては，フリーズ彫刻や壺絵のような，同時代の絵画的証拠もいくつか存在した。聖書が語る歴史については，ユダヤ教，したがって初期キリスト教が偶像嫌悪的性格をもっていたため，証拠は完全に文字によるものに限られていた。

3）年代学については，Wilcox, *Measure of Time Past* (1987) と Grafton, *Defenders of the Text* (1991), 第5章を参照。

4）たとえば Prest, *Garden of Eden* (1981) を参照。Allen, *Legend of Noah* (1949) は，扱う題目はやや似ているものの，絵画的資料にはほとんど注意を払っていない。太古の光景とは稀薄な結びつきしかないため本書で考慮されない挿絵は，地球全体が地に縛られた人間の視点からではなく，いわば宇宙から眺められている類のものである。最良の例は，構図を縁取るケルビムによって見られているような，地球の七つの連続的段階（過去と現在と未来）を表わす七つの球体を描いた，Burnet, *Sacred Theory of the Earth* (1680-89) の口絵であろう。これはたとえば Rudwick, *Meaning of Fossils* (1972, p.79, 図 2.7) や Gould, *Time's Arrow* (1988, p.20, 図 2.1) に再録されている。

5）このテーマの古典的考察は Ivins, *Prints and Visual Communication* (1953) においてなされている。銅版画はより多くの時間と技術が必要なため高価だが，原版が長持ちするので多数の複製を印

刷することができ，また彫版の過程がはるかに繊細な絵画的効果を可能にした。

6) Scheuchzer, *Herbarium Diluvianum* (1709). Fischer, *Johann Jakob Scheuchzer* (1973) を参照。

7) Scheuchzer, *Homo Diluvii testis* (1726). この化石を両生類のものと解釈し直したのは *Recherches sur les ossemens fossiles*, 第2版 (1821-24) におけるキュヴィエであった。Jahn, "Notes on Dr. Scheuchzer" (1969) を参照。

8) Scheuchzer, *Physica sacra* (1731-33); *Kupfer-Bibel* (1731-35); *Physique sacrée* (1732-33). 低地諸国のプロテスタントとカトリックのためのオランダ語版 *Geestelÿke natuurkunde* (1735-39) も存在した。

9) たとえば Prest, *Garden of Eden* (1981) を参照。

10) ショイヒツァーの大洪水の挿絵の重要かつ有名な先例は，箱船の構造とそこに収容されたものを詳しく分析し，進行する大洪水を見開きの版画（たとえば pp. 126-27, 154-55) にした Athanasius Kircher, *Arca Noë* (1675) である。キルヒャーの挿絵の抜粋が Godwin, *Athanasius Kircher* (1979) の中に適切に再録されている。より一般的には，Allen による古典的著作 *Legend of Noah* (1949), とくに *Arca Noë* に関する補遺を参照。Burnet, *Sacred Theory of the Earth* (1680-89) の口絵には，ケルビムの目で見た大洪水期の地球全体の姿が含まれている。これは宇宙からの眺望という点で，キルヒャーやショイヒツァーの構図における人間のものらしい視点とは大いに異なっているが，明らかに彼らの絵画的伝統に関連している。

11) Buffon, *Époques de la nature* (1778). 近代の標準的な版は Roger, "Buffon" (1962)，またこの作品は Roger, *Buffon* (1989), 第23章において伝記的文脈の中で検討されている。

12) Thackray, "Parkinson's *Organic Remains*" (1976) を参照。Morris, *James Parkinson* (1989) が有益な伝記的情報をもたらし，「パーキンソン病」に関する小論を翻刻している (pp. 151-75)。

13) Rudwick, "Geological Society" (1963); Laudan, "Ideas and Organizations" (1977).

14) Inkster, "London Science" (1979); Miller, "Micropolitics of Science" (1986); Morris, *James Parkinson* (1989), 第3章。

15) マーティンの全作品は Johnstone, *John Martin* (1974) の中に収められ，Feaver, *Art of John Martin* (1975) において分析されている。

16) ここでのわたしの解釈は，この絵の中にキュヴィエの激変説的地質学の影響を見る，Rupke (*Great Chain of History* [1983], pp. 77-78) の解釈とは異なっている。キュヴィエがロンドン滞在の折りにマーティンのアトリエでこの絵を見，大洪水の原因として天文学的現象がほのめかされていることに賛同すると，マーティンに語ったのは事実であろう。だがわたしはマーティンのこの作品の中に，明確なキュヴィエからの情報，あるいはこの時期の新研究からの情報を示唆するものは見ることができない。たとえばマーティンの光景の中の動物は，間違いなく現代のライオン，ゾウ，キリンなどであり（本書図11を参照），キュヴィエが復元した絶滅哺乳類の種（本書第2章を参照）ではないのである。

17) Martin, *Illustrations of the Bible* (1838). チャールズ・ナイトが出版した *Pictorial Bible* (1836-38) とカトリック系の *Bilder-Bibel* (1836) が，この時期に好評を得たこのジャンルの例であるが，どちらも天地創造や大洪水を描いた連続的光景は含んでいない。

18) Doré, *Sainte Bible* (1866) ; *Holy Bible* (1866).

19) Rappaport, "Borrowed Words" (1982) と Rossi, *Dark Abyss of Time* (1984) を参照。

■2　過去への鍵穴

1) 18世紀地質学の現代におけるすぐれた要約は Gohau, *History of Geology* (1991) の中にある。より詳しくは同じ著者の *Sciences de la terre* (1990) を参照。

2) もう一つの好例であるビュフォンの『自然の諸時期』(1778) には，挿絵がまったく含まれていない。一般に18世紀の「地質学的」出版物に挿絵が少ないことについては，Rudwick, "Visual Language" (1976) を参照。

3) よく見受けられるこの仮定も，個々の化石生物を復元する試みさえ18世紀には稀であったことの説明になるだろう。復元の試みという点ではほとんど唯一の例であるため注目されるのは，Schroeter, *Beyträge zur Naturgeschichte* (1774-76), 第1巻，表1，挿絵7において，想像にもとづく付属器官つきで復元された三葉虫である。シュレーターの著作に含まれる，この種の版画としては唯一のものであるこれは，Langer, *Paläontologische Buchillustration* (1976), p. 386, *sub* no. 6678 に再録されている。

4) キュヴィエの化石研究は Coleman, *Georges Cuvier, Zoologist* (1963), 第5章 ; Rudwick, *Meaning of Fossils* (1973), 第3章，および Outram, *Georges Cuvier* (1984), 第7章で記述・分析されている。

5）López Piñero, "Juan Bautista Bru" (1988). この版画は，キュヴィエが初めて見たときにはまだ公表されていなかった。

6）Cuvier, "Quadrupède inconnue" (1796).

7）キュヴィエはこれら化石哺乳類に関する一連の論文を1804年から1810年までの『博物館年報』に発表し，次いで全4巻の『化石骨の研究』(1812) の中に（他の重要な資料とともに）再録した。

8）Cuvier, *Recherches sur les ossemens fossiles*, 第2版 (1821-24)。モンマルトルの哺乳類は第3巻 (1822) で記述されている。

9）Outram, *Georges Cuvier* (1984) は，ナポレオン時代と王政復古期のパリにおいて，とくにプロテスタントで生粋のフランス人ではないキュヴィエの経歴は，不安定で傷つきやすいものであったことを明らかにしている。

10）Theunissen, "Cuvier's *lois zoologiques*" (1986) は，化石骨に分類学上の正しい位置を与えることがキュヴィエの主たる関心であったのに比べると，復元は彼の研究において周縁的役割しかもっていなかったことを正当に強調している。

11）Rupke, *Great Chain of History* (1983), pp. 31-41. オックスフォードにおけるバックランドの地位は正式には地質学と鉱物学の「准教授」だったが，一般には「教授」と呼ばれていた。

12）『概要』(1822) は，名目上の共著者（そして出版者）であるウィリアム・フィリップスが以前に書いた本を，コニベアが大幅に改訂したものであった。

13）イギリスの指導的地質学者数名の書類の間には，この印刷物が残されている。キュヴィエがもっていたものは，MS 634 (1), Bibliothèque Centrale, Muséum Nationale d'Histoire Naturelle, Paris の中にある。

14）この絵を描いた匿名の画家はコニベア自身ではないだろう。テキストも石版印刷されているが，それには鏡文字を優雅に書くという特殊な工芸技術が必要だったと思われるからである。石版印刷は世紀が変わる頃に発明されて以来，とくに一枚刷りの楽譜のために広く利用されていたものの，科学に関する挿絵にとってはまだ比較的新しい，経験の浅い手法であった。石版画はきめの細かい「石版石」（のちに重く割れやすい石板に代わり亜鉛板が使われるようになった）の表面にインクを塗り，それに紙を押し当てて制作する。それは細かい平行線を引いて陰を作るという，彫版師の慣用的な技法を介在させなくても，画家の望む明暗の効果を多数の紙に移し換えることができる。化石のようなものを描写する媒体としては彫版よりはるかにすぐれていた――安価でもあった――ので，コニベアの戯画が作られた頃からほどなくして，地質学会は『紀要』の中の図版には石版画を用いることにした。Ivins, *Prints and visual Communication* (1953); Twyman, *Lithography* (1970); また地質学に関する挿絵については Rudwick, "Visual Language" (1976) を参照。

15）Conybeare and De la Beche, "New Fossil Animal" (1821). デ・ラ・ビーチ（下記参照）が層序学的背景を提供した。

16）Conybeare, "Skeleton of the Plesiosaurus" (1824); Cuvier, *Recherches sur les ossemens fossiles*, 第2版 (1821-24); 第5巻 (1824), 第5章（コニベアが復元した骨格は図版32として描き直されている）。

17）Buckland, "Discovery of Coprolites" (1835) と "New Species of Pterodactyle" (1835) は，1829年に地質学会で発表された単一の論文を拡張したものである。本書では全体を通じ，同義の現代の用語「プテロサウルス」ではなく，当時の用語「プテロダクティルス」を使用している。この動物の表現の歴史については，Padian, "The Case of the Bat-winged Pterosaur" (1987) を参照。

18）この段落はヒュー・トレンズによる未発表の広範な研究にもとづいており，それをここに要約することを許可してくれた氏に深く感謝する。デ・ラ・ビーチが彼の構図を支える地方芸術的な，おそらく民俗学的な伝統をもっていたことは，1829年にG・ハウマン師が制作したと考えられ，現在はライム・リージス博物館にあるグワッシュ画『ライム・リージスの竜』によって示唆される。そこに描かれているのは，岩だらけの海岸の沖の荒れた海に漂う帆船と，そのはるか上を飛ぶ翼の生えた竜である。解剖学的構造ではなくてもポーズによって，その竜はデ・ラ・ビーチの爬虫類を強く思い起こさせる。この絵の写真を入手するにあたっては，ジム・シーコードに多くを負っている。『太古のドーセット』とバックランドの関係については Rupke, *Great Chain of History* (1983), p. 146 を参照。

19）水槽の大流行は，海水水槽が陸上植物用のやはり自給自足的な「ウォードの箱」から発展したあと，1850年代に始まった。経済の面では，それは少なくともイギリスにおいては，板ガラスにかけられていた重税が1845年に撤廃されたことによって可能になった。Allen, *Naturalist in Britain* (1976), pp. 132-40; Rehbock, "Victorian Aquarium" (1980); および Barber, *Heyday of Natural History* (1980), pp. 115-24 を参照。難破船の上に立つ潜水夫という半水中的光景の好例 (1832年) が，McKee, *History under the Sea* (1968),

20) Rudwick, "Caricature" (1975) は、『太古のドーセット』に由来する構図が採用される前の、デ・ラ・ビーチの一連のスケッチを再録している。
21) Rudwick, "Caricature" (1975); Gould, *Time's Arrow* (1987), pp. 98-104, 137-42. 以前「イクチオサウルス教授」がバックランドと誤認されたのは、彼の息子 F. Buckland の *Curiosities* (1857) における、口絵と pp. viii-ix の記述のためである。
22) Langer, "Georg August Goldfuss" (1971) を参照。
23) Goldfuss, "Reptilien der Vorzeit" (1831). デ・ラ・ビーチの『太古のドーセット』を見る前に、プテロダクティルスの光景をゴルトフスが構想し、ホーエが描いていたとするのは推測にすぎない。だがその前後関係が逆であれば、彼らの慎ましい復元図にはこのイギリスの光景から借用した、なんらかの特徴や生物が示されていたはずである。
24) Goldfuss, *Petrefacta Germaniae* (1826-44). 挿絵はデュッセルドルフにあるアルンツ石版印刷会社の、無名の画家のデッサンを用いていた(第 1 巻の序文による)。
25) これがデ・ラ・ビーチの構図にもとづいていることは、どちらかを鏡に映してみるとより明瞭になるだろうが、石版印刷の過程にはこの種の反転がつきものであった。版画に作者の名前はないが、ホーエがそれ以前のもの(図 21)もそれ以後のもの(図 40)も構図を描いているので、これも彼の作であると思われる。
26) 正誤表の紙片が、「ジュラ層の明快な描写」は特別の図版としてのちに追加されたことに触れている。この著作は 1831 年 9 月 30 日にロンドン地質学会に届いた。
27) Buckland, "Megalosaurus" (1824) は、イクチオサウルスとプレシオサウルスの骨格の復元に関する、コニベアの論文が読み上げられたのと同じ地質学会の会合で発表された。
28) デ・ラ・ビーチの光景から、あるいはキュヴィエから直接借用した、これら哺乳類の同様の描写が、Goldsmith, *History of the Earth* (1832) のトマス・ブラウン版における、この種の挿絵の唯一のものである(第 1 巻、図版 3)。
29) McCartney, *De la Beche* (1977).

■ 3 太古の世界の怪物たち

1) 木口木版画は、木口面に彫られた硬いツゲ材の木片によって印刷される。19 世紀には単に「木版画」と言われることも多かったが、この技法は初期の印刷本を飾っていた板目木版の技法とははっきり区別される。とくにこれは細部をはるかに精巧に仕上げ、はるかに長期間の印刷に耐えることができた。銅版画や石版画ほど繊細な技法ではなかったが、木口木版画にはテキストと同じ紙の上に印刷できるという大きな利点があった。それは木口木版をより経済的にしただけでなく、挿絵が関連するテキストと同じページに置かれるということを意味していた。Ivins, *Prints and visual Communication* (1953) を参照。
2) Guérin, *Dictionnaire pittoresque* (1834-39).
3) Guérin, *Dictionnaire pittoresque*, 第 1 巻 (1834), 図版 22 (opp. p. 176) は Crotophaga (オオハシカッコウ), Plotus (ヘビウ), Anguis (アシナシトカゲ) を描いている。
4) Boblaye, "Animaux fossiles" と "Animaux perdus" (1834); Corsi, "French Transformist Ideas" (1978) と *The Age of Lamarck* (1988) を参照。
5) Howe, Sharpe, and Torrens, *Ichthyosaurs* (1981), p.22 に引用されている、1834 年 7 月 4 日付け、コニベアのバックランド宛て書簡。
6) Buckland, *Geology and Mineralogy* (1836), 第 2 巻, 図版 1。いくつかの化石は、たとえばキュヴィエの第三紀哺乳類(図 16)を詳細に模写したもののように、復元された個体として示されている。だがそれらを風景的光景の中に置こうという試みはなされていない。
7) Kaup, *Mammifères inconnus* (1832-39).
8) Klipstein and Kaup, *Schädel des Dinotherii* (1836).
9) わたしが見逃していたこの楽しい細部は、ヴォルフハルト・ランガーが親切にも教示してくれた。これが最初に指摘されたのは Koenigswald, "Das Dinotherium von Eppelsheim" (1982) においてであり、これもランガー教授のおかげで参照することができた。同様の茶目っ気は、このモノグラフの冒頭の挿絵の上部にも現われている。そこでは「アトラス」という語を構成する文字が、化石骨と発掘の道具によって作られている。
10) 挿絵の意義については Rosen and Zerner, *Romanticism and Realism* (1984), 第 3 章を参照。
11) Buckland, *Geology and Mineralogy*, 第 2 版 (1837), 図版 2´, p. 603。
12) Roselle, *Samuel Griswold Goodrich* (1968) によれば、グッドリッチは晩年、自分はおよそ 170 冊の本の著者であり、そのうちの 116 冊はピーター・パーリーの名で世にだし、全体の売り上げ

はおよそ 700 万部に達すると述べていたそうである。大英図書館のカタログは『陸海空の不思議』の著者をサミュエル・グッドリッチではなく，サミュエル・クラークとしている。このような特殊な例では，「ピーター・パーリー」というペンネーム――グッドリッチ以外の者にも使われていた――の背後にある真の正体は，ここでの議論にとって重要ではない。

13) 子供向けの自然誌の本に見られる，道徳を説くという旧来の伝統については Ritvo, "Learning from Animals" (1985) を参照。

14) Torrens and Cooper, "George Fleming Richardson" (1986) が，貴重な伝記的情報をもたらしてくれる。

15) Delair and Sarjeant, "Earliest Discoveries of Dinosaurs" (1975); Dean, "Gideon Algernon Mantell" (1990)。マンテルによるイグアノドンの骨格の手書きの復元図――キュヴィエのパレオテリウム（図 14）と同じ形式だが，ずっと少ない骨にもとづいている――は，Williams, "Dinosaurs" (1991) に図 2 として再録されている。

16) Mantell, "Age of Reptiles" (1831).

17) Hawkins, *Book of the Great Sea-Dragons* (1840). ホーキンズは，大洪水の挿絵 (p. 354) を含む長編叙事詩 *Wars of Jehovah* (1844)――ヴィクトリア女王に捧げられていた――のような，その後の数冊の本にも挿絵を描いてくれるようマーティンに頼み続けた。

18) Hartmann, *Schöpfungswunder der Unterwelt* (1841), 第 2 巻，それぞれ図 61, 60, 58; Langer, "Frühe Bilder aus der Vorzeit" (1990).

19) Pictet, *Traité élémentaire de paléontologie* (1844-46), 第 4 巻 (1846), 図版 19, 20。

20) ピクテによる『太古のドーセット』の縮小された複製が，Johann Georg Heck による分厚い *Bilder-Atlas* の中の図 (1849, 第 1 編，図版 1) の典拠だったと思われる。この図版は，19 世紀中葉のあらゆる科学のために視覚的イメージを集成した，この書における唯一の太古の光景であった。

21) Milner, *Gallery of Nature* (1846), p. 611。この作品のあとの部分には，大衆書における最もありふれた光景，すなわち「トカゲたち」と「パリ盆地」の光景 (pp. 724, 745) の小さな派生的図版が掲げられている。

22) Altick, *Shows of London* (1978) のとくに第 10 章，および Schivelbusch, *Railway Journey* (1989) の第 4 章と，とりわけ 1843 年に発表されたパリ・オルレアン線の車窓から見た連続的光景 (p. 64) を参照。

■ 4　最初の連続的光景

1) Unger, *Chloris protogaea* (1841-47). Reyer, *Franz Unger* (1871) が伝記についての標準的な情報源である。

2) Unger, *Urwelt* (1851). 序文には 1847 年 6 月 18 日の日付があるが，作品には発行年が記されていない。だが Reyer (*Franz Unger* [1871], p. 47) の記述によれば，ウンガーがグラーツからウィーンへ転地した 1851 年まで出版は遅れたということである。二つの図版が追加された第 2 版（ライプツィヒ，1858）については本書のあとの部分（第 5 章）で触れる。制作上の理由により光景のサイズは大幅に縮小しなければならなかったが，すべての図版が本書に再録されている。ウンガーのこの本は，現在では英語の海賊版と思われるもの（第 5 章を参照）も含めすべての版が入手しにくく，また本書のテーマにとってきわめて重要なので，彼のテキストは本書に再録した他の多くのテキストより長いが省略せずに示すことにした。

3) ショイヒツァーの以前の作品とは異なり，この *Bilder-Bibel* (1836) は相次ぐ天地創造の「日々」の光景をすべて省き，神の原初の創造からエデンの園の光景へ一足飛びに移動する。それでも聖書が語る残りの歴史については，時間的に連続する光景を描くという伝統を踏襲していた。

4) Rudwick, "Uniformity and Progression" (1971); Bowler, *Fossils and Progress* (1976) を参照。この合意こそ，『地質学原理』(1830-33) で詳説されているライエルの「定常」モデルが，突き崩すことに明らかに失敗したものであった。

5) フランス語のテキストにおいて，ウンガーはこの砂岩層をイギリスや北ヨーロッパの他の地域の，もっとずっと古い（コール・メジャーズ以前の）「旧赤色砂岩」と同一視している。だがウンガーの著作ののちの英語版 (*Primitive World*, 1855) は，マーチソンがウラル山脈西のペルム地方の累層にもとづき 1841 年に提案した，「ペルム紀」の層群と「トートリーゲンデ」を対比することでこれを修正している。

6) Owen, "Genus *Labyrinthodon*" (1841); "British Fossil Reptiles" (1842).

7) 奇妙なことに，図版（図 51）では三頭の個体はすべてイグアノドンに特有のサイのような角をもっているのに対し，ウンガーのテキスト (41) はそれとははっきり異なる爬虫類ヒラエオサウルスにも言及している。イグアノドンの形姿に対するウ

ンガーの慎重さは，この世紀のずっとのちにほぼ完全な骨格が発見され，それはマンテルの巨大トカゲとはまったく異なる，二足動物であることが示されたとき正しかったことが立証された。

8) Agassiz, *Études sur les glaciers* (1840). 英訳の Agassiz, *Studies on Glaciers* (1967) に付された訳者カロッツィの序文を参照。

9) たとえば Grayson, *Human Antiquity* (1983), 第6章を参照。

10) 予約購入者のリストはこの作品の末尾に掲げられている。Kirchheimer, "Einführung der Photographie" (1982) によれば，当初の値段は16ターレルであった。

11) 科学を支える技術者や職人の伝統的な「不可視性」については，Shapin, "The Invisible Technician" (1989) を参照。

■5　怪物たちを飼い慣らす

1) Zimmermann, *Wunder der Urwelt* (第 7 版 , 1855) は，同著者の *Physikalische Geographie* (第 5 版，1855-58) の第3巻，第1部としても出版されている。わたしはそれ以前の版を見ていないが，口絵は1855年に追加されたのであろう。この著作は *Le monde avant la création de l'homme* (1857) としてフランス語に，*Wonders of the Primitive World* (1869) として大幅に短縮された形で（口絵なしで）英語に翻訳された。フランスの天文学者で科学普及家であるカミーユ・フラマリオンによる改訂版（1885）は，世紀後半の大衆に地質学を伝達する主要な媒体となった。

2) Brewer, *Theology in Science* (1860), 口絵，G・ウィンパーによる鋼版画。他の例として，デ・ラ・ビーチの四半世紀前の絵（図23-25）に由来する，David Ansted, James Tennant, and Walter Mitchell による教科書，*Geology, Mineralogy and Crystallography* (1855) の中の小さな光景がある。またサミュエル・グッドリッチ（「ピーター・パーリー」ではなく本名）によってニューヨークで出版された *Illustrated Natural History* (1859) の中の光景は，ミルナーの挿絵（図41）と，マンテルおよびトマス・ホーキンズのためにマーティンが描いた光景（図35, 36）に明らかに由来している。

3) Livingstone, "Preadamites" (1986) は，この理論の19世紀における動向と20世紀における後日談を記述しているが，ダンカンの作品には触れていない。17世紀の「アダム以前の人間」論については，Popkin, *Isaac La Peyrère* (1987) と Grafton, *Defenders of the Text* (1991), 第8章を参照。

4) たとえば Altick, *Shows of London* (1978), 第34章を参照。

5) Owen, "British Fossil Reptiles" (1842). 理論的推論は "Summary", pp. 191-204 の中にある。

6) Desmond, "Designing the Dinosaur" (1979). より一般的には同著者の *Politics of Evolution* (1989) を参照。

7) オーウェンのガイドブック（*Ancient World*, 1854）の中の大縮尺の地図には，第三紀哺乳類のための場所とされていた位置に，特定できない動物を乗せた第二の島（いまも存在している）が描かれているが，テキストは第二紀の島の爬虫類にしか言及していない。ホーキンズのスケッチ（図63）の日付のない改訂版は，「アイルランドヘラジカ」とミロドンという二頭の第三紀哺乳類が，のちに実際に追加されたことを示唆している。しかしそれらは別の島ではなく第二紀爬虫類の背後におかれたため，本来の展示がもっていた年代順の配置という性格は崩されてしまった。（現代において撮影された図63の改訂版の写真が，ロンドンの自然史博物館所蔵「ホーキンズ文書」の中の，「ウォーターハウス・ホーキンズの絵・写真など」というファイルに収められている）。

8) 「ホーキンズ文書」（前注7を参照）の中の水彩のスケッチでは，地層は重なりながらゆっくりと傾斜する一連の岩の壇になっていて，各爬虫類模型はそれにふさわしい累層の上に直接立っている。これはおそらく初期の構図で，その後放棄されたのだろう。それが採用されていれば，動物とそれぞれの地層との融合はもっと効果的だったと思われる。

9) それらの模型は現在でも，もとの島の図63に見られるのとほとんど同じ位置に立っている。Desmond, "Fragile Dinosaurs" (1974) には，修復され塗り直された，そのうちの何体かを撮った現在の素晴らしい写真が収められている。これら陸生動物のマネキンは，いまでは成熟した樹木と密生した草の間に潜んでいるので，見る者に与える衝撃は1850年代より大きいだろう。その外観にふさわしく，現在の訪問者は「怪物たち」と書かれた標識に導かれてその場所にたどりつく。

10) W. Hawkins, "Visual Education" (1854), p. 444.

11) 一つの点で，この模型は生きた動物より真に迫っていた。この化石爬虫類は動物園の動物のように，檻や「小屋」の中の姿を柵越しに眺めるのではなく，写実的な環境と称されるものの中に展示されているのであった。Blunt, *Ark in the Park* (1976);

Ritvo, *Animal Estate* (1987), 第 5 章を参照。

12) Unger, *Primitive World* (1855). この本に発行年の記載はないが, 大英図書館所蔵本は著作権法にもとづき 1855 年 8 月 1 日に取得されている。したがってこの本はホーキンズの展示物が公開された 1854 年より前のものではほぼあり得ない。ハイリーの「出版者の序」(pp. 1-2) によれば, 書中の図版はクヴァセクの原図版の「コロジオン還元」による「蛋白紙陽画」である（写真の縦横は 166 × 133mm しかない）。この本は, それ以外は化石標本の絵に当てられる,「古生物学に応用された写真術」シリーズの第 1 巻になる予定であった。値段は 2 ギニー（現在の表記では 2.10 ポンド）で, 決して安くはなかった。

13) ラッセル・セジフィールドによる, ウンガーの新たな二つの図版の写真 (105 × 73mm というさらに縮小したサイズの) を組み入れた, 英訳の第 2 版をハイリーはのちに出版した。初版と同じくこの版にも発行年は記されていないが, 大英図書館所蔵本には 1864 年 11 月 18 日という取得日が書かれている。写真の質を維持するため, 部数は 250 部に限られていた。ハイリーは口絵として, 手の込んだヴィクトリア朝彫刻風の不規則な岩の台座の上にホーキンズが配列した, 彼の提供になる小型模型セットの写真も付け加えた。これは明らかにクリスタル・パレス社の公式の写真家が提供することを断った, 実物大模型の写真の代用であった。少なくともここでは, 企業心旺盛なハイリーも著作権の制約に阻まれたのである。

14) Bowler, *Non-Darwinian Revolution* (1988) は, ダーウィンの理論は広範囲の他の進化論的思考を背景にして理解しなければならないという, 説得力のある議論を展開している。

15) 1860 年 7 月の日付をもつテナントのパンフレット "Waterhouse Hawkins's Restorations" は, ホーキンズの『生存競争』を価格 12 シリングで宣伝している。わたしは石版画そのものは見つけることができなかった。

16) 前注 15 で触れたパンフレットは, 12 分の 1 に縮小された, ホーキンズのクリスタル・パレス爬虫類の模型セットにも言及している。予想通りそれらはプテロダクティルス, イグアノドン, メガロサウルス, 二頭のプレシオサウルス, イクチオサウルス, ラビリントドンからなっており,「科学界の最高権威たちの批評と認可に厳密に従って」作られたと述べられている。イグアノドンの模型の写真が Czerkas and Olson, *Dinosaurs Past and Present* (1987), 第 1 巻, p. xiv に載せられている。

17) Hawkins, "Extinct Animals", 六枚組「二重淡彩色」石版画, 40 インチ× 29 インチ。図 70-75 はロンドンの自然史博物館にある「ホーキンズ文書」の中のセットから複製した。その存在を知らせてくれたジム・シーコードに心から感謝する。それらには日付がないが,『生存競争』に関するテナントのパンフレットののちの版で（新刊ではないことを示唆する形で）宣伝されている。このパンフレットにも日付はないが, ライエルの『人間の古さ』(1863) を「新作」として紹介している。このことから, ホーキンズの『絶滅動物』のセットは 1861 年から 1863 年の間に売りに出されたと考えられる。ポスターの値段はそれぞれ 6 シリング, セットで 1 ポンド 10 シリング,「それらが意図する教育的目的にふさわしい価格」と書かれている（このテナントの第二のパンフレットも「ホーキンズ文書」の中にある）。

18) 1870 年頃のニューヨークにおけるホーキンズの仕事場を描いた版画が, Czerkas and Olson, *Dinosaurs Past and Present* (1987), 第 1 巻, p. xvi に再録されており, アメリカで発見された最初の恐竜も示されている。Desmond, "Fragile Dinosaurs" (1974) はホーキンズのアメリカでの仕事と, ニューヨークにおける彼の企画を中止させた政治的策略について説明している。

19) ブーシェ・ド・ペルトの研究は Grayson, *Human Antiquity* (1983) 第 8, 9 章と, Cohen and Hublin, *Boucher de Perthes* (1989) において記述され, 検討されている。Laurent, "Origine de l'homme" (1989) も参照。

20) Boitard, *Paris avant les hommes* (1861), 図 opp. p.10,「隕石に乗ったボワタール氏とびっこの悪魔」。

■6　確立したジャンル

1) Figuier, *Histoire des merveilleux* (1860). 電気に関するフィギエの著作の新版 (*Merveilles de l'électricité*, 1985) に付されたカルドーの序文は, 有益な伝記的背景を教示してくれる。

2) Figuier, *La terre avant le Déluge* (1863). 英語版（下記参照）は書名を "The *world* before the Deluge" と訳しているが, 本書ではより正確な語 "earth" を用いた。フランス語でも英語でもその違いは重要である。

3) d'Orbigny, *Cours élémentaire* (1849-52).

4) フィギエの本は「自然の光景——青少年用挿絵入り著作」と題されたシリーズの第 1 巻となるはずであった。後出のテキスト

注　259

86 も参照。

5) Verne, *Cinq semaines en ballon* (1865) を参照。たとえばリューが描いた、気球に乗る冒険家たちの罠にはまったアフリカゾウの線画（「その動物は逃げようとしたが無駄だった」opp. p. 136）は、フィギエの本の中の絶滅動物の絵と明らかにスタイルが同じである。

6) Faujas de Saint-Fond, *Montagne de Saint-Pierre* (1799) の中で発表された、この動物がマーストリヒトで最初に発見された状況を描いた劇的な版画を参照。これは Rudwick, *Meaning of Fossils* (1972), 図 3.7, p. 128 と、Laurent, *Paléontologie et évolution* (1987), 図 5, p. 155 に再録されている。

7) Grayson, *Human Antiquity* (1983), 第 9 章。「ムーラン＝キニョンの顎骨」の意義は実際には当初から論争の的であったが、その発見はより大きな問題に関する専門家の意見に決定的な変化をもたらした。

8) 最初の英語版は W・S・オームロッドによって翻訳され、マーチソンに捧げられていた。2 万 5000 部という販売数は彼の「跋」の中で語られている。改訳はヘンリー・ウィリアム・ブリストウ (1817-89) によってなされた。

9) リューの版画についての契約は、フラースの本が出版されるかなり前に結ばれたと思われる。というのもその本では、本書のフィギエの図版の変遷を述べた箇所で指摘した対をなす光景のいくつかは、前の版のものが使用されているからである。より上質の紙に印刷されているため、リューの挿絵はフラースの本における方がやや質がまさっている。

10) 少なくともこれが、ペーパーバックの分冊を合本にするとき、図版が挿入されるべき本文中の位置を教える、「製本者への通知」で指示されていたことであった。むろんこのことには、フィギエが区別していた二つの大洪水についてのある種の混乱が見られる。フラースの口絵に描かれている大洪水は、明らかに人間の世界と人類以前の世界を分かつものではなかったからである。おそらくこのためであろうが、フラースはリューが描いた人類以前の「北ヨーロッパの大洪水」の光景（図 100）の表題を、「ヨーロッパの氷河時代」に改め、他方でその直前の第四紀の氷河周辺の光景（図 99）を「マンモス時代の風景」としたのである。

■7　すべてのことを解き明かす

1) 19 世紀後半の「光景」については、たとえば非常に人気のあった Flammarion, *La monde avant la création de l'homme* (1886), 20 世紀初頭については Abel, *Tierwelt der Vorzeit* (1922) と *Rekonstruktion vorzeitlicher Wirbeltiere* (1925)、より新しい時代については Czerkas and Olson, *Dinosaurs Past and Present* (1987) を参照。恐竜の光景が現代のこのジャンルの最良の範例となっていることは偶然ではない。

2) 20 世紀を含むイクチオサウルス復元の歴史については Howe, Sharpe, and Torrens, *Ichthyosaurs* (1981) を参照。

3) 「カスケード」の概念は、合理的復元の文脈においてではないが、Latour, "Visualisation and Cognition" (1986) によって導入された。

4) 美術史における「影響」という言葉を、以前の特定の模範を自分たちの財産として、画家が選択するということを明確にする用語によって置き換えることの重要性については、たとえば Baxandall, *Patterns of Intention* (1985), pp. 58-62 を参照。同様の議論は科学史や、美術と科学の境界に横たわる太古の光景という特殊な事例にも適用される。

5) それぞれ Secord, *Victorian Geology* (1986) と Rudwick, *Devonian Controversy* (1985) を参照。

6) このような挿絵入り旅行記の伝統は、Stafford, *Voyage into Substance* (1984) において記述・分析されている。

7) バーネット『地球の聖なる理論』(1680-89) の口絵は、たとえば Rudwick, *Meaning of Fossils* (1972, p. 79) や Gould, *Time's Arrow* (1988, p. 20) に再録されている。

8) たとえばゲーンズボロ〈1727-88、イギリスの画家〉は「この国［つまりイングランド］の自然の現実の光景」を描くことは尊大に拒否し、フューズリ〈1741-1825、イギリスで活動したスイス人画家〉は地勢図を画家にとって「退屈な主題の最後の分科」と呼んだ。それぞれ Herrmann, *British Landscape Painting* (1973), pp. 39-40 と Alfrey, "Ordnance Survey" (1990), p. 23 に引用されている。地勢図がめざすものと「ピクチャレスク」趣味との対立については Twyman, *Lithography* (1970), p. 12 も参照。Bermingham, *Landscape and Ideology* (1986) によって展開されたこの時期の風景画の政治的解釈は、太古の光景にはほとんど適用できない。Alpers, *Art of Describing* (1983) によって提唱された、美術史における「描写的」様式と「アルベルティ的」すなわち

物語的様式との区別は，近代初期のオランダ絵画とイタリア絵画の比較については啓発的であるものの，太古の光景に対してはやはり適用するのが難しい。このような光景の目的は，時間旅行をした人間の目が太古のある場所で——「理想的には」——見るだろうものを，できる限り正確かつ詳細に表現することにあるという意味では，明らかに「描写的」であった。だがこの光景は，それぞれが物語の一部として「読まれる」べき，地球における長い生命の歴史のさまざまなエピソードを表現しようとしているという意味では，「物語的」目的ももっていた。したがって「あそこに大洪水の中でおのれの運命を待っているメトセラがいる」に対応する，「あそこにプレシオサウルスを食べているイクチオサウルスがいる」というような反応を誘発する，窓のような枠と生物に番号をつけて説明するキャプションが必要だったのである。

9) Bryson, *Word and Image* (1981).
10) Shapin, "The Invisible Technician" (1989).
11) Gould, *Wonderful Life* (1989) の中の挿絵はこのことをよく伝えている。奇妙なバージェス頁岩動物の体の見事な絵画的復元（図3.12, 3.18, 3.21 など）は，この真に大衆的な書のために特別に依頼して描かれたものである。専門家の学術文献において発表された（グールドの本の中にも再録されている）復元図は，それよりはるかに図式的である。同様にカンブリア紀中期の「写実的」光景——水槽の眺めを提供する——が，一般大衆向けの博物館の展示を再現しているのに対し（図1.1, 1.2），科学者相手の文献の中の最も「光景」に近づいているものは，さまざまな属の推測された生息環境をきわめて図式的な形態で描く，ブロックダイヤグラム〈地殻を直方体のブロックに切った模式図〉なのである（図3.62, 3.65）。
12) Shapin, "Science and the Public" (1989) は，いわゆる科学の大衆化の最近の歴史的解釈について有益な再検討を行なっている。
13) たとえば Michael Baxandall の古典的著作 *Painting and Experience* (1972) を参照。
14) ヴィクトリア朝イギリスにおける大衆の自然誌趣味については Allen, *Naturalist in Britain* (1976)，いくつかの自然誌文学については Merrill, *Victorian Natural History* (1989) を参照。野生動物と家畜に付与された大衆の象徴的・修辞的意味は（これもイギリスについてだけだが）Ritvo, *Animal Estate* (1987) において探究されている。
15) 19世紀初頭の歴史画と歴史博物館に対するロマン主義的嗜好については，たとえば Bann, *Clothing of Clio* (1984)，第3章を参照。
16) Ritvo, *Animal Estate* (1987) は現生の動物についてこの点を明らかにしている。
17) Jordanova, "Objects of Knowledge" (1989)，および Sorensen, "Theme Parks and Time Machines" (1989) を参照。
18) たとえば Haraway, *Primate Visions* (1989)，第3章の中の，ニューヨークのアメリカ自然史博物館にある，アフリカの野生生物を描いた20世紀初頭のジオラマの分析を参照。しかし特徴的なのは，この洞察に富む言葉による分析には，その明白な主題をなす視覚的展示の写真複製が，たった一つしか含まれていないことである——しかもそれはジオラマ全体ではなく，特定の動物のクローズアップなのである（図3.1, p. 32）。このようなところにこそ，Fyfe and Law, *Picturing Power* (1988) が編者の序文で正しく論評しているように，科学の社会的・歴史的研究を支配する非視覚的（反視覚的でさえある？）伝統の威力が現われているのである。

図とテキストの出典

■図

1　Scheuchzer, *Physica sacra* (1731), 図表6, 『創世記』1：9-10。
2　Scheuchzer, *Physica sacra* (1731), 図表8, 『創世記』1：11-13。
3　Scheuchzer, *Physica sacra* (1731), 図表15, 『創世記』1：21。
4　Scheuchzer, *Physica sacra* (1731), 図表20。
5　Scheuchzer, *Physica sacra* (1731), 図表22, 『創世記』1：24-25。
6　Scheuchzer, *Physica sacra* (1731), 図表23, 『創世記』1：26-27。
7　Scheuchzer, *Physica sacra* (1731), 図表43, 『創世記』7：11。
8　Scheuchzer, *Herbarium Diluvianum* (1709), タイトルページの挿絵。
9　Parkinson, *Organic Remains* (1804-11), 第1巻 (1804), 口絵。
10, 11　Martin, *The Deluge* (1828), 彼の原画にもとづくメゾチント（現在はロンドンのテートギャラリーにある）。
12　ジョルジュ・キュヴィエが所有していたブルの原版画, パリの国立自然史博物館中央図書館, MS 634(2)。のちに Bru, "Descripcion del esqueleto" (1796), 図版1において発表された。生硬な複製が Cuvier, "Quadrupède trouvé au Paraguay" (1796) と *Recherches sur les ossemens fossiles* (1812), 第4巻, "Megatherium", 図版1, 図1にある。ブルの研究の経歴については Lopez Piñero, "Juan Bautista Bru" (1988) を参照。
13　Cuvier, "Sur le grand Mastodonte" (1806). *Recherches sur les ossemens fossiles* (1812), 第2巻, 第10論考, 図版5に再録。
14　Cuvier, "Pierre à plâtre" (1804-8). *Recherches sur les ossemens fossiles* (1812), 第3巻, 第7論文の番号のつけられていない図版に再録。
15　キュヴィエの手書きによる日付のないデッサン（パリの国立自然史博物館中央図書館, MS 635）。これは同じスタイルで描かれた三枚一組のデッサンの一つである（パレオテリウム・ミヌスのデッサンは Coleman, *Georges Cuvier* [1963], p. 122 に小縮尺で再録されている。パレオテリウム・マグヌムのものは行方不明である）。これに対応する骨格復元図が *Recherches sur les ossemens fossiles* (1812), 第3巻, 第7論文に, 番号のつけられていない三枚の図版として発表されている。
16　Cuvier, *Recherches sur les ossemens fossiles*, 第2版 (1821-24), 第3巻 (1822), 図版66。
17　"The Hyaenas' Den at Kirkdale", ウィリアム・コニベアの作とされる署名も日付もない片面刷り大判石版画（1822年頃）。「テキストの出典」10の注釈を参照。
18　Conybeare, "Skeleton of the Plesiosaurus" (1824), 図版49。
19　*Duria antiquior*. カーディフのウェールズ国立博物館 De la Beche MSS にある, デ・ラ・ビーチの手書きの水彩のスケッチをもとにした, ジョージ・シャーフによる原石版画（ハルマンデルによる印刷）。博物館はこのスケッチの実物大の複製を出版しており, それは Howe, Sharpe, and Torrens, *Ichthyosaurs* (1981) の表紙にも使われている。六つの動物に番号が付され, キャプションで同定されているシャーフの石版画の第2版と思われるものが, McCartney, *Henry De la Beche* (1977), p. 45, Secord, "Geological Survey" (1986), p. 242, Rudwick, "Encounters with Adam" (1989), p. 242 に再録されている。30年後, 生硬に作り直された版画（10個の番号が付された）が Francis Buckland, *Curiosities of Natural*

263

History (1860) の口絵となり，Browne, *Secular Ark* (1983), p. 100 に再録されている。以上の要約はヒュー・トレンズの未発表の調査に負っている。

20　De la Beche, "Awful Changes" (1830)，片面刷り大判石版画。これには構図とキャプションがわずかに異なる二つの版が存在している。日付のない版がほぼ確実に原版であるが，それは本書に再録した版より多くの細部において生硬である。本書の版ではデッサンが改善され，右下隅のデ・ラ・ビーチの署名に「1830」という年号が付け加えられている。この重要な点を明らかにできたことについてダグ・バセットとマイク・バセットに感謝する。この戯画のためのさまざまな系列をなす予備的スケッチは，Rudwick, "Caricature" (1975) において分析されている。だが現在のわたしは，その制作年は1831年ではなく1830年だと確信している。この違いは，この頃のライエルの研究とデ・ラ・ビーチの研究との関連で重要である。

21　Goldfuss, "Reptilien der Vorzeit" (1831)，図版9。Langer, "Frühe Bilder aus der Vorzeit" (1990) にも再録されている。

22　Goldfuss, *Petrefacta Germaniae* (1826-44)，第1巻，第3分冊 (1831)，番号のつけられていない図版。

23　De la Beche, *Geological Manual*, 第2版 (1832)，図37, p.231。ほぼ確実にデ・ラ・ビーチ自身のデッサンにもとづく木版画。これと次の二つの挿絵は初版 (1831) にはないが，第3版 (1833) には再録されている。これらの絵は，どちらも第2版にもとづいているにもかかわらずフランス語訳 (1833) にはあるがドイツ語訳 (1832) にはない。

24　De la Beche, *Geological Manual*, 第2版 (1832)，図79。引用は p. 383 の脚注より。

25　De la Beche, *Geological Manual*, 第2版 (1832)，図80。引用は p. 385 の脚注より。

26　Phillips, "Organic Remains Restored" (1833).

27　Guérin, *Dictionnaire pittoresque* (1834-39)，第1巻 (1834)，図版24。

28　T. Hawkins, *Memoirs of Ichthyosauri and Plesiosauri* (1834)，口絵。石版画 (390 × 265mm)。

29　Buckland, *Geology and Mineralogy* (1836)，第2巻，図版22, 図P, p. 34。

30　Klipstein and Kaup, *Schädel des Dinotherii* (1836)，二つ折り判「図解書」の表表紙にある挿絵。Langer, "Frühe Bilder aus der Vorzeit" (1990) は，この挿絵の作者たちを，のちに画家および美術館館長となる（この頃はまだティーンエージャーだったが）ダルムシュタットのルドルフ・ホフマン (1820-82) と，1826年以来カウプのために画家として働いており，のちにオーストラリアに移住し不運なバークとウィルズの探検に参加して死亡した，ルートヴィヒ・ベッカー (1808-61) と特定している。

31　Klipstein and Kaup, *Schädel des Dinotherii* (1836)，二つ折り判「図解書」の裏表紙にある挿絵，「H. & B.」すなわちホフマンとベッカーによる石版画。

32　Parley, *Wonders of Earth Sea and Sky* [1837], opp. p. 5 の作者不明の石版画。

33　Parley, *Wonders of Earth Sea and Sky* [1837], opp. p.21 の作者不明の石版画。

34　Richardson, *Sketches in Prose and Verse* (1838)，口絵。おそらく画家のジョージ・ニッブズは，世紀後半にブライトンで活動した，より有名な版画家リチャード・ヘンリー・ニッブズ (1816-93) の父であろう。

35　Mantell, *Wonders of Geology* (1838)，口絵。この書の中の他の唯一の復元図は，浅瀬の九種の植物をそれぞれ一本ずつ描いた，マンテルの娘エレン・マリアによる様式化された小さな木版画「石炭紀の植物相」(p.581) である。マーティンの口絵はドイツ語版 *Phänomene der Geologie* (1839) で使用されたため，中央ヨーロッパで広く知られることになったと思われる。英語版では死後出版の第8版 (1864) においても使われ続けた。

36　T. Hawkins, *Book of the Great Sea-Dragons* (1840)，口絵，メゾチント (293 × 198mm)。表題は図版リストからとった。

37　Richardson, *Geology for Beginners* (1842)，口絵。

38　Richardson, *Geology for Beginners*, 第2版 (1843)，口絵。

39　Trimmer, *Practical Geology* (1841)，口絵。

40　Goldfuss, *Petrefacta Germaniae* (1826-44)，第3巻，第8分冊 (1844)，図版200。第3巻の口絵として装丁されている。

41　Milner, *Gallery of Nature* (1846), p. 611。

42　ジョン・エムズリーによる鋼版画。この貴重な版画は，以前はデヴォン地方公文書館に貸与されていた，R・A・ゴードン夫人所有のものから再録した。その所在を教えてくれたヒュー・トレンズに深く感謝する。

43　Unger, *Die Urwelt in ihren verschiedenen Bildungsperioden* (1851)，図版1, 石版画 (540 × 310mm)。

44　Unger, *Urwelt* (1851)，図版2。

45 Unger, *Urwelt* (1851), 図版 3。
46 Unger, *Urwelt* (1851), 図版 4。
47 Unger, *Urwelt* (1851), 図版 5。
48 Unger, *Urwelt* (1851), 図版 6。
49 Unger, *Urwelt* (1851), 図版 7。
50 Unger, *Urwelt* (1851), 図版 8。
51 Unger, *Urwelt* (1851), 図版 9。
52 Unger, *Urwelt* (1851), 図版 10。
53 Unger, *Urwelt* (1851), 図版 11。
54 Unger, *Urwelt* (1851), 図版 12。
55 Unger, *Urwelt* (1851), 図版 13。
56 Unger, *Urwelt* (1851), 図版 14。
57 これはフランス語版 Zimmermann, *La monde avant la création de l'homme* (1857) の口絵から再録した。
58 Brewer, *Theology in Science* (1860), 口絵。
59 Duncan, *Pre-Adamite Man* (1860), 折り畳み式図版 opp. p. 220, 1859 年の年号のある石版画 (344 × 190mm)。
60 *Illustrated London News*, 第 23 巻, 1853 年 12 月 31 日号, p. 600 の木版画。
61 *Illustrated London News*, 第 24 巻, 1854 年 1 月 7 日号, p. 22 の木版画。
62 Owen, *Ancient World* (1854), p. 5 の挿絵。
63 W. Hawkins, "Visual Education" (1854), p. 446.
64 "Punch's Almanack for 1855", *Punch* (1855), 第 28 巻, p. [8].
65 *Punch*, 第 28 巻, 1855 年 2 月 3 日号, p. 50 の木版画。悪夢の伴奏をしている幽霊のような楽団は, クリスタル・パレスで開かれていた別の興業をほのめかしているのだろう。
66 Buckland, *Geology and Mineralogy* (1858), 石版画, 図版 23。
67 Unger, *Urwelt*, 第 2 版 (1858), 図版 A。
68 Unger, *Urwelt*, 第 2 版 (1858), 図版 B。
69 Tennant, "Waterhouse Hawkins's Restorations", 1860 年 7 月。わたしは石版画そのものは見つけることができなかった。石版画の大きさは 34 インチ × 28 インチ, 値段は 12 シリングであった。
70 Hawkins, "Extinct Animals", 第 1 葉。完全な表題は「[……] 爬虫綱——エナリオサウリアすなわち海生トカゲ」。
71 Hawkins, "Extinct Animals", 第 2 葉。
72 Hawkins, "Extinct Animals", 第 3 葉。
73 Hawkins, "Extinct Animals", 第 4 葉。
74 Hawkins, "Extinct Animals", 第 5 葉。
75 Hawkins, "Extinct Animals", 第 6 葉。
76 Boitard, *Paris avant les hommes* (1861), 図 opp. p. 65.
77 Boitard, *Paris avant les hommes* (1861), 口絵。
78 Boitard, *Paris avant les hommes* (1861), 図 opp. p. 239.
79 Figuier, *La terre avant le Déluge* (1863), 図 26。
80 Figuier, *La terre avant le Déluge* (1863), 図 27。
81 Figuier, *La terre avant le Déluge* (1863), 図 38。
82 Figuier, *La terre avant le Déluge* (1863), 図 62。
83 Figuier, *La terre avant le Déluge*, 第 4 版 (1865), 図 69。
84 Figuier, *La terre avant le Déluge*, 第 4 版 (1865), 図 84。これが初版 (1863) の図 79 の代わりに置かれた。
85 Figuier, *La terre avant le Déluge* (1863), 図 83。
86 Figuier, *La terre avant le Déluge* (1863), 図 104。初版には誤植があるので, 表題は第 2 版から訳してある。
87 Figuier, *La terre avant le Déluge* (1863), 図 105。初版には誤植があるので, 表題は第 2 版から訳してある。
88 Figuier, *La terre avant le Déluge* (1863), 図 131。
89 Figuier, *La terre avant le Déluge* (1863), 図 132。
90 Figuier, *La terre avant le Déluge* (1863), 図 182。表題は次の二つの光景が追加されたあとの第 4 版 (1865, 図 157) から訳してある。
91 Figuier, *La terre avant le Déluge*, 第 4 版 (1865), 図 160。
92 Figuier, *La terre avant le Déluge*, 第 4 版 (1865), 図 186。
93 Figuier, *La terre avant le Déluge* (1863), 図 189。
94 Figuier, *La terre avant le Déluge* (1863), 図 240。
95 Figuier, *La terre avant le Déluge* (1863), 図 263。
96 Figuier, *La terre avant le Déluge* (1863), 図 280。
97 Figuier, *La terre avant le Déluge* (1863), 図 294。鮮新世の南アメリカの生命を描いた, これに対応する光景 (本書には再録されていない) が第四紀のものとされたのちの版では, この表題の「ヨーロッパの」は「地球の」に変えられている。
98 Figuier, *La terre avant le Déluge*, 第 6 版 (1867), 図 314。第 4 版 (1865, 図 296) では, リューの作ではない, 類似してはいるが質の劣る版画が同じ動物を異なる構図で描いている。
99 Figuier, *La terre avant le Déluge* (1863), 図 303。実際には「(ヨーロッパ)」という挿入語は, 南アメリカの生命の光景が鮮新世から第四紀に移されたのちの版で付け加えられた。
100 Figuier, *La terre avant le Déluge* (1863), 図 304。

101 Figuier, *La terre avant le Déluge* (1863), 図310。この光景は第4版（1865, 図301）でも使われていたが、第6版（1867）において新しいものに変えられた（本書の図102を参照）。

102 Figuier, *La terre avant le Déluge*, 第6版 (1867), 図322。

103 Figuier, *La terre avant le Déluge* (1863), 図312。

104 Fraas, *Sündfluth!* (1866). この本は同じ表紙をもつ11冊のペーパーバック版分冊で発行された。

105 *Punch*, 第55巻、1868年12月26日号、p. 272. 特徴的な「DM」はジョージ・デュ・モーリアが使用していたサイン。de Maré, *Victorian Illustrators* (1980), たとえば p. 144 を参照。

■テキスト

1 Scheuchzer, *Physique sacrée* (1732), p. 16.

2 Scheuchzer, *Physique sacrée* (1732), p. 25.

3 Scheuchzer, *Physique sacrée* (1732), p. 28.

4 Scheuchzer, *Physique sacrée* (1732), p. 29.

5 Scheuchzer, *Physique sacrée* (1732), pp. 58-59. 引用は *Histoire de l'Académie des Sciences* (1710), p. 22 より（ここでは *médailles* は coins と訳した）。

6 Parkinson, *Organic Remains* (1804-11), 第1巻 (1804), pp. 13-14.

7 Martin, *A Descriptive Catalogue of the Engraving of the Deluge* (1828), pp. 3, 8.

8 Cuvier, *Recherches sur les ossemens fossiles*, 第2版 (1821-24), 第3巻 (1822), pp. 244-51.

9 Buckland, "An Assemblage of Fossil Teeth and Bones" (1822), pp. 186-90, 192-93, 195-98, 202, 208. わずかに改変されて Buckland, *Reliquiae Diluvianae* (1823), pp. 19-24, 27-28, 30-37, 42-44, 51 に再録されている。

10 [William Conybeare], "The Hyaena's Den at Kirkdale" [1822]。この詩は（わずかな修正あるいは誤植をともなって）Daubeny, *Fugitive Poems* (1869), pp. 92-94 に再録され、そこではコニベアの1822年の作とされている。ドーベニーはオックスフォードにおけるバックランドの同僚だったので、コニベアの作ということに誤りがあるとは考えにくい。石版印刷された詩の優美な書体は、確実にプロの画工の仕事である。このことから判断して、添えられた石版印刷の戯画（図17）も、コニベアの指示はあっただろうが専門家によって描かれたと思われる。

11 1824年3月4日、コニベアからデ・ラ・ビーチへ（カーディフのウェールズ国立博物館、De la Beche MSS）。McCartney, *Henry De la Beche* (1977), p. 44 に引用されている。

12 Conybeare, "Skeleton of the Plesiosaurus" (1824), pp. 388-89.

13 Lyell, *Principles of Geology* (1830-33), 第1巻 (1830), p. 123.

14 Goldfuss, "Reptilien der Vorzeit" (1831), pp. 63-64, 105.

15 1831年10月14日、バックランドからデ・ラ・ビーチへ（カーディフのウェールズ国立博物館、De la Beche MSS）。Rudwick, "Encounters with Adam" (1989), pp. 241-43 に引用されている。

16 De la Beche, *Geological Manual*, 第2版 (1832), pp. 383-85. この一節も挿絵も初版（1831）にはない。だが第3版（1833, pp. 343-44）とフランス語版（*Manuel géologique* [1833], pp. 462-64）には再録されている。後者はこれらの挿絵が大陸で広く知られるのに貢献したと思われる。

17 Guérin, *Dictionnaire pittoresque* (1834-39), 第1巻 (1834), pp. 193-94.

18 T. Hawkins, *Memoirs of Ichthyosauri and Plesiosauri* (1834), タイトルページと pp. 5, 51.

19 Buckland, *Geology and Mineralogy* (1836), 第1巻, pp. 223-25. 一部は "New Species of Pterodactyle" (1829), pp. 217-19 からの引用。文中の詩は『失楽園』、第2巻、947-50行より。

20 Buckland, *Geology and Mineralogy* (1836), 第1巻, pp. 137-38.

21 Parley, *Wonders of Earth Sea and Sky* [1837], pp. 5, 14-20.

22 Parley, *Wonders* [1837], pp. 21-26.

23 Richardson, *Sketches in Prose and Verse* (1838), pp. 6-7, 11.

24 マンテル、1834年9月27日の日記より。Curwen, *Journal of Gideon Mantell* (1940), p. 125 所収。

25 Mantell, *Wonders of Geology* (1838), 第1巻, pp. 368-69.

26 T. Hawkins, *Book of the Great Sea-Dragons* (1840), pp. 27, 18.

27 Richardson, *Geology for Beginners*, 第2版 (1843), p. xiii.

28 Trimmer, *Practical Geology* (1841), pp. xxv, xxvi.

29 Goldfuss, *Petrefacta Germaniae* (1826-44), 第3巻、第8分冊 (1844), pp. 123-24. この翻訳における [　] 内の属名は、原テキストでは種小名をともなった形で、それらと挿絵を対応させる番号とともに脚注として挙げられている。多くが原図版でも不鮮明であり、突きとめることができないものもあるので、本書では番号は省略した。

30 Reynolds, "Popular Geology", 1849年10月1日の日付をもつ片面刷り大判印刷物。

31 Unger, *Ideal Views of the Primitive World* (1855, サミュエル・ハイリーによる *Urwelt* の翻訳), 出版者の序文, pp. 1-2. 本章のすべてのテキストは, ハイリーの英訳にわずかな訂正を施して使用している。この英語版は, ウンガーの原テキストのシムパーによる仏訳に明らかにもとづいているが, 時代の香りをほどよく保持しており, 原テキストとの違いは内容より文体に関わるものである。化石の種名に添えられた命名者名は本書では省略した。

32 Unger, *Ideal Views* (1855), pp. 5-8.

33 Unger, *Ideal Views* (1855). これとそのあとに続くテキストにはページ数がつけられていない。

34 Unger, *Ideal Views* (1855).

35 Unger, *Ideal Views* (1855).

36 Unger, *Ideal Views* (1855).

37 Unger, *Ideal Views* (1855).

38 Unger, *Ideal Views* (1855).

39 Unger, *Ideal Views* (1855).

40 Unger, *Ideal Views* (1855).

41 Unger, *Ideal Views* (1855).

42 Unger, *Ideal Views* (1855).

43 Unger, *Ideal Views* (1855).

44 Unger, *Ideal Views* (1855).

45 Unger, *Ideal Views* (1855).

46 Unger, *Ideal Views* (1855).

47 Zimmermann, *Die Wunder der Urwelt*, 第 7 版 (1855), p. 2,「原始の世界の古記録」。わたしはこの作品の以前の版を見ていない。

48 Duncan, *Pre-Adamite Man* (1860), pp. 193-94. この長い「説明」の残りの部分は, 標準的な科学的資料を引用しながら絶滅動物を詳しく記述している。

49 W. Hawkins, "Visual Education" (1854), pp. 445-46.

50 *Illustrated London News*, 第 24 巻, 1854 年 1 月 7 日号, p. 22.

51 *Illustrated London News*, 第 23 巻, 1853 年 12 月 31 日号, p. 599.

52 W. Hawkins, "Visual Education" (1854), p. 445.

53 Buckland, *Geology and Mineralogy*, 新版 (1858), pp. 33, 35.

54 Unger, *Urwelt*, 第 2 版 (1858), 序文。

55 Unger, *Urwelt*, 第 2 版 (1858), 図版 A の説明。

56 Unger, *Urwelt*, 第 2 版 (1858), 図版 B の説明。

57 Tennant, "Waterhouse Hawkins's Restorations" (1860 年 7 月).

58 Boitard, *Paris avant les hommes* (1861), p. 65.

59 Boitard, *Paris avant les hommes* (1861), pp. 245-47.

60 Figuier, *La terre avant le Déluge* (1863), p. 40. *World before the Deluge* (1865), p. 40 より。

61 Figuier, *La terre avant le Déluge* (1863), p. 52. この部分の英語版のテキストは, フィギエではなく編者によるものである。

62 Figuier, *La terre avant le Déluge* (1863), p. 63. *World before the Deluge* (1865), pp. 104-5 より。

63 Figuier, *La terre avant le Déluge* (1863), p. 80.

64 Figuier, *La terre avant le Déluge*, 第 4 版 (1865), pp. 93-94. *World before the Deluge* (1865), pp. 131-32 より。

65 Figuier, *La terre avant le Déluge*, 第 4 版 (1865), pp. 101-02. *World before the Deluge* (1865), pp. 138-40 より。

66 Figuier, *La terre avant le Déluge* (1863), p. 105. *World before the Deluge* (1865), pp. 151-52 より。

67 Figuier, *La terre avant le Déluge* (1863), pp. 123-24. *World before the Deluge* (1865), pp. 172-73 より。

68 Figuier, *La terre avant le Déluge* (1863), pp. 133-34. ここでは, 英語版の編者は彼自身が考えた素材を数多く紹介している (*World before the Deluge*, pp. 175-76)。

69 Figuier, *La terre avant le Déluge* (1863), p. 154. *World before the Deluge* (1865), p. 203 より。

70 Figuier, *La terre avant le Déluge* (1863), p. 162.

71 Figuier, *La terre avant le Déluge* (1863), p. 184. *World before the Deluge* (1865), pp. 221-22 より。

72 Figuier, *La terre avant le Déluge*, 第 4 版 (1865), pp. 194-97. *World before the Deluge* (1865), pp. 223-24 より。

73 Figuier, *La terre avant le Déluge*, 第 4 版 (1865), pp. 205-06. *World before the Deluge* (1865), p. 230 より。

74 Figuier, *La terre avant le Déluge* (1863), p. 201. *World before the Deluge* (1865), pp. 258-59 より。

75 Figuier, *La terre avant le Déluge* (1863), p. 225. *World before the Deluge* (1865), p. 270 より。

76 Figuier, *La terre avant le Déluge* (1863), pp. 248-49. *World before the Deluge* (1865), p. 290 より。

77 Figuier, *La terre avant le Déluge* (1863), p. 268. *World before the Deluge* (1865), p. 311 より。

78 Figuier, *La terre avant le Déluge* (1863), p. 290. *World before the Deluge* (1865), p. 333 より。

79 Figuier, *La terre avant le Déluge*, 第 4 版 (1865), p. 360. このテキストは,「鮮新世」を「第四紀」に置き換え,他にわずかな変更をしただけで初版（p. 283）のものが使用されている。

80 Figuier, *La terre avant le Déluge* (1863), p. 322. *World before the Deluge* (1865), pp. 368-69 より。

81 Figuier, *La terre avant le Déluge* (1863), pp. 326-28. *World before the Deluge* (1865), pp. 375-76 より。

82 Figuier, *La terre avant le Déluge* (1863), pp. 358-62. *World before the Deluge* (1865), pp. 415-16, 419-20 より。

83 Figuier, *La terre avant le Déluge*, 第 4 版 (1865), p. 399.

84 Figuier, *La terre avant le Déluge* (1863), pp. 365-71. *World before the Deluge* (1865), pp. 429-32 より。

85 Fraas, *Sündfluth!* (1866),「内容紹介」。本章の文脈では,これを書いたのがフラースであるか出版者であるかは重要ではない。いずれにしろ,フラースがこれを承認したことは確かなのだから。

86 Figuier, *La terre avant le Déluge* (1863), pp. i-ii. *World before the Deluge* (1865), pp. 1-2 より。

文献目録

一次資料

Agassiz, Louis. 1840. *Études sur les glaciers.* Neuchâtel: The author.

———. 1967. *Studies on glaciers, preceded by the Discourse of Neuchâtel,* ed. Albert V. Carozzi. New York and London: Hafner.

Ansted, David T., [James] Tennant, and Walter Mitchell. 1855. *Geology, mineralogy and crystallography: Being a theoretical, practical and descriptive view of inorganic nature. The form and classification of crystals, and a chemical arrangement of minerals.* London: Houlston and Stoneman.

Bible. 1836. *Allgemeine, wohlfeile Bilder-Bibel für die Katholiken, oder die ganze heilige Schrift das alten und neuen Testaments . . . mit mehr als 500 schonen in den Texte eingedruckten Abbildungen. . . .* 2 vols. Leipzig: Baumgartner.

Bible. 1836–38. *The pictorial Bible; being the Old and New Testaments according to the Authorized Version: Illustrated with many hundred woodcuts. . . .* 3 vols. London: C. Knight.

Boblaye, [Emile Le Puillon de]. 1834. Animaux fossiles; Animaux perdus. *Dictionnaire pittoresque d'histoire naturelle* 1: 2–5, pl. 24. Paris: Bureau de Souscription.

Boitard, [Pierre]. 1861. *Études antediluviennes. Paris avant les hommes, l'homme fossile, etc., histoire naturelle du globe terrestre. Illustrée d'après les dessins de l'auteur.* Paris: Passard.

Brewer, [Ebenezer Cobham]. 1860. *Theology in science; containing the following subjects: geology, physical geography . . . and shewing the wisdom and goodness of God in their respective phenomena. For the use of schools and of private readers.* London: Jarrold and Sons.

Bru, Juan Bautista. 1796. Descripción del esqueleto en particular, según las observaciones hechas al tiempo de armarle y colocarle en este Real Gabinete. In *Descripción del esqueleto de un quadrúpedo muy porpulento y rara, que se conserva en el Real Gabinete de Historia Natural de Madrid,* ed. José Garriga, pp. 1–16, pls. 1–5. Madrid: Viuda de Ibarra.

Buckland, Francis Trevelyan. 1857. *Curiosities of natural history.* London: Richard Bentley.

———. 1860. *Curiosities of natural history.* 2d series. London: Richard Bentley.

Buckland, William. 1822. Account of an assemblage of fossil teeth and bones of elephant, rhinoceros, hippopotamus, bear, tiger, and hyaena, and sixteen other animals, discovered in a cave at Kirkdale, Yorkshire, in the year 1821. *Philosophical Transactions of the Royal Society of London* 1822: 171–236, pls. 15–26.

———. 1823. *Reliquiae Diluvianae; or, observations on the organic remains contained in caves, fissures, and diluvial gravel, and on other geological phenomena, attesting to the action of an universal deluge.* London: John Murray.

———. 1824. Notice on the Megalosaurus or great fossil lizard of Stonesfield. *Transactions of the Geological Society of London,* 2d series, 1 (2): 390–96, pls. 40–44.

———. 1835a. On the discovery of a new species of Pterodactyle in the Lias at Lyme Regis. *Transactions of the Geological Society of London,* 2d series, 3 (1): 217–22, pl. 27 (read 6 February 1829).

———. 1835b. On the discovery of coprolites, or fossil faeces, in the Lias at Lyme Regis, and in other Formations. *Transactions of the Geological Society of London*, 2d series, 3 (1): 223–36, pls. 28–31 (read 6 February 1829).

———. 1836. *Geology and mineralogy considered with reference to natural theology*. 2 vols. London: William Pickering.

———. 1837. *Geology and mineralogy.* . . . 2d ed. London: William Pickering.

———. 1858. *Geology and mineralogy.* . . . "New" ed. [by Francis T. Buckland]. 2 vols. London: George Routledge.

Buffon, George Leclerc, [Comte] de. 1778. *Les époques de la nature*. Supplément 5 of *Histoire naturelle*, 254 pp. ❶

Conybeare, William Daniel. 1824. On the discovery of an almost perfect skeleton of the Plesiosaurus. *Transactions of the Geological Society of London*, 2d series, 1 (2): 381–89, pls. 48–49.

Conybeare, William Daniel, and Henry Thomas De la Beche. 1821. Notice of a discovery of a new fossil animal, forming a link between the ichthyosaurus and the crocodile; together with general remarks on the osteology of the ichthyosaurus. *Transactions of the Geological Society of London* 1: 558–94, pls. 40–42.

Conybeare, William Daniel, and William Phillips. 1822. *Outlines of the geology of England and Wales, with an introductory compendium of the general principles of that science, and comparative views of the structure of foreign countries*. Part 1 [all issued]. London: William Phillips.

Cuvier, Georges. 1796. Notice sur le squelette d'une très-grande espèce de quadrupède inconnue jusqu'à présent, trouvé au Paraguay, et déposé au cabinet d'histoire naturelle de Madrid, redigée par G. Cuvier. *Magasin encyclopédique*, 2e année, 1: 303–10, 2 pls.

———. 1804–8. Sur les espèces d'animaux dont proviennent les os fossiles répandus dans la pierre à plâtre des environs de Paris. *Annales du Muséum d'Histoire Naturelle* 3: 275–303, 364–87, 442–72; 4: 66–75; 6: 253–83; 9: 10–44, 89–102, 205–15, 272–82; 12: 271–84.

———. 1806. Sur le grande Mastodonte, animal très-voisin de l'elephant, mais à mâchelières hérissées de gros tubercles, dont on trouve les os en divers endroits des deux continens, et surtout près des bords de l'Ohio, dans l'Amérique Septentrionale, improprement nommé Mammouth par les Anglais et par les habitans des États-Unis. *Annales du Muséum d'Histoire Naturelle* 8: 270–312, 7 pls.

———. 1812. *Recherches sur les ossemens fossiles de quadrupèdes, où l'on rétablit les caractères de plusieurs espèces d'animaux que les révolutions du globe paroissent avoir détruites*. 4 vols. Paris: Déterville.

———. 1821–24. *Recherches sur les ossemens fossiles, où l'on rétablit les caractères de plusieurs espèces d'animaux dont les révolutions du globe ont détruites les espèces. Nouvelle édition, entièrement refondue, et considérablement augmentée*. 5 vols. in 7. Paris: Dufour and d'Ocagne.

Darwin, Charles. 1859. *On the origin of species by means of natural selection, or the preservation of favoured races in the struggle for life*. London: John Murray. ❷

Daubeny, Charles G. B. 1869. *Fugitive poems connected with natural history and physical science. Collected by the late C. G. B. Daubeny*. Oxford and London: James Parker.

De la Beche, Henry T. 1831. *A geological manual*. London: Treuttel and Würtz, Treuttel Jun. and Richter.

———. 1832a. *A geological manual*. 2d ed. London: Treuttel and Würtz, Treuttel Jun. and Richter.

———. 1832b. *Handbuch der Geognosie*. [Translated from second edition by Heinrich von Dechen.] Berlin: Duncker & Humblot.

———. 1833. *Manuel géologique*. [Translated from second edition by A. J. M. Brochant de Villiers.] Paris: F. G. Levrault.

Doré, Gustave. 1866a. *La sainte Bible selon la Vulgate. Traduction nouvelle, avec les dessins de G. Doré*. 2 vols. Tours. ❸

———. 1866b. *The Holy Bible containing the Old and New Testaments, according to the Authorized Version. With illustrations by Gustave Doré*. London and New York: Cassell, Petter and Galpin.

Duncan, Isabella. 1860. *Pre-Adamite man; or, the story of our old planet & its inhabitants, told by scripture and science*. London: Saunders, Otley.

Faujas de Saint-Fond, Barthélemy. [1798–99.] *Histoire naturelle de la Montagne de Saint-Pierre de Maestricht*. Paris: H. J. Jansen.

Figuier, Louis. 1851. *Exposition et histoire des principales découvertes scientifiques modernes*. Paris: Masson.

———. 1860. *Histoire des merveilleux dans les temps modernes*. 4 vols. Paris: Hachette.

———. 1863. *La terre avant le Déluge: Ouvrage contenant 24 vues idéales de paysages de l'ancien monde dessinées par Riou*. Paris: Hachette.

———. 1865a. *La terre avant le Déluge.* . . . 4th ed. Paris: Hachette.

———. 1865b. *The world before the Deluge, containing twenty-five ideal landscapes of the ancient world, designed by [Edouard]*

Riou . . . *translated from the fourth French edition.* Edited by W. S. O[rmerod]. London: Chapman and Hall.

———. 1867a. *La terre avant le Déluge. . . .* 6th ed.

———. 1867b. *The world before the Deluge: A new edition, the geological portion carefully revised, and much original matter added, by Henry W. Bristow, F.R.S. . . .* London: Chapman and Hall.

Flammarion, Camille. 1886. *Le monde avant la création de l'homme. Origines de la terre. Origines de la vie. Origines de l'humanité.* Paris: C. Marpon and E. Flammarion.

Fraas, Oskar von. 1866. *Vor der Sündfluth! Eine Geschichte der Urwelt. Mit vielen Abbildungen ausgestorbener Thiergeschlechter und urweltlicher Landschaftsbilder.* Stuttgart: Carl Hoffmann.

Goldfuss, August. 1826–44. *Petrefacta Germaniae . . . Abbildungen und Beschreibungen der petrefacten Deutschlands und der angränzenden Länder unter Mitwerkung des Herrn Grafen Georg zu Münster, herausgegeben von August Goldfuss.* 3 vols. Dusseldorf: Arnz and Comp.

———. 1831. Beiträge zur Kenntnis verschiedener Reptilien der Vorzeit. *Nova acta physico-medica Academiae Caesareae Leopoldino-Carolinae* 15 (1): 61–128, 7 pls.

Goldsmith, Oliver. 1832. *A history of the earth and animated nature . . . to which is subjoined an appendix, by Captn. Thomas Brown. . . .* 4 vols. Glasgow: Archibald Fullerton.

Goodrich, Samuel Griswold. 1859. *Illustrated natural history of the animal kingdom, being a systematic and popular description of the habits, structure, and classification of animals from the highest to the lowest forms, with their relations to agriculture, commerce, manufactures and the arts.* New York: Derby and Jackson. [See also Parley, Peter.]

Guérin[-Méneville], Félix Edouard, ed. 1834–39. *Dictionnaire pittoresque d'histoire naturelle.* 9 vols. Paris: Bureau de Souscription.

Hartmann, Carl. 1841. *Die Schöpfungswunder der Unterwelt. Interessante Schilderungen der berühmsten Höhlen, Quellen, Erdbeben, Vulkane, Bergwerke, Versteinerungen und andere Merkwürdigkeiten. Für Jung und Alt.* 2 vols. Stuttgart: J. Schieble.

Hawkins, B[enjamin] Waterhouse. 1854. On visual education as applied to geology. *Journal of the Society of Arts* 2: 444–49.

Hawkins, Thomas. 1834. *Memoirs of ichthyosauri and plesiosauri, extinct monsters of the ancient earth.* London: Rolfe and Fletcher.

———. 1840. *The book of the great sea-dragons, ichthyosauri and plesiosauri, gedolim tanimim, of Moses. Extinct monsters of the ancient earth.* London: William Pickering.

———. 1844. *The wars of Jehovah in Heaven, Earth and Hell.* London: Francis Baisler.

Heck, Johann Georg. 1849. *Bilder-Atlas zum Conversations-Lexicon. Ikonographische Encyclopädie der Wissenschaft und Kunste. Entworfen und nach den vorzüglichsten Quellen bearbeitet von Johann Georg Heck.* Leipzig: F. U. Brockhaus.

Hutton, James. 1795. *Theory of the earth, with proofs and illustrations.* 2 vols. Edinburgh: William Creech.

Kaup, Johann Jacob. 1832–39. *Description d'ossements fossiles de mammifères inconnus jusqu'à présent, qui se trouvent au Musée grand-ducal de Darmstadt; avec figures lithographiées.* Darmstadt: J. P. Diehl.

Kircher, Athanasius. 1675. *Arca Noë in tres libros digesta, quorum I De rebus ante Diluvium, II De iis, quae ipso diluvio, eiusque duratione, et III De iis, quae post diluvium a Noemo gesta sunt. Quae omnia nova Methodo, nec non Argumentorum varietate, explicantur, & demonstrantur.* Amsterdam: Johann Jansson.

Klipstein, August von, and Johann Jacob Kaup. 1836. *Beschreibung und Abbildung von dem in Rheinhessen aufgefundenen colossalen Schädel des Dinotherii gigantei, mit geognostischen Mittheilungen über die knochenführenden Bildungen des mittelrheinischen Tertiärbeckens.* Darmstadt: Johann Philip.

[La Peyrère, Isaac.] 1655. *Prae-Adamitae.* n.p.

Lyell, Charles. 1830–33. *Principles of geology, being an attempt to explain the former changes of the earth's surface, by reference to causes now in operation.* 3 vols. London: John Murray. ❹

———. 1863. *The geological evidences of the antiquity of man. With remarks on theories of the origin of species by variation.* London: John Murray.

Mantell, Gideon Algernon. 1831. The geological age of reptiles. *Edinburgh New Philosophical Journal* 11: 181–85.

———. 1838. *The wonders of geology; or, a familiar exposition of geological phenomena. Being the substance of a course of lectures delivered at Brighton, from notes taken by G. F. Richardson, Curator of the Mantellian Museum etc.* 2 vols. London: Relfe and Fletcher.

———. 1839. *Die Phänomene der Geologie leichtfasslich in Vorlesungen entwickelt . . . Deutsch herausgegeben von Dr Joseph Burkart.* 2 vols. Bonn: Henry and Cohen.

———. 1864. *The wonders of geology. . . .* 8th ed. London.

Martin, John. 1828. *A descriptive catalogue of the engraving of the Deluge.* London: Plummer and Brewer.

———. 1838. *Illustrations of the Bible. Designed and engraved by John Martin.* London: Charles Tilt.

Milner, Thomas. 1846. *The gallery of nature, a pictorial and descriptive tour through Creation, illustrative of the wonders of astronomy, physical geography and geology.* London.

Murchison, Roderick Impey. 1839. *The Silurian system, founded on geological researches in the countries of Salop, Hereford [etc.]; with descriptions of the coal-fields and overlying formations.* London: John Murray.

Orbigny, Alcide d'. 1849–52. *Cours élémentaire de paléontologie et de géologie stratigraphique.* 2 vols. Paris: Victor Masson.

Owen, Richard. 1841. On the teeth of species of the genus *Labyrinthodon* (*Mastodonsaurus* of Jaeger) from the German Keuper formation and the Lower Sandstone of Warwick and Leamington. *Transactions of the Geological Society of London,* 2d series, 6 (2): 503–13.

———. 1842. Report on British fossil reptiles. Part 2. *Reports of the British Association for the Advancement of Science* 1841: 60–204.

———. 1854. *Geology and inhabitants of the ancient world.* Crystal Palace Guidebooks. London: Crystal Palace Library.

Parkinson, James. 1804–11. *Organic remains of a former world. An examination of the mineralized remains of the vegetables and animals of the antediluvian world; generally termed extraneous fossils.* 3 vols. London: Sherwood, Neely and Jones.

Parley, Peter [Samuel Griswold Goodrich]. [1837.] *Peter Parley's Wonders of earth sea and sky.* London: Darton and Hodge.

[Phillips, John.] 1833. Organic remains restored. *Penny Magazine* 2 (100): 409–10.

Pictet, François-Jules. 1844–46. *Traité élémentaire de paléontologie ou histoire naturelle des animaux fossiles considerées dans leurs rapports zoologiques et géologiques.* 4 vols. Geneva: Jules-Guillaume Fick.

Reyer, Alexander. 1871. *Leben und Wirken des Naturhistorikers Dr Franz Unger, Professor der Pflanzen-Anatomie und Physiologie.* Graz: Leuschner and Lubensky.

Reynolds, James. 1849. The ante-diluvian world [and] Popular geology. [Two broadsheets.] London: James Reynolds.

Richardson, George Fleming. 1838. *Sketches in prose and verse (second series), containing visits to the Mantellian Museum, descriptive of that collection: Essays, tales, poems, &c. &c.* London: Rolfe and Fletcher.

———. 1842. *Geology for beginners, comprising a familiar explanation of geology, and its associate sciences, mineralogy, physical geology, fossil conchology, fossil botany, and palaeontology. Including directions for forming collections and generally cultivating the science, with a succinct account of the several geological formations.* London: Hippolyte Baillière.

———. 1843. *Geology for beginners.* . . . 2d ed. London: Longman, Brown, Green and Longmans.

Scheuchzer, Johann Jakob. 1709. *Herbarium Diluvianum collectum a Johanne Jacobo Scheuchzero.* . . . Zurich: David Gessner.

———. 1726. *Homo Diluvii testis.* Zurich.

———. 1731–35a. *Physica sacra Johannis Jacobi Scheuchzeri . . . iconibus aeneis illustrata procurante & sumtus suppeditante Johanne Andrea Pfeffel.* . . . Augsburg and Ulm.

———. 1731–35b. *Kupfer-Bibel, in welche die Physica Sacra, oder geheiligte Natur-Wissenschaft derer in Heil. Schrifft vorkommenden natürlichen Sachen, deutlich erklärt und bewahrt von J. J. Scheuchzer.* . . . Augsburg.

———. 1732–37. *Physique sacrée, ou histoire naturelle de la bible. Traduit du latin de J. J. Scheuchzer, enrichie de figures en taille-douce, gravée par les soins de Jean-André Pfeffel, graveur de S. M. Imperiale.* Amsterdam: P. Schenk and P. Mortier.

———. 1735–39. *Geestelÿke natuurkunde, uitgegeven in de Latÿnsche taal door Johann Jakob Scheuchzer . . . in't Nederduitsch vertaalt door F. H. J. van Halen.* Amsterdam: P. Schenk.

Schroeter, Johann Samuel. 1774–76. *Beyträge zur Naturgeschichte sonderlich des Mineralreichs, aus ungedruckten Briefen gelehrtes Naturforscher und aufmerksamer Freunde der Natur.* Altenberg: Richter.

Tennant, James. 1860. *Key to a coloured lithographic plate of Waterhouse Hawkins's restorations of extinct animals.* London: Tennant.

Trimmer, Joshua. 1841. *Practical geology and mineralogy; with instructions for the qualitative analysis of minerals.* London: John W. Parker.

Unger, Franz-Xaver. 1841–47. *Chloris protogaea. Beiträge zur Flora der Vorwelt.* Leipzig: Engelmann.

———. [1851.] *Die Urwelt in ihren verschiedenen Bildungsperioden. 14 landschaftliche Darstellungen mit erlauternden Text. Le monde primitif à ses differentes époques de formation. 14 paysages avec texte explicatif.* Vienna: Beck.

———. [1855.] *Ideal views of the primitive world, in its geological and palaeontological phases, illustrated by fourteen photographic plates, being an introduction to the series. Photography in its application to palaeontology.* (Highley's Library of Science and Art. Section 2: Natural History.) London: Samuel Highley.

———. 1858. *Die Urwelt . . . Le monde primitif. . . .* 2d ed. Leipzig: T. O. Weigel.

———. [1864.] *Ideal views. . . .* 2d ed. London: Samuel Highley.

Verne, Jules. [1865.] *Cinq semaines en ballon. Voyage de découvertes en Afrique par trois Anglais.* Paris: J. Hetzel. ❺

Zimmermann, W. F. A. [W. F. Volliner]. 1855–58. *Populaires Handbuch der Physikalischen Geographie.* 5th ed. 3 vols in 4. Berlin: Gustav Hempel.

———. 1855. *Die Wunder der Urwelt. Eine populäre Darstellung der Geschichte der Schöpfung und des Urzustandes unsere Weltkorpers so wie der verschiedenen Entwicklungs-Perioden seine Oberfläche, seine Vegetation und seiner Bewohner bis auf die Jetztzeit. Nach den Resultäten der Forschung und Wissenschaft bearbeitet.* 7th ed. [Vol. 3, part 1 of *Physicalische Geographie.*] Berlin: Gustav Hempel.

———. 1857. *Le Monde avant la création de l'homme, ou le berceau de l'univers. Histoire populaire de la création et des transformations du globe, racontée aux gens du monde.* Paris: Schultz and Thuillié.

———. 1869. *The wonders of the primitive world. A description of the history of creation; and of the original state of our planet. . . .* The People's Library. New York: Charles Pfirshing.

二次資料

Abel, Othenio. 1922. *Lebensbilder aus der Tierwelt der Vorzeit.* Jena: Fischer.

———. 1925. *Geschichte und Methode der Rekonstruktion vorzeitliche Wirbeltiere.* Jena: Fischer.

Alfrey, Nicholas. 1990. Landscape and the Ordnance Survey, 1795–1820. In *Mapping the landscape: Essays on art and cartography,* ed. Nicholas Alfrey and Stephen Daniels, pp. 23–27, pls. 19–24. Nottingham: University Art Gallery.

Allen, David. 1976. *The naturalist in Britain: A social history.* London: Allen Lane. ❻

Allen, Don Cameron. 1949. *The legend of Noah: Renaissance rationalism in art, science, and letters.* Urbana: University of Illinois Press.

Alpers, Svetlana. 1983. *The art of describing: Dutch art in the seventeenth century.* Chicago and London: University of Chicago Press and John Murray. ❼

Altick, Richard D. 1978. *The shows of London.* Cambridge, Mass.: Harvard University Press. ❽

Bann, Stephen. 1984. *The clothing of Clio: A study of the representation of history in nineteenth-century Britain and France.* Cambridge: Cambridge University Press.

Barber, Lynn. 1980. *The heyday of natural history, 1820–1870.* Garden City, N.J.: Doubleday. ❾

Baxandall, Michael. 1972. *Painting and experience in fifteenth-century Italy: A primer in the social history of pictorial style.* Oxford: Oxford University Press. ❿

———. 1985. *Patterns of intention: On the historical explanation of pictures.* New Haven: Yale University Press.

Bermingham, Ann. 1986. *Landscape and ideology: The English rustic tradition, 1740–1860.* Berkeley: University of California Press.

Blunt, Wilfrid. 1976. *The Ark in the Park: The Zoo in the nineteenth century.* London: Hamish Hamilton.

Bowler, Peter J. 1976. *Fossils and progress: Paleontology and the idea of progressive evolution in the nineteenth century.* New York: Science History.

———. 1988. *The non-Darwinian revolution: Reinterpreting a historical myth.* Baltimore: Johns Hopkins University Press. ⓫

Browne, Janet. 1983. *The secular Ark: Studies in the history of biogeography.* New Haven: Yale University Press.

Bryson, Norman. 1981. *Word and image: French painting of the ancien regime.* Cambridge: Cambridge University Press.

Cardot, Fabienne, ed. 1985. *Louis Figuier: Les merveilles de l'électricité. Textes choisis.* Paris: Association pour l'Histoire de l'Électricité en France.

Cohen, C., and J. J. Hublin. 1989. *Boucher de Perthes, 1788–1868: Les origines romantiques de la préhistoire.* Paris: Belin.

Coleman, William. 1963. *Georges Cuvier, zoologist: A study in the history of evolution theory.* Cambridge: Harvard University Press.

Corsi, Pietro. 1978. The importance of French transformist ideas for the second volume of Lyell's *Principles of geology. British Journal for the History of Science* 11: 221–44.

———. 1988. *The age of Lamarck: Evolutionary theories in France, 1790–1830.* Berkeley: University of California Press.

Curwen, E. Cecil, ed. 1940. *The journal of Gideon Mantell, surgeon and geologist, covering the years 1818–1852.* London: Oxford University Press.

Czerkas, Sylvia J., and Everett C. Olson, eds. 1987. *Dinosaurs past and present.* 2 vols. Seattle and London: University of Washington Press and Natural History Museum of Los Angeles County. ⓬

Dean, Dennis R. 1990. A bicentenary retrospective on Gideon Algernon Mantell (1790–1852). *Journal of Geological Education* 38: 434–43.

Delair, Justin B., and William A. S. Sarjeant. 1975. The earliest discoveries of dinosaurs. *Isis* 66: 5–25.

Desmond, Adrian J. 1974. Central Park's fragile dinosaurs. *Natural History* 83: 64–71.

———. 1979. Designing the dinosaur: Richard Owen's response to Robert Edmond Grant. *Isis* 70: 224–34.

———. 1989. *The politics of evolution: Morphology, medicine, and reform in radical London.* Chicago: University of Chicago Press.

Feaver, William. 1975. *The art of John Martin.* Oxford: Clarendon Press.

Fischer, Hans. 1973. *Johann Jakob Scheuchzer: Naturforscher und Arzt.* Zurich: Leeman.

Fyfe, Gordon, and John Law, eds. 1988. *Picturing power: Visual depictions and social relations.* London: Routledge.

Godwin, Joscelyn. 1979. *Athanasius Kircher: A Renaissance man and the quest for lost knowledge.* London: Thames and Hudson. ⑬

Gohau, Gabriel. 1990. *Les sciences de la terre aux XVIIe et XVIIIe siècles: Naissance de la géologie.* Paris: Albin Michel.

———. 1991. *History of geology.* New Brunswick, N.J.: Rutgers University Press. [Translation of *Histoire de la géologie.* Paris: Éditions La Découverte, 1987.] ⑭

Gould, Stephen J. 1987. *Time's arrow, time's cycle: Myth and metaphor in the discovery of geological time.* Cambridge: Harvard University Press. ⑮

———. 1989. *Wonderful life: The Burgess Shale and the nature of history.* New York: W. W. Norton. ⑯

Grafton, Anthony T. 1991. *Defenders of the text: The traditions of scholarship in an age of science, 1450–1800.* Cambridge: Harvard University Press.

Grayson, Donald K. 1983. *The establishment of human antiquity.* New York: Academic Press.

Hacking, Ian. 1983. *Representing and intervening: Introductory topics in the philosophy of natural science.* Cambridge: Cambridge University Press. ⑰

Haraway, Donna. 1989. *Primate visions: Gender, race, and nature in the world of modern science.* New York: Routledge.

Haubold, Hartmut, and Oskar Kuhn. 1977. *Lebensbilder und Evolution fossiler Saurier: Amphibien und Reptilien.* Wittenberg: A. Ziemsen.

Herrmann, Luke. 1973. *British landscape painting in the eighteenth century.* London: Faber.

Howe, S. R., T. Sharpe, and H. S. Torrens. 1981. *Ichthyosaurs: A history of fossil 'sea-dragons.'* Cardiff: National Museum of Wales.

Inkster, Ian. 1979. London science and the Seditious Meetings Act of 1817. *British Journal for the History of Science* 12: 192–96.

Ivins, William M., Jr. 1953. *Prints and visual communication.* London: Routledge and Kegan Paul. ⑱

Jahn, Melvyn. 1969. Some notes on Dr Scheuchzer and *Homo Diluvii testis.* In *Toward a history of geology,* ed. Cecil J. Schneer, pp. 192–213. Cambridge: M.I.T. Press.

Johnstone, Christopher. 1974. *John Martin.* London: Academy Editions.

Jordanova, Ludmilla. 1989. Objects of knowledge: A historical perspective on museums. In *The new museology,* ed. Peter Vergo, pp. 22–40. London: Reaktion.

Jussim, Estelle. 1974. *Visual communication and the graphic arts: Photographic technologies in the nineteenth century.* New York: R. R. Bowker.

Kirchheimer, Franz. 1982. Die Einführung des Naturselbstdruckes und der Photographie in die erdwissenschaftliche Dokumentation. *Zeitschrift der Deutsche Geologische Gesellschaft* 133: 1–117.

Koenigswald, Wighart von. 1982. Das Dinotherium von Eppelsheim. *Alzeyer Geschichtblätter* Sonderheft 8: 17–29.

Langer, Wolfhart. 1971. Georg August Goldfuss. Ein biographischer Beitrag. *Bonner Geschichtsblätter* 23: 229–43.

———. 1990. Frühe Bilder aus der Vorzeit. *Fossilien* 5: 202–5.

Latour, Bruno. 1986. Visualisation and cognition: Thinking with eyes and hands. *Knowledge and Society* 6: 1–40.

Latour, Bruno, and J. de Noblet, eds. 1983. *Les "vues" de l'esprit.* Paris. [*Culture technique* 14.]

Laudan, Rachel. 1977. Ideas and organizations in British geology: A case study in institutional history. *Isis* 68: 527–38.

Laurent, Goulven. 1987. *Paléontologie et évolution en France de 1800 à 1860: Une histoire des idées de Cuvier et Lamarck à Darwin.* Paris: Éditions du C.T.H.S.

———. 1989. Idées sur l'origine de l'homme en France de 1800 à 1871 entre Lamarck et Darwin. *Bulletin et mémoires de la Société d'Anthropologie de Paris,* new ser., 1: 105–30.

Livingstone, David N. 1986. Preadamites: The history of an idea from heresy to orthodoxy. *Scottish Journal of Theology* 40: 41–66.

Lopez Piñero, José M. 1988. Juan Bautista Bru (1740–1799)

and the description of the genus *Megatherium*. *Journal of the History of Biology* 21: 146–63.

Lynch, Michael. 1985. Discipline and the material form of images: An analysis of scientific visibility. *Social Studies of Science* 15: 37–66.

Lynch, Michael, and Steve Woolgar, eds. 1988. *Representation in scientific practice*. Dordrecht: Kluwer Academic Press. [*Human Studies* 11 (2/3).]

McCartney, Paul J. 1977. *Henry De la Beche: Observations on an observer*. Cardiff: Friends of the National Museum of Wales.

McKee, Alexander. 1968. *History under the sea*. London: Hutchinson.

McPhee, John. 1981. *Basin and range*. New York: Farrar, Strauss, Giroux.

Maré, Eric de. 1980. *Victorian wood-block illustrators*. London: Gordon Fraser.

Merrill, Lynn L. 1989. *The romance of Victorian natural history*. New York: Oxford University Press.⑲

Miller, David Philip. 1986. Method and the "micropolitics" of science: The early years of the Geological and Astronomical Societies of London. In *The politics and rhetoric of scientific method*, ed. J. A. Schuster and R. R. Yeo, pp. 227–57. Dordrecht: Reidel.

Morris, A. D. 1989. *James Parkinson: His life and times*. Boston: Birkhäuser.

Nissen, Claus. 1964–. *Zoologische Buchillustration: Ihre Bibliographie und Geschichte*. Stuttgart: Anton Hiersemann.

Outram, Dorinda. 1984. *Georges Cuvier: Vocation, science and authority in post-Revolutionary France*. Manchester: Manchester University Press.

Padian, Kevin. 1987. The case of the bat-winged pterosaur: Typological taxonomy and the influence of pictorial representation on scientific perception. In *Dinosaurs past and present*, ed. Sylvia J. Czerkas and Everett C. Olson, vol. 2 [unpaginated].

Popkin, Richard H. 1987. *Isaac La Peyrère (1596–1676): His life, work and influence*. Leiden: Brill.

Prest, John. 1981. *The Garden of Eden: The botanic garden and the recreation of Paradise*. New Haven: Yale University Press.⑳

Rappaport, Rhoda. 1978. Geology and orthodoxy: The case of Noah's Flood in eighteenth-century thought. *British Journal for the History of Science* 11: 1–18.

———. 1982. Borrowed words: Problems of vocabulary in eighteenth-century geology. *British Journal for the History of Science* 15: 27–44.

Rehbock, Philip F. 1980. The Victorian aquarium in ecological and social perspective. In *Oceanography: The past*, ed. M. Sears and D. Merriman, pp. 522–39. New York: Springer-Verlag.

Ritvo, Harriet. 1985. Learning from animals: Natural history for children in the eighteenth and nineteenth centuries. *Children's Literature* 13: 72–93.

———. 1987. *The animal estate: The English and other creatures in the Victorian age*. Cambridge: Harvard University Press.㉑

Roger, Jacques. 1962. Buffon: Les Époques de la Nature. Édition critique. *Mémoires du Muséum Nationale d'Histoire Naturelle*, sér. C. 10.

———. 1989. *Buffon: Un philosophe au Jardin du Roi*. Paris: Fayard.㉒

Roselle, Daniel. 1968. *Samuel Griswold Goodrich, creator of Peter Parley. A study of his life and work*. Albany: S.U.N.Y. Press.

Rosen, Charles, and Henri Zerner. 1984. *Romanticism and realism: The mythology of nineteenth-century art*. London: Faber and Faber.

Rossi, Paolo. 1984. *The dark abyss of time: The history of the earth and the history of nations from Hooke to Vico*. Chicago: University of Chicago Press.

Rudwick, Martin J. S. 1963. The foundation of the Geological Society of London: Its scheme for cooperative research and its struggle for independence. *British Journal for the History of Science* 1: 325–55.

———. 1971. Uniformity and progression: Reflections on the structure of geological theory in the age of Lyell. In *Perspectives in the history of science and technology*, ed. Duane H. D. Roller, pp. 209–27. Norman: Oklahoma University Press.

———. 1972. *The meaning of fossils: Episodes in the history of palaeontology*. London and New York: MacDonald and American Elsevier.㉓

———. 1975. Caricature as a source for the history of science: De la Beche's anti-Lyellian sketches of 1831. *Isis* 66: 534–60.

———. 1976. The emergence of a visual language for geological science, 1760–1840. *History of Science* 14: 149–95.

———. 1985. *The great Devonian controversy: The shaping of scientific knowledge among gentlemanly specialists*. Chicago: University of Chicago Press.

———. 1989. Encounters with Adam, or at least the hyaenas: Nineteenth-century visual representations of the deep past. In *History, humanity and evolution: Essays for John C.

Greene, ed. James R. Moore, pp. 231–51. Cambridge: Cambridge University Press.
Rupke, Nicolaas A. 1983. *The great chain of history: William Buckland and the English school of geology (1814–1849).* Oxford: Clarendon Press.
Schivelbusch, Wolfgang. 1989. *Railway journey: The industrialization of time and place in the nineteenth century.* Berkeley: University of California Press. ㉔
Secord, James A. 1986a. *Controversy in Victorian geology: The Cambrian-Silurian dispute.* Princeton: Princeton University Press.
———. 1986b. The Geological Survey of Great Britain as a research school, 1839–1855. *History of Science* 24: 223–75.
Shapin, Steven. 1989. Science and the public. In *A companion to the history of modern science,* ed. R. C. Olby, G. N. Cantor, J. R. R. Christie, and M. J. S. Hodge, pp. 990–1007. London: Routledge.
———. 1989. The invisible technician. *American scientist* 77: 554–63.
Shapin, Steven, and Simon Schaffer. 1985. *Leviathan and the air pump.* Princeton: Princeton University Press.
Sorensen, Colin. 1989. Theme parks and time machines. In *The new museology,* ed. Peter Vergo, pp. 60–73. London: Reaktion.
Stafford, Barbara Maria. 1984. *Voyage into substance: Art, science, nature, and the illustrated travel account, 1760–1840.* Cambridge: M.I.T. Press. ㉕
Thackray, John C. 1976. James Parkinson's *Organic remains of a former world* (1804–11). *Journal of the Society for the Bibliography of Natural History* 7: 451–66.
Theunissen, Bert. 1986. The relevance of Cuvier's *lois zoologiques* for his palaeontological work. *Annals of Science* 43: 543–56.
Torrens, Hugh S., and John A. Cooper. 1986. George Fleming Richardson (1796–1848)—man of letters, lecturer and geological curator. *Geological Curator* 4: 249–72.
Twyman, Michael. 1970. *Lithography, 1800–1850: The techniques of drawing on stone in England and France and their application in works of topography.* London: Oxford University Press.
Wakeman, Geoffrey. 1973. *Victorian book illustration: The technical revolution.* Newton Abbot: David and Charles.
Wilcox, Donald J. 1987. *The measure of times past: Pre-Newtonian chronologies and the rhetoric of relative time.* Chicago: University of Chicago Press.
Williams, James. 1991. Dinosaurs—the first 150 years: A brief history of dinosaur discovery. *Geoscientist* 1 (4): 19–22.

■邦訳のあるもの

❶ ビュフォン『自然の諸時期』，菅谷暁訳，法政大学出版局，1994
❷ ダーウィン『種の起原』（上，中，下），八杉龍一訳，岩波文庫，1963-71
❸ ドレ『名画でたどるバイブル』，一橋出版，2002
❹ ライエル『地質学原理』（上，下），河内洋佑訳，朝倉書店，2006-07．大久保雅弘『地球の歴史を読みとく――ライエル「地質学原理」抄訳』，古今書院，2005
❺ ヴェルヌ『気球に乗って五週間』，手塚伸一訳，集英社文庫，1993
❻ アレン『ナチュラリストの誕生――イギリス博物学の社会史』，阿部治訳，平凡社，1990
❼ アルパース『描写の芸術――一七世紀のオランダ絵画』，幸福輝訳，ありな書房，1993
❽ オールティック『ロンドンの見世物』（1, 2, 3），小池滋監訳，浜名恵美・高山宏・森利夫・村田靖子・井出弘之訳，国書刊行会，1989-90
❾ バーバー『博物学の黄金時代』，高山宏訳，国書刊行会，1995
❿ バクサンドール『ルネサンス絵画の社会史』，篠塚二三男・池上公平・石原宏・豊泉尚美訳，平凡社，1989
⓫ ボウラー『ダーウィン革命の神話』，松永俊男訳，朝日新聞社，1992
⓬ ツェルカス／オルソン編『恐竜：過去と現在』（1, 2），小畠郁生監訳，河出書房新社，1995
⓭ ゴドウィン『キルヒャーの世界図鑑――よみがえる普遍の夢』，川島昭夫訳，工作舎，1986
⓮ ゴオー『地質学の歴史』，菅谷暁訳，みすず書房，1997
⓯ グールド『時間の矢・時間の環――地質学的時間をめぐる神話と隠喩』，渡辺政隆訳，工作舎，1990
⓰ グールド『ワンダフル・ライフ――バージェス頁岩と生物進化の物語』，渡辺政隆訳，早川書房，1993
⓱ ハッキング『表現と介入――ボルヘス的幻想と新ベーコン主義』，渡辺博訳，産業図書，1986
⓲ アイヴィンス『ヴィジュアルコミュニケーションの歴史』，白石和也訳，晶文社，1984
⓳ メリル『博物学のロマンス』，大橋洋一・照屋由佳・原田祐貨訳，国文社，2004
⓴ プレスト『エデンの園――楽園の再現と植物園』，加藤暁子訳，八坂書房，1999
㉑ リトヴォ『階級としての動物――ヴィクトリア時代の英国人と動物たち』，三好みゆき訳，国文社，2001
㉒ ロジェ『大博物学者ビュフォン――18世紀フランスの変貌する自然観と科学・文化誌』，ベカエール直美訳，工作舎，1992
㉓ ルドウィック『化石の意味――古生物学史挿話』，大森昌衛・高安克己訳，海鳴社，1981
㉔ シヴェルブシュ『鉄道旅行の歴史――19世紀における空間と時間の工業化』，加藤二郎訳，法政大学出版局，1982
㉕ スタフォード『実体への旅――1760年-1840年における美術，科学，自然と絵入り旅行記』，高山宏訳，産業図書，2008

訳者あとがき

　ラドウィックの著作を翻訳・出版することは訳者の念願の一つだったので，本来なら嬉々としてこの「あとがき」を書き始めてもよいのに，いざその段になってはたと困惑している。本書のような隅々にまで著者の目が届いている作品には，その内容について贅言を費やす必要はないと思われるためである。なにしろ本書では「序文」においてこれからの記述の進行が展望されるとともに「本書の目的」が明らかにされ，各章の末にはその章の内容が要約され，最終章ではそれまでに提起された問題が再検討されて「すべてのことが解き明かされている」のだから。「光景そのものに最大のスペースと重要性を付与するため，叙述と解釈や説明は可能な限り短くした」（本書 p.v。以下本書からの引用はページ数だけで示す）と述べられているが，本書の叙述はきわめて密度の濃いものである。そこで読者諸賢には「簡潔にして緻密な」それらの記述を玩味してくださることをお願いし，以下では訳者としてとくに興味を引かれた点を簡単に振り返るだけにとどめたい。屋上屋を架し，本書の完成度を傷つける結果にならなければよいのだが。

＊　＊　＊

　本書で紹介されている「太古の光景」には，われわれがその種の光景の主役と考えるティラノサウルスやアパトサウルスは登場しない。19世紀前半に知られていた数少ない恐竜の一つイグアノドンは，本書の「光景」では巨大なトカゲやサイのような鈍重な姿で，また魚竜のイクチオサウルスや翼竜のプテロダクティルスも，われわれのなじんでいる形態からするとスマートさに欠ける姿で描かれている。現在描かれる「太古の光景」の方が正確で豊かであるのは，むろんその後新しい知見が蓄積されたためである。だが本書が扱う「太古の光景」の黎明期においては，化石が発見されその研究が進んだから，太古の光景が自然発生的に誕生し発展したと単純に論じることはできない。

　「太古の光景」が成立するためにはいくつかの条件が必要であった。まず化石が発見され，それが生物起源のものであることが確信されていなければならない（わざわざそのことを述べるのは，化石が生物の遺骸とは見なされない時代が長い間続いたからである）。次に動物を例にとるなら，骨格が復元され，肉や皮膚も備えた全身像が思い描けるようになっていなければならない。そしてその生物が現生の生物とははっきり異なっていること，すなわち現在では絶滅したものであることが判明していなければならない。そうでないとそれを描いた「太古の光景」は，「現在の太平洋の描写やインドのジャングルの光景と，さほど異なるところがなくなってしまう」（p.29）から。さらに生物の姿だけでなく，それらを一定の風景の中に配するためには，生物の生活様式や太古の地形・気候などもいくらかは知られていなければならないだろう。だがキュヴィエはそれらすべての知識を備え，美術的才能ももちながら太古の光景を発表しようとはしなかった。美術の才は別にしても，知識の点ではキュヴィエに次ぐ適任者であったバックランドは，数種の「太古の光景」を提案はしたが自身では制作しなかった。

　彼らが躊躇したのは，「太古の光景」には多かれ少なかれ想像によらなければならない部分が含まれるからであった。当時新興の学問であった地質学は（地質学 geology という言葉が市民権を得たのもこの頃であった），「地球の探索に悪評をもたらした，前代の羽目をはずした空想」（p.232）と決別しなければならなかった。たしかにデカルトの『哲学の原理』第4部（1644）からビュフォンの『自然の諸時期』（1778）に至る「地球の理論」は，断片的事実から壮大な理論を構築するのを常としていた。もっとも「地球の理論」の名誉のために一言しておくなら，それらは決して無意味な空論だったのではない。デカルトたちの仕事は偉大な

「力業」と呼べるものであり，当時の思考の基盤を形成したのである。だが「地質学」は「具体的事実からの健全な帰納にもとづいた科学でなければならない」(p.241)という時代の要請に突き動かされていた。キュヴィエやバックランドが「太古の光景」の制作をためらったのは，それが「地球の理論」と同種のものと見られるのを恐れたためであった。だがここで興味深いのは，彼らのような指導的な科学者が逡巡した局面で，むしろ傍系の科学者や科学の周縁にいた者たちは大胆な行動に出られたということである。最初の「太古の光景」を描いたデ・ラ・ビーチと，最初の連続的光景を描いたウンガーは，決して凡庸な科学者ではなかったが「指導的な」立場にいたのではなかった。斬新な構図によって貢献したパーリー，ミルナー，レイノルズ，ダンカン，そしてこのジャンルの確立者とされるフィギエは，科学者というより科学の普及家でしかなかった。ウンガーは「わたしの仕事は気まぐれで不安定な想像力の刻印を帯びていると指摘されるかもしれない」ことを恐れつつも，「多くの進歩はある種の仮説に由来するのであり，科学の幼年期にはそれが大きな支えであった」と敢えて未知の領域に踏み出す必要性を力強く述べている。しかも「わたしの作品はのちにもっと永続的な作品に席を譲り，かつて新緑であったことが驚きの的でしかない木から落ちた枯葉のように，脇へ投げ捨てられても構わないであろう」(p.101)と当時の知識の限界を自覚しながら。

　最初期に描かれた太古の光景は単一の未分化の光景であった。人類以前の時代は「太古」として一つにくくられ，時代の異なる生物も無差別に単一の光景の中に登場していた。この頃地質学者は化石や地層の研究にもとづき，「太古」をいくつかの時期に区分していたが，そのことを大衆にはっきりと目に見える形で示したのがウンガーやフィギエの連続的光景であり，ここにおいて地球にも長大な「歴史」のあることが広く一般に知られるようになったのである。現在ではキリスト教は科学の発展を阻害するばかりであったという単純な見方をする人は少ないだろうが，この「地球の歴史」の探索や連続的光景の制作にも，キリスト教という「思考の枠組み」は大きな影響を及ぼしている。「地球の歴史と生命の歴史に，はっきりとした方向性があるという目的論的感覚」(p.245)は，循環的な歴史ではなく，天地創造から最後の審判までの直線的な歴史を提示するキリスト教に特有のものであろう。そして連続的光景は「直線的な歴史的発展という観念のまわりに組み立てられていた」(p.245)。また「太古の光景」を制作しようとした者が最初に直面した問題，人間が存在しない「太古」の光景をどうして「人間の視点」によって描けるかという問題を解決したのは，思いがけなく，アダム以前の世界をも光景として描く聖書の挿絵であった。「地球の歴史」や「太古の光景」を探索する試みが，（中国や日本ではなく）キリスト教圏で発展したということには，一考に値する問題が含まれていると思われる（さらに本書では触れられていないテーマだが，「地球の年齢」に具体的な数値を与える試みも，聖書に記された人物の年齢を合算することから始まったのであった）。

　連続的光景の最後に登場するのは「人間」である。「人間の誕生」を描くとき，作者が人間をどのようなものと考えているかが露呈される。「人間の存在は，人間と自然界，自然と人間性との関係に関する，暗黙のメッセージを伝える道具となることなしに，太古の物語の中に視覚的に同化されることはない」(p.250)のである。19世紀後半には先史学の発展により，太古の人間は絶滅哺乳類たちとともに原始的な生活を送っていたこと，決して『創世記』が述べるような「海の魚，空の鳥，家畜，地の獣，地を這うものすべてを支配する」存在ではなかったことが明らかにされつつあった。当時は「類人猿」的な人間の姿と，「神が創造した最後にして最高の作品」という人間の像がせめぎ合っていたのだが，この意味で象徴的なのは，人間の獣性を強調したボワタールに反発し，初版ではウンガーと同様に「エデンの園のアダム」的な光景で満足していたフィギエが，4年後の第6版では先史学の成果を認めて，石斧をもち獣皮をまとい野生の自然と対峙する人間を描かねばならなかったことである。だが話はこれで終わらない。フィギエの書の英語版の出版者たちは，「保守的な気質の購入者を安心させるため」(p.208)初版の挿絵を口絵として使用し続けたのである。「自然界についての暗黙のメッセージを具現していないような，太古の光景を創造することなど不可能である」(p.vi)。われわれがごくありふれた，きわめて客観的・中立的と見なして

いる「太古の光景」にも，作者の「構築物」としてのさまざまなメッセージが込められている。その事実に自覚的であること，その自覚を「太古の光景」の起源と発展の歴史をたどる過程で明確にすること（たとえ目に見える効果がすぐに現われるわけではなくても）こそ著者が読者に求めている事柄であろう。そしてこれは「太古の光景」に限らず，「科学」そのものにもあてはまるというのが著者の秘めたる思いなのではないだろうか。

* * *

著者マーティン・J・S・ラドウィック（1932-）はケンブリッジ大学トリニティ・カレッジで地質学・古生物学を学び，1958年に地質学の博士号を取得。腕足類の研究から出発したが，次第に科学の歴史・哲学に研究の力点を移す（もともと「科学」と「歴史」双方に強い関心をもっていたと氏は語っている）。ケンブリッジ大学，アムステルダム自由大学，プリンストン大学などで科学史を講じたのち，カリフォルニア大学サンディエゴ校の科学史担当教授となる。1998年に同大学を退職しイギリスに戻る。現在はカリフォルニア大学名誉教授，ケンブリッジ大学科学史・科学哲学科所属の研究員（affiliated research scholar）である。

[著作]

① 『現生および化石腕足類』Living and Fossil Brachiopods (1970)

現在はシャミセンガイやチョウチンガイなどわずかしか生存していないが，古生代には繁栄した二枚貝に似た腕足類，その現生種と化石種について，形態，生理，繁殖，分類，進化など，「腕足類のすべて」を記述した著作。小著ながら99枚もの精密な挿絵が収められていて，著者がこの頃から「視覚的・絵画的資料」を重視していたことが感じられる。

② 『化石の意味──古生物学史挿話』The Meaning of Fossils : Episodes in the History of Palaeontology (1972) 2d. ed. (1976)

ゲスナー（1516-65）からマーシュ（1831-99）まで，多くのナチュラリストが化石をどのようなものととらえてきたかの歴史。化石を論じることは，生物の進化や絶滅，神と自然，地球の歴史，人類の誕生など，さまざまな問題を考えることに通じている。著者はそれらをまず一次資料に語らせるという方法で（これはその後の著作にも一貫していることだが）明晰に記述している。地質学や古生物学（もっと広く言えば科学一般）の歴史を学ぶ者にとっては必読の文献。

③ 『デヴォン系大論争──紳士階級専門家間での科学知識の形成』The Great Devonian Controversy : The Shaping of Scientific Knowledge among Gentlemanly Specialists (1985)

デヴォン系という地層区分の概念がいかに形成されたかを，膨大な資料を駆使して再構成する試み。扱われる期間は主として1831年から1842年まで，そのおよそ10年間をB5判の本450ページで詳細に描く。主な登場人物10人ほどが，あたかも群像劇のように，反目と連帯，逡巡と決断，絶望と歓喜を繰り返しながら「デヴォン系」を発明していく。著者は科学史の記述方法として「物語」(narrative)の復権ということを強調し，グールドはその書評を「物語の威力」と題し「科学とその歴史を理解するうえでは欠かすことのできない，今世紀を代表する一冊となりうるドキュメント」（『嵐のなかのハリネズミ』所収）と述べている。

④ 『太古の光景──先史世界の初期絵画表現』Scenes from Deep Time : Early Pictorial Representations of the Prehistoric World (1992)

本訳書。

⑤ 『ジョルジュ・キュヴィエ，化石骨と地質学的激変』Georges Cuvier, Fossil Bones, and Geological Catastrophes (1997)

キュヴィエを読んだことが「科学」から「科学史」へ向かう機縁になったとラドウィックは述べているが，本書はキュヴィエの有名な『地表革命論』(Discours sur les Révolutions de la Surface du Globe) をはじめとする主要な論文を英訳し，それに解説を付したもの。ライエルの「斉一説」に対立する「激変論者」であり，「悪名高い」反進化論者でもあるということで，英語圏ではキュヴィエはあまり親しまれていなかったため，この初めての信頼できる英訳には大きな意義がある。

⑥ 『地質学という新科学──革命時代における地球科学の研究』The New Science of Geology : Studies in the Earth Sciences in the Age of Revolution (2004)

これまで学術誌などに発表した論文を集めたもの。「地球史と

地質学史」「キュヴィエと地球史」「ライエルの時代の地質学」の表題のもとに，14篇の論文（本書と関連する二つの論文 The emergence of a visual language と Encounters with Adam を含む）が収められている。

⑦『地質学者，ライエルとダーウィン──改革時代における地球科学の研究』Lyell and Darwin, Geologists : Studies in the Earth Sciences in the Age of Reform (2005)

同上。「ライエルの斉一の概念」「『原理』の形成」「『原理』の受容」「地質学者としてのダーウィン」の表題のもとに，10篇の論文（本書と関連する一つの論文 Caricature as a source for the history of science を含む）が収められている。

⑧『時間の限界を破砕する──革命時代における地史の復元』Bursting the Limits of Time : The Reconstruction of Geohistory in the Age of Revolution (2005)

本作（キュヴィエ『地表革命論』の中の句を書名とする）と次作では，18世紀末から19世紀初頭にかけ，それまでの思弁的な「地球の理論」が実証的な「地質学」に変貌していく過程，とりわけ地球とそこに住む生物に「歴史」のあることが明確になっていく過程が，化石や地層，岩石や河川，火山や氷河などの調査と，それに対するさまざまなアイデアの創出が重層的に組み合わされたものとして描かれる。これもB5判で700ページもある大作。

⑨『アダム以前の世界──改革時代における地史の復元』Worlds before Adam : The Reconstruction of Geohistory in the Age of Reform (2008)

前作の続編。B5判で600ページを越える。両作が対象とする時期は1789年から1831年まで。科学のある分野のある時期の歴史が，これほど詳細に語られた例はおそらくないだろう。

[受賞歴]

これまでに多くの学会から賞を贈られている。

1987年　アメリカ地質学会より「地質学史賞」

1988年　ロンドン地質学会より「フリードマン・メダル」

1988年　自然史学史学会 (Society for the History of Natural History) より「ファウンダーズ・メダル」

1999年　科学社会学会 (Society for Social Studies of Science) より「バーナル賞」

2007年には，科学史学会 (History of Science Society, 通称HSS) が，「生涯の学問的功績」 に優れた科学史家に毎年贈る最高の賞，「サートン・メダル」を授与した。

*　　*　　*

著者も言う通り本書の生命は105点の図版にある。そして「絵の視覚的効果はサイズに大きく依存している」(p.v)。本書のような変型判の出版には種々のリスクがともなうにもかかわらず，訳者の希望を容れて本書を原書とほぼ同じ判型にし，「絵の視覚的効果」を保持してくださった新評論の山田洋編集長にお礼を申し述べる。またラドウィック（ルドウィックではなく）とデ・ラ・ビーチ（デ・ラ・ベッシュではなく）の名前の読み方を確かめ，最終段階では『太古のドーセット』のポスターを貸与してくださった同学の士の矢島道子氏に謝意を表する。最後に，前回翻訳した『マンモスの運命』のときと同様，熱意をもって丁寧な編集を行なってくださった新評論の吉住亜矢さんには心から感謝する次第である。

2009年6月

菅谷　暁

索引

ア行

アガシ Agassiz, Louis　88, 122, 138, 204
アダム Adam　2-3, 8, 14, 42, 130, 138-39, 206, 246, 248
アダム以前　66, 82, 136, 138-39, 170, 228, 247
アダムズ Adams, Ansel　229
アニング Anning, Mary　42, 44, 64, 74
アノプロテリウム　34-35, 37, 54, 74, 86, 197
アラゴ Arago, François　173
アララト山　21-22, 210, 212
アルカエオプテリクス　50, 190, 193
アルカディア　8, 122, 124, 130, 156, 206, 208, 248-49
アルケゴサウルス　180, 182
アルプス　4, 122, 126, 128, 204
アンモナイト　18-19, 29, 45-46, 61-62, 80, 90, 112, 122, 180, 186, 190
イギリス科学振興協会　50, 141
イグアノドン　48, 76-80, 86, 91, 116, 118, 138, 141-42, 144-46, 148, 190, 194-95, 214, 220, 222, 241, 246
イクチオサウルス　40, 43-46, 48-49, 52, 56-57, 61-62, 64-68, 73-74, 82, 84, 86, 91, 116, 118, 148, 150, 186, 188, 190, 214, 220
『イラストレイティッド・ロンドン・ニューズ』　143-46
ヴィクトリア女王 Victoria, Queen　142, 146
ウィッチェロ Whichelo, John　84, 86-87, 235, 244
ウィールド　77-78, 80, 86, 94, 116, 119, 146, 148, 190, 225
ウェルズ Wells, H. G.　229
ヴェルヌ Verne, Jules　174
ウッズ Woods, W. R.　139
ウードゥ＝デロンシャン Eudes-Deslongchamps, Eugène　192
ウミユリ　45-46, 54-55, 61, 112, 155, 158, 177, 180, 183-84
ウーライト　56, 61, 84, 86, 116-18, 148, 186, 190-93, 225
ウンガー Unger, Franz Xaver　97-133, 135, 141, 144, 152-55, 157-158, 174, 178, 180, 184, 190, 194, 210, 216, 224-26, 233, 235, 239, 242-45, 248-49, 252
英国国教会　228
エジプト（古代の）　21, 36, 138, 148
エデンの園　3, 8, 14, 130, 132, 206, 208, 213, 248
エムズリー Emslie, John　92, 95, 144, 146, 244
エントリヒャー Endlicher, Etienne　98-99
オーヴェルニュ　54-55, 86
オーウェン Owen, Richard　112, 116, 138, 140-42, 144-46, 148, 152, 170, 220, 236
オウムガイ　29, 54, 61, 90, 112, 177, 180
王立博物館（マドリードの）　30-31

カ行

貝　8, 11, 14, 18-19, 27, 29, 52, 84, 88, 90, 92, 114, 122, 154, 184-86, 222
カウプ Kaup, Johann Jakob　68-70, 72-73, 84, 94, 122, 194, 198, 224, 233
科学アカデミー（パリの）　14, 16
科学アカデミー（ボンの）　50
科学芸術局　158, 160
カークデイル洞窟　36, 38-41, 43, 55
化石
　過去の「証人」としての　14, 16, 24, 30
　古代のコインに類似したものとしての　16, 24
　大洪水の遺物としての　4, 15, 18, 24
カメ　44, 54, 61-62, 68, 74, 78, 80, 84, 86, 120, 124, 146, 167
カラミテス　90, 104, 106, 114, 178, 181-82
キュヴィエ Cuvier, Georges　30-38, 40, 42, 47, 50, 55-57, 59, 64, 74, 76, 80, 84, 86, 90, 98, 120, 138, 141-42, 144, 152, 156, 166, 173, 186, 194, 198, 206, 219, 221, 224-25, 232-34
球果植物　84, 86, 106, 110, 112, 114, 118, 120, 124, 126, 128, 181, 183-84, 189-90, 193, 204
恐竜　iii, 141-42, 148, 158, 171, 216, 229, 238, 242, 252
クヴァセク Kuwasseg, Josef　98-100, 102-3, 112, 116, 120, 130-33, 135, 141, 152, 154-55, 157, 170, 174, 180, 184, 186, 190, 194, 202, 206, 216, 219, 229, 235, 242, 244-45, 248-50
クジラ　8, 76, 112, 186
クータン Coutant, Jean Louis Denis　37
クリスタル・パレス　140-48, 150-51, 158, 169-70, 190, 220, 236, 238-40, 243, 246
クリプシュタイン Klipstein, August Wilhelm von　69-70, 72
グレイ Gray, Asa　132

芸術協会　147-48
啓蒙運動　26
ゲラン　Guérin, Felix　63
コイパー　112, 114-15, 184, 225
更新世　127, 156, 158, 198, 202, 208, 225
洪積層　54-55, 127-28, 166, 202, 204, 224-25
コッタ　Cotta, Carl Bernhard　98-99
コニベア　Conybeare, William Daniel　38-44, 47, 51, 55, 58-59, 64-65, 74, 148, 220, 226, 228-29, 233, 244
コーボウルド　Corbould, Richard　18-19
ゴルトフス　Goldfuss, Georg August　50-55, 57, 59-60, 62, 66, 68, 86, 88-92, 94, 97-98, 100, 102, 180, 224, 233, 237, 240
コール・メジャーズ　88, 94, 102, 180
昆虫　8, 50, 73-74, 118, 189-90

サ行

魚　8, 10, 13, 34, 40, 44, 47, 54, 56, 73-74, 78, 84, 88, 90, 92, 99, 110, 114, 167, 177-78, 180, 182, 186, 231
サンゴ　27, 52, 54, 84, 88, 112, 116, 154, 190, 193
三次岩層　28, 35, 68, 70, 72, 78, 86, 92, 94, 120, 122, 126, 138-39, 146, 163-65, 194, 198, 206, 225
サンショウウオ　110, 124
三畳紀　88, 106, 111-13, 115-16, 144, 180, 184-87
三葉虫　29, 54, 90, 155, 176, 178, 214
時間尺度　24, 131-32, 223, 225, 245-47, 250
時間旅行　28, 168, 171, 208, 229, 231, 244
シギラリア　84, 91, 104, 106, 178, 180-81
始原岩層　28
始新世　86, 88, 122-23, 138, 194, 197, 225
自然誌の挿絵　47, 58, 81, 219, 227, 237, 251
自然史博物館（パリの）　ix, 22, 30-31, 167, 173
自然神学　66, 136, 186
シダ　46, 48, 61, 66, 78, 84, 86, 90-91, 102, 104, 106, 108, 110, 114, 116, 118, 120, 167, 178, 180-81, 183, 189, 190, 193-94, 196
シムパー　Schimper, Wilhelm Philipp　98
シャーフ　Scharf, George　43-44, 65, 77
ジャンル　iv, 8, 20, 24, 32, 47, 58, 81, 96, 132, 140, 142, 170, 173, 216, 219-20, 230, 236, 238-39, 241, 245, 248-52
シュテルンベルク　Sternberg, Kaspar, Count　54-55
ジュラ紀　52-53, 56, 59-60, 62, 88, 94, 116-17, 122, 135, 170, 186, 190, 192-93, 221, 238, 240, 242
ショイヒツァー　Scheuchzer, Johann Jacob　4-18, 22, 24, 30, 46, 88, 92, 99, 131-32, 227, 231, 245, 248

植虫　112, 178, 183, 196
シルル紀　55, 94, 152, 154-55, 174, 176, 206, 225-26
進化論　50, 64, 132, 142, 149, 154, 156, 186, 247-48, 250
新古典主義　21, 46
新赤色砂岩　86, 88, 108, 114, 144, 146
人類以前　17, 20, 24, 26-27, 30, 36, 39, 58, 65-66, 94, 96, 128, 135-36, 150, 166-69, 171, 202, 204, 206, 210, 213, 216, 221-23, 227-29, 231-32, 246-48
人類化石　4, 128, 166
人類の起源　168, 206, 252
水槽　47, 56, 178, 180, 231-32
スコット　Scott, Walter　65
スティグマリア　90, 102, 104, 181
スプリングズガス　Springsguth, Samuel　19
スミス　Smith, William　60
聖書が語る歴史　1, 5, 21, 212.
聖書挿絵　iv, 24, 32, 54, 58, 81, 99, 132, 219, 227-28, 237, 245, 251-52
聖書批判　5, 24, 247
「生存競争」　156, 158-59
生命の樹　130
「世界劇場」　6, 8
赤色砂岩　108-9, 110, 178, 225
石炭紀　54-55, 84, 86, 88, 94, 102, 106, 178, 183
石炭紀石灰岩　55, 88, 178-79, 180-81, 225
石器　208
絶滅　14, 30-33, 35, 37, 39-41, 43-44, 47-48, 56, 62-64, 66-67, 72-76, 78, 80, 86, 90, 128, 138, 140-41, 143-45, 150, 152, 158, 166-67, 169, 171, 186, 197, 202, 206, 221, 233, 239, 241, 247, 249
漸移岩層　28, 55, 102-4, 152, 154
鮮新世　86, 88, 194, 198, 200, 225
セントラル・パーク（ニューヨークの）　158
ゾウ　29, 32-33, 39, 42, 54, 68-69, 74, 86, 88, 91, 142, 158-59, 202, 212
双子葉植物　86, 90, 120, 194, 196
『創世記』　2-3, 5, 7, 17, 65-66, 210, 230, 245-47
ソテツ　46, 61-62, 69, 80, 84, 86, 91, 106, 108, 110, 114, 116, 118, 120, 190
ゾルンホーフェン　50-52, 193
「存在の階梯」　8

タ行

大英博物館　ix, 64, 76, 140, 148
大洪水　1-6, 14-16, 18-19, 21-26, 36, 38-39, 44, 55, 78, 91, 128, 171, 202, 204-6, 210-13, 224-25, 228, 230-31, 233, 241, 246.

大洪水以前　vii, 2, 4, 38-39, 41, 47, 57-58, 68, 91, 95, 139-40, 146, 148, 151, 170, 173-205, 207-16, 226, 229, 243, 246
第三紀　32, 35, 37, 55, 70, 74, 91, 139, 146, 158, 163-65, 224
第二紀　62, 138-39, 146, 156, 158, 160-62, 190, 225
大博覧会　140, 158
第四紀　198, 201-4, 208
ダーウィン　Darwin, Charles　46, 50, 132, 141, 154, 156
ダルムシュタット（博物館）　68-69
ダンカン　Duncan, Isabella　136, 138-40, 150, 166, 170
単子葉植物　90, 110, 116, 118
「地球の理論」　20, 28-29
中新世　86, 88, 124-25, 194, 198-99, 201, 225
チューディ　Tschudi, Johann Jacob von　98-99
チョーク　78, 86, 120-22, 146, 190, 225
ツィマーマン（フォリナー）Zimmerman, W. F. A.（Vollmer, W. F.）135-37, 238, 246
ディノテリウム　68-70, 72-73, 84, 91, 122, 194, 198, 225
デヴォン紀　152, 154, 156-57, 177-78, 186, 225-26
テナント　Tennant, James　156, 158, 166
デュ・モーリア　Du Maurier, George　214, 217
デ・ラ・ビーチ　De la Beche, Henry Thomas　44-49, 51-52, 54-57, 59-60, 62, 64-66, 68, 74, 76, 84, 86, 88, 90, 94, 96, 98-99, 133, 136, 152, 178, 186, 219, 222, 224-25, 228, 231, 233-34, 237, 239, 252
テレオサウルス　148, 190, 192
天地創造　1-3, 5-6, 8, 14, 46, 65-66, 99, 131, 227-28, 246-48
テンプルトン　Templeton, John Samuelson　65-67, 234
ドイツ科学者医学者協会　50, 69
動物園　22, 32, 38, 148, 171, 240, 243
トクサ　54, 61-62, 78, 90-91, 110, 112, 114, 156, 180, 189
鳥　8, 10, 13, 22, 42, 50, 54, 61, 64, 66, 78, 86, 110, 116, 120, 122, 124, 126, 144, 146, 186, 189-90, 193, 222
トリマー　Trimmer, Joshua　84, 86-88, 91-92, 96-97, 132-33, 136, 224, 235, 244-45
ドルビニー　D'Orbigny, Alcide　173-74
ドレ　Doré, Gustave　24

ナ行

ナバロ　Navarro, Manuel　31
軟体動物　45, 78, 88, 112, 114, 120, 154-55, 176-78, 180, 183, 196
二次岩層　28-29, 40, 54, 61-62, 78, 102, 138, 141, 186
ニッブズ　Nibbs, George　77, 82, 84-85, 235
ネゲラート　Nöggerath, Johann Jacob　92
年代学　2, 22

ノア　Noah　3, 14-18, 22, 24, 42, 55, 212, 230, 246
ノトサウルス　112, 184

ハ行

ハイエナ　38-44, 47, 54-55, 57, 68, 86, 148, 158-59, 166-68, 202, 208, 226, 229, 244
ハイリー　Highley, Samuel　150, 152, 239
バイロン　Byron, Lord　22, 24, 40, 43, 49
パーキンソン　Parkinson, James　17-21, 88, 231
白亜紀　62, 86, 94, 119-22, 190, 192, 194-96, 230
バックランド（ウィリアム）Buckland, William　36, 38-42, 44, 47, 51, 54-58, 64-66, 68-69, 72-73, 86, 92, 98-99, 128, 142, 148, 150, 152-53, 156, 167, 202, 224, 226, 228-29, 233, 240, 244-45
バックランド（フランシス）Buckland, Francis　150, 152
ハットン　Hutton, James　29
バートン　Barton, Bernard　24
バーネット　Burnet, Thomas　228
パノラマ館（ロンドンの）　92
パパン　Papin, Denis　43
パーリー（グッドリッチ）Parley, Peter（Goodrich, Samuel Griswold）73-75, 86, 94, 224, 238
ハルトマン　Hartmann, Carl　84, 90
ハルマンデル　Hullmandel　43
パレオテリウム　34-35, 37, 54, 86, 122, 124, 197
『パンチ』　148-49, 151, 214, 217
ピクテ・ド・ラ・リーヴ　Pictet de la Rive, François Jules　90
ビュフォン　Buffon, Georges, Count　17, 29
氷河　88, 122, 126, 128, 138-39, 156, 171, 202, 204, 206, 224-25
ヒラエオサウルス　118, 148, 190, 192
ファンダメンタリスト　5
フィギエ　Figuier, Louis　vii-viii, 173-216, 219, 222, 225, 232, 235, 238-39, 242-43, 245-46, 248-49, 252
フィッツィンガー　Fitzinger, Leopold Joseph　98-99
フィリップス　Phillips, John　60-62, 66, 73, 90, 92, 94, 237, 240
ブーシェ・ド・ペルト　Boucher de Perthes, Jacques　166, 206, 208
プテロダクティルス　42, 44-45, 48, 50-52, 54, 57, 62, 66, 68-69, 73, 80, 82, 84, 86, 116, 118, 135, 142, 146, 148, 186, 189, 222, 240
プフィッツァー　Pfitzer, Johann Baptist　63
プフェッフェル　Pfeffel, Johann Andreas　5-7, 14, 24, 245, 248
フラース　Fraas, Oskar Friedrich von　213-15, 239, 243
フランス革命　20, 30
フランス地質学会　62
ブル　Bru, Juan Bautista　30-32

索引　283

ブルースター Brewster, David　132
ブルーワー Brewer, Ebenezer Cobham　136, 139, 238
プレシオサウルス　40, 43-45, 48, 52, 56-57, 61-62, 64-68, 73, 82, 84, 86, 116, 118, 146, 148, 167, 186, 188, 190, 244
ブロンニャール Brongniart, Alexandre　36
糞石　42, 56
ブンター　106, 111-12, 180, 225
ベッカー Becker, Ludwig　70
『ペニー・マガジン』　59-61, 240
ヘーニンクハウス Hoeninghaus, Friedrich Wilhelm　54-55, 92
ペルム紀　88, 108-9, 180, 183
ベレムナイト　29, 45-46
ボイル Boyle, Robert　43
ホーエ Hohe, Nicholas Christian　50-52, 88-89
ホーキンズ（トマス）Hawkins, Thomas　64-68, 76, 81-83, 140, 148, 224, 234-35, 240-42, 244, 247
ホーキンズ（ベンジャミン・ウォーターハウス）Hawkins, Benjamin Waterhouse　141-48, 150, 152-53, 156, 158-66, 170-71, 190, 192, 220, 224-25, 236, 239-40, 242-43, 246
ホフマン Hofmann, Rudolf　70
ボブレ Boblaye, Emile Le Puillon de　62-64, 66, 73, 90, 94, 224, 237, 240
ボワタール Boitard, Pierre　166-69, 171, 173-74, 206, 208, 210, 225, 244, 249-50

マ行

マイアー Meyer, Christian Friedrich Hermann von　98-99
マストドン　32-33, 54, 122, 124, 140, 146, 194, 198, 201-2
マーチソン Murchison, Roderick　88, 94, 152, 226
マーティン Martin, John　20-26, 44, 46, 78-86, 96, 99, 112, 116, 120, 135, 144, 156, 190, 210, 212-14, 220, 224, 230, 235, 241-42, 244
マルチウス Martius, Karl von　98
マンテル Mantell, Gideon Algernon　74, 76-82, 84, 94, 96, 116, 133, 142, 144, 148, 152, 190, 220, 224, 235, 239, 241-42, 244, 246
マンモス　32, 36, 40, 122, 126, 128, 135, 138, 156, 158-59, 166, 202, 210, 214, 216
ミュンスター Münster, Georg zu, Count　52, 88
ミルトン Milton, John　68, 240
ミルナー Milner, Thomas　91-93, 214
ムッシェルカルク　112-14, 120, 180, 184, 225
メガテリウム　32, 40, 54, 146, 201-2
メガロサウルス　54, 61, 78, 144, 148, 190, 194-95, 214
メトセラ Methuselah　22, 24
モア　144

黙示録　3, 5, 46, 120, 156
モササウルス　194, 196
モロー Moreau　167
モンマルトル　32, 34, 40, 54-55, 76, 120

ヤ行

ヤシ　46, 48, 74, 78, 86, 90-91, 102, 118, 120, 124, 128, 193-94, 196-97
有袋類　186

ラ行

ライアス　40, 42-44, 48, 52, 56, 61, 64, 74, 78, 81, 84, 86, 94, 116, 135-36, 144, 148, 150, 153, 158, 167, 170, 186, 188-90, 224-25, 233, 237
ライエル Lyell, Charles　48-49, 55, 60, 88, 194, 198
ライム・リージス　42, 46-47, 51, 73-74
ラビリントドン　112, 114, 116, 138, 144, 184, 186
ラ・ペレール La Peyrère, Isaac de　138
リーチ Leech, John　148-49, 214
リチャードソン Richardson, George Fleming　74, 76-78, 82, 84-85, 94, 116, 135, 224, 234, 238, 241
リービヒ Liebig, Justus von　69
リュー Riou, Edouard　174-75, 178, 180, 184, 186, 190, 194, 198, 202, 204, 206, 208, 210, 213-16, 219, 222, 229, 235, 239, 249-50
両生類　4, 106, 112, 118, 122, 138, 182, 184
ル・サージュ Le Sage　166, 244
霊長類　194, 202
レイノルズ Reynolds, James　91-92, 94-97, 132, 136, 138, 144, 146, 224, 244
レピドデンドロン　54-55, 84, 90, 104, 106, 178, 180-83
ロットマン Rottmann, Leopold　103
ロマン主義　21-22, 26, 96, 241
ローリヤール Laurillard, Charles Léopold　36-37, 55
ロンズデイル Lonsdale, William　54-55
ロンドン地質学会　18, 20, 38, 40, 44, 48, 55, 62, 86, 140, 213
ロンドン通信協会　18

ワ行

ワニ　40, 54-57, 62, 68-69, 74, 78, 86, 112, 142, 148, 167, 186, 190, 192-93
腕足類　54, 88, 155, 180, 184

著者紹介
マーティン・J・S・ラドウィック（1932- ）
（Martin J.S. Rudwick）
ケンブリッジ大学トリニティ・カレッジで学び，1958年に地質学の博士号を取得。腕足類の研究から出発したが，次第に科学の歴史・哲学に研究の力点を移す。カリフォルニア大学サンディエゴ校教授をつとめたのち，1998年に同大学を退職しイギリスに戻る。現在はカリフォルニア大学名誉教授，ケンブリッジ大学科学史・科学哲学科所属の研究員。著書に『現生および化石腕足類』（1970），『化石の意味』（1972），『デヴォン系大論争』（1985），『時間の限界を破砕する』（2005），『アダム以前の世界』（2008）など，解説付訳書に『ジョルジュ・キュヴィエ，化石骨と地質学的激変』（1997）がある。

訳者紹介
菅谷　暁（すがや・さとる）
1947年生まれ。東京都立大学大学院人文科学研究科博士課程退学。科学史専攻。
訳書　セリーヌ『ゼンメルヴァイスの生涯と業績』（倒語社，1981），コイレ『ガリレオ研究』（法政大学出版局，1988），チュイリエ他『アインシュタインと手押車』（共訳，新評論，1989），ビュフォン『自然の諸時期』（法政大学出版局，1994），ゴオー『地質学の歴史』（みすず書房，1997），コーエン『マンモスの運命』（新評論，2003），バロー『宇宙のたくらみ』（みすず書房，2003）など。

太古の光景
先史世界の初期絵画表現

2009年7月10日　初版第1刷発行

著　者　M.J.S.ラドウィック
訳　者　菅　谷　　暁
発行者　武　市　一　幸
発行所　株式会社　新　評　論

〒169-0051　東京都新宿区西早稲田3-16-28
http://www.shinhyoron.co.jp
TEL　03-3202-7391
FAX　03-3202-5832
振替　00160-1-113487

落丁・乱丁本はお取り替えします
定価はカバーに表示してあります

装訂　山　田　英　春
印刷　神　谷　印　刷
製本　清水製本プラス紙工

Ⓒ菅谷　暁　2009
Printed in Japan
ISBN978-4-7948-0805-9

新評論　好評既刊

クローディーヌ・コーエン／菅谷 暁 訳
マンモスの運命
化石ゾウが語る古生物学の歴史

化石は生命をめぐる物語の系譜を照らし出す。人間の科学的想像力と解釈の歴史。［序文＝S.J.グールド］
［A5判 384頁 3990円　ISBN4-7948-0593-4］

ピエール・チュイリエ／小出昭一郎 監訳
反＝科学史

近代科学の「傍流」とされた人々の業績を再評価し，単一的な科学観を打ち破る。図版158点，年表付。
［B5変型判 296頁 3507円　ISBN4-7948-4019-5］

フランク・ウィルソン／藤野邦夫・古賀祥子 訳
手の五〇〇万年史
手と脳と言語はいかに結びついたか

神経科学・解剖学・認知科学等の成果を縦横に駆使し，言語と文化の創造者＝"手"の謎に迫る。
［四六判 430頁 3675円　ISBN4-7948-0667-1］

ジャン・ピアジェ＆ロランド・ガルシア／藤野邦夫・松原 望 訳
精神発生と科学史
知の形成と科学史の比較研究

認識論と科学史の再構成をはかる巨人ピアジェの最終的到達点にして前人未踏の知の体系を詳説。
［A5判 432頁 5040円　ISBN4-7948-0299-4］

フアン・ルイス・アルスアガ／藤野邦夫 訳／岩城正夫 監修
ネアンデルタール人の首飾り

世界屈指の古人類学者が鮮やかに描く，知的で頑丈なわれらの隣人の"文化"と"運命"。
［四六判 352頁 2940円　ISBN978-4-7948-0774-8］

＊表示価格はすべて消費税（5％）込みの定価です。